牦牛高效繁殖技术

MAONIU
GAOXIAO FANZHI JISHU

郭　宪　裴　杰　包鹏甲　主编

中国农业出版社
北　京

图书在版编目（CIP）数据

牦牛高效繁殖技术 / 郭宪，裴杰，包鹏甲主编．—北京：中国农业出版社，2019.7
ISBN 978-7-109-25391-9

Ⅰ.①牦… Ⅱ.①郭… ②裴… ③包… Ⅲ.①牦牛—饲养管理 Ⅳ.①S823.8

中国版本图书馆 CIP 数据核字（2019）第 059274 号

中国农业出版社
地址：北京市朝阳区麦子店街 18 号楼
邮编：100125
责任编辑：张艳晶
版式设计：杨 婧　　责任校对：刘丽香
印刷：中农印务有限公司
版次：2019 年 7 月第 1 版
印次：2019 年 7 月北京第 1 次印刷
发行：新华书店北京发行所
开本：720mm×960mm 1/16
印张：16.5　插页：8
字数：300 千字
定价：56.00 元

编 委 会

主　编　郭　宪（中国农业科学院兰州畜牧与兽药研究所）
　　　　裴　杰（中国农业科学院兰州畜牧与兽药研究所）
　　　　包鹏甲（中国农业科学院兰州畜牧与兽药研究所）
副主编　马进寿（青海省大通种牛场）
　　　　赵索南（青海省海北藏族自治州畜牧兽医科学研究所）
　　　　宋仁德（青海省玉树藏族自治州畜牧兽医工作站）
　　　　石生光（甘肃省甘南藏族自治州合作市畜牧工作站）
　　　　马忠涛（甘肃省甘南藏族自治州畜牧工作站）
　　　　赵寿保（青海省大通种牛场）
　　　　武甫德（青海省大通种牛场）
参　编　阎　萍（中国农业科学院兰州畜牧与兽药研究所）
　　　　丁学智（中国农业科学院兰州畜牧与兽药研究所）
　　　　吴晓云（中国农业科学院兰州畜牧与兽药研究所）
　　　　熊　琳（中国农业科学院兰州畜牧与兽药研究所）
　　　　梁春年（中国农业科学院兰州畜牧与兽药研究所）
　　　　曾玉峰（中国农业科学院兰州畜牧与兽药研究所）
　　　　刘建斌（中国农业科学院兰州畜牧与兽药研究所）
　　　　褚　敏（中国农业科学院兰州畜牧与兽药研究所）
　　　　程胜利（中国农业科学院兰州畜牧与兽药研究所）
　　　　王东升（中国农业科学院兰州畜牧与兽药研究所）
　　　　王　瑜（中国农业科学院兰州畜牧与兽药研究所）
　　　　周玉青（青海省海北藏族自治州畜牧兽医科学研究所）
　　　　杨　涛（青海省海北藏族自治州畜牧兽医科学研究所）
　　　　孔祥颖（青海省海北藏族自治州畜牧兽医科学研究所）
　　　　王维英（青海省海北藏族自治州畜牧兽医科学研究所）

赵玉清（青海省海北藏族自治州畜牧兽医科学研究所）
赵庆章（青海省海北藏族自治州门源回族自治县泉口镇畜牧兽医站）
保广才（青海省大通种牛场）
骆正杰（青海省大通种牛场）
李生福（青海省大通种牛场）
张国模（青海省大通种牛场）
殷满财（青海省大通种牛场）
李吉叶（青海省大通种牛场）
周九德（青海省大通种牛场）
李有全（中国农业科学院兰州兽医研究所）
胡俊杰（甘肃农业大学动物医学院）
杨 振（甘肃省甘南藏族自治州合作市卡加道乡畜牧兽医站）
党 智（甘肃省甘南藏族自治州合作市畜牧工作站）
何克磊（甘肃省甘南藏族自治州合作市畜牧工作站）
庞生久（甘肃省甘南藏族自治州合作市畜牧工作站）
石红梅（甘肃省甘南藏族自治州畜牧工作站）
丁考仁青（甘肃省甘南藏族自治州畜牧工作站）
杨树猛（甘肃省甘南藏族自治州畜牧工作站）
文志平（甘肃省甘南藏族自治州畜牧工作站）
刘振恒（甘肃省甘南藏族自治州玛曲县草原站）
裴成芳（甘肃省天祝藏族自治县畜牧技术推广站）
陈开胜（甘肃省天祝藏族自治县畜牧技术推广站）
罗晓林（四川省草原科学研究院）
官久强（四川省草原科学研究院）
安添午（四川省草原科学研究院）
杨小丽（甘肃省合作市农牧业集体经济经营管理站）
巴桑旺堆（西藏自治区农牧科学院畜牧兽医研究所）
朱彦宾（西藏自治区农牧科学院畜牧兽医研究所）
姬万虎（甘肃省甘南藏族自治州合作市动物疫病预防控制中心）
赵 雪（甘肃省甘南藏族自治州合作市动物疫病预防控制中心）
马 雷（甘肃省甘南藏族自治州合作市动物疫病预防控制中心）

王润丽（甘肃省甘南藏族自治州合作市畜牧工作站）
王维琴（青海省海北藏族自治州门源县苏吉滩乡兽医站）
牟　艳（甘肃省甘南藏族自治州合作市畜牧工作站）
拉毛才旦（甘肃省甘南藏族自治州合作市那吾镇畜牧兽医站）
严肃和（甘肃省甘南藏族自治州临潭县动物疾病控制中心）
张建新（青海省海北藏族自治州门源回族自治县畜牧兽医站）
刘文先（青海省海北藏族自治州门源回族自治县畜牧兽医站）
柴顺仓（青海省海北藏族自治州门源回族自治县仙米乡兽医站）
杨什布加（青海省海北藏族自治州畜牧兽医科学研究所）
张万明（青海省海北藏族自治州畜牧兽医科学研究所）
宋维茹（青海省玉树藏族自治州畜牧兽医工作站）
贺顺忠（青海省玉树藏族自治州畜牧兽医工作站）
依西俄吉（青海省玉树藏族自治州畜牧兽医工作站）
李　剑（青海省海北藏族自治州祁连县畜牧兽医站）
扎西塔（青海省海北藏族自治州祁连县畜牧兽医站）
赵敏慧（青海省海北藏族自治州祁连县畜牧兽医站）
马超龙（青海省海北藏族自治州祁连县高原牦牛种牛繁育场）
闫德财（青海省海北藏族自治州祁连县高原牦牛种牛繁育场）
郭喜德（青海省大通种牛场）
王　伟（青海省大通种牛场）
马国军（青海省大通种牛场）
贺洪明（青海省大通种牛场）
李　娟（青海省海北藏族自治州海晏县哈勒景乡兽医站）

前言 Foreword

牦牛繁殖是牦牛生产过程中的关键环节。牦牛数量的增加和牦牛质量的提高，都需要通过繁殖才能实现。牦牛繁殖技术是提高牦牛繁殖效率的主要手段和方法。牦牛性成熟晚，繁殖具有明显的季节性，其繁殖生理机能不同于其他牛种。如何提高牦牛的繁殖效率，不仅是牦牛繁殖技术的主要研究内容和目标，也是牦牛产业供给侧结构性改革的主要内容。

随着生物科学技术的发展和研究手段的完善，近年来牦牛繁殖科学的研究进展成效显著。本书以牦牛遗传资源为基础，结合青藏高原牦牛生产实际，在参考国内外肉牛繁殖技术的基础上，以提高牦牛繁殖效率为目标，介绍了实施牦牛繁殖技术应具备的条件、牦牛繁殖基础理论、牦牛繁殖生物技术、牦牛繁殖生产技术、牦牛的妊娠诊断与分娩助产技术、牦牛繁殖疾病防治技术、牦牛繁殖管理技术等内容，并在规范操作、高效繁殖等方面提供了一些新技术。同时，将近年来的牦牛科研成果融入牦牛繁殖技术和理论中，以期改良和创新牦牛繁殖技术与方法，提高牦牛繁殖效率，增加牦牛养殖经济效益。

本书突出技术实践与基础理论的有机结合，内容丰富，通俗易懂，可操作性强，便于普及和推广，对促进牦牛产业发展具有指导作用，可供牦牛科研、生产及养殖者阅读参考。本书在编写过程中，引用了诸多专家和学者的研究成果及资料，在此表示衷心的感谢！本书由现代农业（肉牛牦牛）产业技术体系（CARS-37）和中国农业科学院创新工程（CAAS-ASTIP-2014-LIHPS-01）资助出版。

由于编者水平有限，书中不足之处在所难免，敬请读者批评指正。

编　者

2019.01

目录

Contents

第一章
牦牛繁殖应具备的条件

第一节　牦牛遗传资源

在我国西起帕米尔高原，东至岷山，南自喜马拉雅山脉，北抵阿尔泰山的300万km^2的土地上，饲养着世界90%以上的牦牛。由于不同的地理生态条件、草地类型、饲养水平、选育程度等因素影响，形成了天祝白牦牛、甘南牦牛、青海高原牦牛、环湖牦牛、雪多牦牛、九龙牦牛、麦洼牦牛、木里牦牛、金川牦牛、昌台牦牛、西藏高山牦牛、娘亚牦牛、帕里牦牛、斯布牦牛、类乌齐牦牛、中甸牦牛和巴州牦牛等17个地方品种或遗传资源，以及2个培育品种（大通牦牛、阿什旦牦牛）和1个野牦牛遗传资源，使我国成为世界上牦牛遗传资源最丰富的国家。

一、牦牛主要地方品种

1. 天祝白牦牛　属肉毛兼用型牦牛地方品种，1988年被列入《中国牛品种志》，2000年被列入国家级畜禽品种资源保护名录。2007年天祝白牦牛主产区被确定为国家级畜禽品种资源保护区。天祝白牦牛产于甘肃省武威市天祝藏族自治县，是我国稀有而珍贵的牦牛地方品种。

天祝白牦牛被毛纯白，体态结构紧凑，有角或无角。鬐甲隆起，前躯发育良好，荐部较高。四肢结实，蹄小，质地密，尾形如马尾。胸部、后躯、四肢、颈侧、背腰及尾部着生较短的粗毛及绒毛，腹下着生长而粗的裙毛。公牦牛头大、额宽、头心毛卷曲，有角个体角粗长，颈粗，雄性特征明显，鬐甲显著隆起，睾丸紧缩，悬在后腹下部；母牦牛头清秀，角较细，颈细，鬐甲隆起，背腰平直，腹部较大但不下垂，乳房呈碗碟状，乳头短细，乳静脉不发达。

天祝白牦牛母牦牛初配年龄为2～4岁，一般4岁才能体成熟，妊娠期260d左右，公牦牛初配年龄为3～4岁，公母配种比例为1∶(15～25)，利用年限为4～5年。繁殖成活率63%左右。

2. 甘南牦牛 属肉用型牦牛地方品种，主产于甘南藏族自治州，以玛曲县、碌曲县、夏河县为中心产区，在该州其他各县、市也有分布，是经过长期自然选择和人工培育而形成的能适应当地高寒牧区的牦牛地方品种。

甘南牦牛毛色以黑色为主，间有杂色。体质结实，结构紧凑，头较大，额短而宽并稍显突起。鼻孔开张，鼻镜小，唇薄灵活，眼圆、突出有神，耳小灵活。母牛多数有角，角细长。公牛有角且粗长，角距较宽，角基部先向外伸，然后向后内弯曲呈弧形，角尖向后。颈短而薄，无垂皮，脊椎的棘突较高，背稍凹，前躯发育良好。尻斜，腹大，四肢较短，粗壮有力，后肢多呈刀状，两飞节靠近。蹄小坚实，蹄裂紧靠。母牦牛乳房小，乳头短小，乳静脉不发达。公牦牛睾丸圆小而不下垂。尾较短，尾毛长而蓬松，形如帚状。

甘南牦牛两年一胎或三年两胎。10～12 月龄公牦牛即有明显的性反射，30～38 月龄可初配。母牦牛呈季节性发情，发情旺季为 7—9 月，一般 36 月龄即可初配，发情周期 18～24d，发情持续期 10～36h，平均 18h。母牦牛情期受胎率约为 80%，妊娠期 250～260d，产犊集中于 4—6 月。

3. 青海高原牦牛 属肉用型牦牛地方品种，主要分布在昆仑山和祁连山相互交错的高寒地区，包括玉树藏族自治州西部，果洛藏族自治州玛多县西部，海西蒙古族藏族自治州格尔木市、天峻县和海北藏族自治州等地，于 2000 年被列入国家级畜禽品种资源保护名录。

由于青海高原牦牛分布区与野牦牛栖息地相毗邻，长期以来不断有野牦牛基因融入，体型外貌多带有野牦牛特征。青海高原牦牛毛色多为黑褐色，嘴唇、眼眶周围和背线的短毛多为灰白色或污白色，头大，角粗，皮松厚，鬐甲高、长、宽，前肢短而端正，后肢呈刀状，体侧及腹部下部密生裙毛。公牦牛头粗重，呈长方形，颈短厚且深，睾丸较小，接近腹部，不下垂。母牦牛头长，眼大而圆，额宽，有角，颈长而薄，乳房小、呈碗碟状，乳头短小，乳静脉不明显。

青海高原牦牛公牛 2 岁性成熟即可参加配种，2～6 岁配种能力最强，之后逐渐减弱。自然交配时公母比例为 1：(20～30)，利用年龄在 10 岁左右。母牦牛一般 2～3.5 岁开始发情配种，多数在 6 月中、下旬开始发情，7、8 月为发情盛期，发情周期约 21d，但个体间差异较大，发情持续期 41～51h；妊娠期为 250～260d，4—7 月产犊。一年一产率在 60%以上，两年一产率约为 30%，双犊率 1%～2%。

4. 金川牦牛 又称多肋牦牛或热它牦牛，属肉用型牦牛资源。产区位于四川省阿坝藏族羌族自治州金川县境内海拔 3 500m 以上的高山草甸牧场。中心产区为毛日、阿科里乡。

金川牦牛被毛细卷，基础毛色为黑色，头、胸、背、四肢、尾部白色花斑个体占52%，前胸、体侧及尾部着生长毛，尾毛呈帚状，白色较多，体躯较长、呈矩形。公、母牦牛有角，呈黑色；鬐甲较高，颈肩结合良好；前胸发达，胸深，肋开张；背腰平直，腹大不下垂；后躯丰满、肌肉发达，尻部较宽、平；四肢较短而粗壮，蹄质结实。公牦牛头部粗重，体型高大，雄壮彪悍。母牦牛头部清秀、后躯发达、骨盆较宽，乳房丰满，性情温和。

金川牦牛母牛性成熟早，初配年龄为2.5岁。发情季节为每年的6—9月，7—8月为发情旺季，发情周期为19～22d，发情持续期为48～72h。公牦牛初配年龄为3.5岁，5～10岁为繁殖旺盛期。80%以上的母牦牛一年一产，繁殖成活率为85%～90%。

5. 木里牦牛　属肉用型牦牛地方品种。原产地为四川省凉山彝族自治州木里藏族自治县海拔2 800m以上的高寒草地。中心产区位于木里县，在冕宁、西昌、美姑、普格等县均有分布。

木里牦牛毛色多为黑色，鼻镜为黑褐色，眼睑、乳房为粉红色，蹄、角为黑褐色。被毛为长覆毛、有底绒，额部有长毛，前额有卷毛。耳小平伸，耳壳薄，耳端尖。公、母牦牛都有角，角形主要有小圆环角和龙门角两种。公牦牛头大、额宽，颈粗、无垂肉，肩峰高耸而圆突。母牦牛头小、狭长，颈薄，鬐甲低而薄。体躯较短，胸深宽。肋骨开张，背腰较平直，四肢粗短，蹄质结实。脐垂小，尻部短而斜。尾长至后管，尾稍大。

木里牦牛公牛性成熟年龄为24月龄，初配年龄为36月龄，利用年限6～8年。母牛性成熟年龄为18月龄，初配年龄为24～36月龄，利用年限13年，繁殖季节为7—10月，发情周期21d，妊娠期255d，犊牛成活率为97%。

6. 九龙牦牛　属肉用型牦牛地方品种，原产于四川省甘孜藏族自治州九龙县及康定市南部的沙德地区海拔3 000m以上的灌丛草地及高山草甸。中心产区位于九龙县斜卡和洪沟，邻近九龙县的盐源县和冕宁县以及雅安地区的石棉县也有分布。

九龙牦牛被毛为长覆毛，有底绒，额部有长毛，前额有卷毛。基础毛色为黑色，少数黑白相间，鼻镜为黑褐色，眼睑、乳房为粉红色，蹄角为黑褐色。公牦牛头大额宽，母牦牛头小而狭长。耳平伸，耳壳薄，耳端尖。角形主要为大圆环角和龙门角两种。公牛肩峰较大，母牛肩峰小，颈垂及胸垂小。九龙牦牛前胸发达开阔，胸较深。背腰平直，腹大不下垂，后躯较短，尻欠宽、略斜，臀部丰满。四肢结实，前肢直立，后肢弯曲有力，尾长至飞节，尾梢大，尾梢颜色为黑色或白色。

九龙牦牛公牛初配年龄48月龄，母牛初配年龄36月龄，6～12岁繁殖力最强。母牦牛发情持续期为8～24h，发情周期平均20.5d，妊娠期255～

270d，5月为产犊旺季。初生重公犊牛为15.2kg，母犊牛为14.6kg，断奶成活率平均为80.9%。

7. 麦洼牦牛 是在川西北高寒生态条件下，经长期自然选择和人工选育形成的肉乳性能良好的草地型牦牛地方品种。原产地为四川省阿坝藏族羌族自治州，中心产区为红原县麦洼、色地、瓦切、阿木等乡镇，阿坝、若尔盖、松潘、壤塘等县也有分布。

麦洼牦牛毛色多为黑色，全身被毛丰厚、有光泽，头大小适中，额宽平、着生长毛，前额有卷毛，眼中等大小，鼻孔大，鼻翼和唇较薄，鼻镜小，耳平伸，耳壳薄，多数有角。公牦牛角粗大，从角基部向两侧、向上伸张，角尖略向后、向内弯曲。母牦牛角细短、尖，角形不一，多数向上、向两侧伸张，然后向内弯曲。公牦牛肩峰高而丰满，母牦牛肩峰较矮而单薄。颈垂及胸垂小。体格较大，体躯较长，前胸发达，胸深，肋开张，背稍凹，后驱发育较差，腹大、不下垂。背腰及尻部绒毛厚，体侧及腹部粗毛密而长，裙毛覆盖住体躯下部。四肢较短，蹄较小，蹄质坚实。尻部短而斜，尾梢大。

麦洼牦牛公牦牛初配年龄为30月龄，6～9岁为配种旺盛期。母牦牛初配年龄为36月龄，发情季节为每年6—9月，7—8月为发情旺季，发情周期（18.2±4.4）d，发情持续期12～16h，妊娠期（266±9）d。

8. 西藏高山牦牛 属乳肉役兼用型牦牛地方品种。1995年全国畜禽品种遗传资源补充调查后命名并被列入《中国家畜地方品种资源图谱》。主产区位于西藏东部和南部高山深谷地区的高山草场，海拔4 000m以上的高寒湿润草原地区也有分布。

西藏高山牦牛具有野牦牛的体型外貌。毛色较杂，全身黑色者约占60%。头粗重，额宽平，面稍凹，眼圆且有神；嘴方大，唇薄；绝大多数有角，可根据角型分为山地牦牛和草原牦牛两个类群，草原型角为抱头角，山地型角则向外向上开张，角间距大。公牦牛鬐甲高而丰满，略显肩峰，雄性特征明显，颈厚粗短；母牦牛头、颈较清秀，角较细。公、母牛均无垂肉、前胸开阔，胸深，肋开张，背腰平直；腹大不下垂，尻较窄、倾斜。尾根低，尾短。四肢强健有力，蹄小而圆，蹄叉紧，蹄质坚实，肢势端正。前胸、臂部、胸腹及体侧长毛及地，尾毛丛生呈帚状。

西藏高山牦牛性成熟晚，大部分母牦牛在3.5岁初配，4.5岁初产。公牦牛3.5岁初配，4.5～6.5岁配种效率最佳。母牦牛季节性发情明显，7—10月为发情季节，7月底至9月初为旺季；发情周期为18d左右，发情持续期16～56h，平均32h；妊娠期250～260d，两年一产，繁殖成活率平均为48.2%。

9. 娘亚牦牛 属肉用型牦牛地方品种，又名嘉黎牦牛。娘亚牦牛原产地为西藏自治区那曲市嘉黎县，主要分布于嘉黎县东部及东北部各乡镇。

娘亚牦牛毛色以黑色为主，其他为灰、青、褐、纯白等色。头部较粗重，额平宽，眼圆有神，嘴方大，嘴唇薄，鼻孔开张。公牛雄性特征明显，颈粗短，鬐甲高而宽厚，前胸开阔、胸深、肋骨开张，背腰平直，腹大但不下垂，尻斜。母牛头颈较清秀，角间距较小，角质光滑、细致，鬐甲相对较低、较窄，前胸发育好，肋弓开张。四肢强健有力，蹄质坚实，肢势端正。

娘亚牦牛公牦牛性成熟年龄为42月龄，利用年限12年。母牦牛性成熟年龄为24月龄，初配年龄为30～42月龄，利用年限15年。每年6月中旬开始发情，7—8月是配种旺季，10月初发情基本结束；妊娠期250d左右，两年一产或三年两产。饲养管理较好的条件下，犊牛成活率可达90%。

10. 帕里牦牛　也叫西藏亚东牦牛，属肉乳役兼用型牦牛地方品种。主产于西藏日喀则市的亚东县帕里镇海拔2 900～4 900m的高寒草甸草场、亚高山（林间）草场、沼泽草甸草场、山地灌丛草场和极高山风化砂砾地。

帕里牦牛毛色较杂，以黑色为主，偶有纯白个体。头宽，额头平，颜面稍下凹。眼圆大、有神。鼻翼薄，耳较大。角从基部向外、向上伸张，角尖向内开展；两角间距较大，有的可达50cm。公牦牛相貌雄壮，颈部短粗而紧凑，鬐甲高而宽厚，前胸深广。背腰平直，尻部欠丰硕，但紧凑结实。四肢强健较短，蹄质结实。全身毛绒较长，尤其是腹侧、股侧毛绒长而密。母牦牛颈薄，鬐甲相对较低、较薄，前躯比后躯发达，胸宽，背腰稍凹，四肢相对较细。

帕里牦牛公牛初配年龄4.5岁，一般利用至13岁左右。母牦牛6～10岁繁殖力最强，大多数两年一产。帕里牦牛季节性发情，每年7月进入发情季节，8月为配种旺季，10月底结束。发情持续期8～24h，发情周期21d，妊娠期259d，翌年3月开始产犊，5月为产犊旺季，6月底产犊结束。

11. 斯布牦牛　属肉乳兼用型牦牛地方品种。1995年被列入《中国家畜地方品种资源图谱》。斯布牦牛原产地为西藏自治区斯布地区，中心产区是距离墨竹工卡县约20km的斯布山沟，东与工布江达县为邻。

斯布牦牛大部分个体毛色为黑色，个别掺有白色。公牦牛角基部粗，角向外、向上，角尖向后，角间距大。母牦牛角形相似于公牛，但较细，公、母牦牛均有少数无角个体。母牦牛面部清秀，嘴唇薄而灵活；眼有神，鬐甲微突，绝大部分个体背腰平直，腹大但不下垂；体型硕大，前躯发育良好，胸深宽，外形近似于矩形；蹄裂紧，但多数个体后躯股部发育欠佳。

斯布牦牛母牛一般3岁性成熟，4.5岁初配，公牛3.5岁开始配种，但此时受胎率很低。母牦牛一般7—9月发情，发情持续期1～2d，发情周期为14～18d。种公牛利用年限为14年。母牦牛利用年限16年。斯布牦牛的受胎率及犊牛成活率都较低。据统计，斯布牦牛的受胎率为 61.80%，繁殖率为 61.02%，成活率为 75%。

12. 中甸牦牛 又称为香格里拉牦牛，是以产肉为主的牦牛地方品种。主产于云南省中甸县，周边中山温带区的山地也有零星分布。

中甸牦牛毛色以黑褐色为主，皮肤主要为灰黑色，少数为粉色。头中等大小而宽短，公牦牛粗重趋于方形，母牦牛略清秀。额宽稍显穹隆，额毛丛生，公牦牛多为卷毛，母牦牛稍稀短。嘴宽大，嘴唇薄而灵活。眼睛大而突出。鼻长且微陷，鼻孔较大。耳小平伸。公、母牦牛均有角，角间距大、角基粗大、角尖多向上、向前开张呈弧形，无角个体极少见。颈短薄，公牦牛稍粗厚，无颈垂。颈肩、肩背结合紧凑。胸深而宽广，公牦牛较母牦牛发达、开阔，无胸垂，鬐甲稍耸向后渐倾，背平直、较短，腰稍凹，十字部微隆，肋骨稍开张，腹大不下垂，尻斜短或圆短，尾较短，尾毛蓬生如帚状。四肢坚实，前肢开阔直立，后肢微曲，蹄大钝圆质坚韧。母牦牛乳房较小，乳头细短，乳静脉不发达。公牦牛睾丸较小，阴鞘紧贴腹部。全身被毛密长，长毛下着生细绒，裙毛长及地。

公牦牛 24～36 月龄性成熟，母牦牛 26～42 月龄性成熟。公牦牛初配年龄平均 30 月龄，母牦牛 36 月龄。一般 7—10 月配种，次年 3—7 月产犊，发情周期 19d，妊娠期 259d，初生重公犊牛平均为 19.0kg，母犊牛 18.7kg。一般犊牛随母牦牛放牧至下一胎犊牛生产时才强制断奶，犊牛成活率为 90.0%。

13. 巴州牦牛 属肉乳兼用型牦牛地方品种。1995 年被列入《中国家畜地方品种资源图谱》。中心产区为新疆维吾尔自治区巴音郭楞蒙古自治州和静县、和硕县的高山地带。

巴州牦牛被毛以黑、褐、灰色（又称青毛）为主。体格大，偏肉用型，头较重而粗，额短宽，眼圆大，稍突出。额毛密长而卷曲。鼻孔大，唇薄。有角者居多，角细长，向外、向上前方或后方张开，角轮明显。耳小稍垂，体躯长方，鬐甲高耸，前躯发育良好。胸深，腹大，背稍凹，后驱发育中等，尻略斜，尾短而毛密长，呈扫帚状。四肢粗短有力，关节圆大，蹄小而圆，质地坚实。全身披长毛，裙毛长而不及地。

巴州牦牛一般 3 岁开始配种，每年 6—10 月为发情季节。上年空怀母牦牛发情较早，当年产犊的母牦牛发情推迟或不发情，膘情好的母牦牛多在产犊后 3～4 个月发情。发情持续期平均为 32h（16～48h）。发情率一般为 58%（49%～69%），妊娠期平均为 257d。公牦牛一般 3 岁开始配种，4～6 岁为最强配种阶段，8 岁后配种能力逐步减弱，3～4 岁的公牦牛一个配种季自然交配可配 15～20 头母牦牛。巴州牦牛的繁殖成活率为 57%，初生重公犊牛平均为 15.39kg，母犊牛为 14.42kg；1 岁公牦牛平均活重 68.76kg，母牦牛为 71.58kg。

二、牦牛培育品种

1. 大通牦牛 大通牦牛属肉用型牦牛培育品种，是我国第一个人工培育的牦牛品种。

大通牦牛外貌具有明显的野牦牛特征，其嘴、鼻镜、眼睑为灰白色，具有清晰可见的灰色背脊线，毛色全黑或夹有棕色。公牦牛有角，头粗重，颈短厚且深；母牦牛头长清秀，眼大而圆，绝大部分有角，颈长而薄。鬐甲高而颈峰隆起（公牦牛更甚），背腰部平直至十字部稍隆起。体格高大，体质结实，发育好，呈现肉用体型。体侧下部密生粗长毛，体躯夹生绒毛和两型毛，裙毛密长，尾毛长而蓬松。

大通牦牛生长发育速度快，初生、6 月龄、18 月龄体重比家牦牛群平均高 15%～27%，犊牛越冬死亡率由同龄家牦牛群体的 5%降低到 1%，3.5 岁母牦牛即可初产，受胎率可达 70%，24～28 月龄公牦牛即可正常采精，母牦牛多数为三年两产，产犊率 75%。

2. 阿什旦牦牛 阿什旦牦牛属肉用型牦牛培育品种，是我国第二个人工培育的牦牛品种。

阿什旦牦牛以被毛黑褐色和无角为重要外貌特征，体质结实，结构匀称，发育良好。头部轮廓清晰，顶部稍隆，额毛卷曲，鼻孔开张，嘴宽阔，鼻镜、嘴唇多为灰白色。体躯结构紧凑，背腰平直，前躯、后躯发育良好。四肢端正，左右两肢间宽，蹄圆缝紧，蹄质坚实。被毛丰厚有光泽，背腰及尻部绒毛厚，各关节突出处、体侧及腹部粗毛密而长，尾毛密长、蓬松。公牛雄性明显，头粗重，颈粗短，鬐甲隆起，腹部紧凑；睾丸匀称，无多余垂皮。母牛清秀，脸颊稍凹，颈长适中，鬐甲稍隆起；腹稍大、不下垂，乳房发育好，乳头分布匀称。

公牦牛性成熟 3 岁，初配年龄 4 岁，体成熟 4～5 岁，利用年限 8 年左右，配种能力旺盛期 4.5～8.5 岁。采精公牦牛每次射精量 2～4mL。母牦牛初情期 1.5～2.5 岁，初配年龄 3 岁，体成熟 4 岁，发情周期 16～25d，发情持续期 1～2d，妊娠期 250～260d。繁殖年龄 3～15 岁，利用年限 10 年左右。在自然群体中，公母适宜比例 1∶(15～25)，繁殖率 70%～90%，繁殖成活率 60%～85%，两年连产率 50%～65%，三年连产率 25%～40%。

三、野牦牛

野牦牛是青藏高原现存特有的珍稀野生牛种之一，属于国家一级保护动物。一般生活在青藏高原 4 000～5 000m 的高山峻岭之中，性喜群居，数十头甚至数百头成群生活在一起，善于攀高涉险，性情凶猛暴躁，适应性极强。

野牦牛全身被毛粗而密长，腹部、肩部及关节处毛更长，裙毛及尾毛几乎垂到地面，毛色为黑色或者黑褐色，鼻镜、面部及背线的毛色较浅，近似为灰白色。体格大，头长而粗重，角粗长，先向两侧弯曲，再向后翘起，呈圆锥形。野牦牛颈短而多肉，颈峰高而隆起，胸宽而深，四肢强壮，蹄大而圆，体质结实。雌性野牦牛相对单薄。成年野牦牛体高在 165～200cm，活重约 500kg。每到寒冷季节，成群结队聚集在平坝过冬，到暖季又迁移到雪线附近进行休养生息，有的野牦牛群常向北迁入祁连山腹地。

野牦牛的配种季节为 7—9 月，产犊季节为 3—6 月。雄性野牦牛在繁殖季节会混入附近的家牦牛群中配种，在配种季节由于野牦牛和家牦牛交配而获得的后代，在体格大小和抗病力等方面比家牦牛有不同程度的提高，但性情较野。

第二节　牦牛遗传基础

一、遗传的物质基础

生物的遗传基础是染色体上的基因，牦牛的染色体核型为 2n＝60，性染色体公牦牛为 XY，母牦牛为 XX，常染色体均有明显的短臂，为近端着丝粒染色体。X 染色体为较大的亚中着丝粒染色体，Y 染色体为较小的亚中着丝粒染色体。从染色体的测量结果看，各牦牛品种（群体）的常染色体和 X 染色体的相对长度非常接近，且与国外牦牛的测量数值接近，说明牦牛的常染色体和 X 染色体在大小和形态上极为相似，但 Y 染色体各牦牛品种（类群）间在相对长度和短臂比值上均有较大差异，表明 Y 染色体在牦牛品种（类群）间存在多态现象。野牦牛的染色体核型与家牦牛相似，在染色体数目、形态、大小上二者无显著差异。牦牛、犏牛、黄牛性染色体比较见表 1-1。

表 1-1　牦牛、犏牛、黄牛性染色体比较

品种（类群）	X 染色体		Y 染色体		参考文献
	臂比	着丝粒位置	臂比	着丝粒位置	
麦洼牦牛	1.90	亚中着丝粒（SM）	2.67	亚中着丝粒（SM）	钟金城 等（1992） 王子淑（1988）
九龙牦牛	1.77	亚中着丝粒（SM）	2.60	亚中着丝粒（SM）	钟金城 等（1994）
青海高原牦牛	1.89	亚中着丝粒（SM）	2.46	亚中着丝粒（SM）	郭爱朴（1983a）
野牦牛	1.96	亚中着丝粒（SM）	2.31	亚中着丝粒（SM）	陈文元 等（1990）
牦牛	1.86	亚中着丝粒（SM）	1.87	亚中着丝粒（SM）	
犏牛	2.05	亚中着丝粒（SM）	1.93	亚中着丝粒（SM）	郭爱朴（1983b）
黄牛	1.87	亚中着丝粒（SM）	1.11	中着丝粒（M）	

2012年对牦牛基因组测定发现其基因组全长约2.66Gb，GC含量为42.0%，共编码28 881个蛋白。牦牛染色体测序长度见表1-2。

表1-2　牦牛染色体测序长度

染色体序号	长度（bp）	染色体序号	长度（bp）	染色体序号	长度（bp）
1	152 899 641	11	105 640 630	21	67 277 862
2	136 179 924	12	78 435 519	22	59 497 618
3	116 383 733	13	75 983 851	23	45 444 811
4	113 757 587	14	81 354 091	24	61 837 517
5	118 388 990	15	79 990 276	25	42 522 029
6	102 953 489	16	78 623 970	26	16 099 052
7	108 810 671	17	53 187 494	27	43 292 763
8	21 035 151	18	57 350 394	28	41 841 768
9	103 782 134	19	60 756 558	29	49 314 950
10	33 842 169	20	44 043 878	线粒体	16 324
X	139 579 108	Y	/		

数据来源：https：//www.ncbi.nlm.nih.gov。

二、遗传的基本规律

现代遗传学建立在粒子遗传理论的基础上。它有三个基本定律，即分离定律、自由组合定律和连锁与互换定律。其中，分离定律和自由组合定律由奥地利生物学家孟德尔（G. J. Mendel，1822—1884）在1865年提出，统称为孟德尔定律，是现代遗传学的基础。

1. 分离定律　单基因控制的质量性状具有以下几个特点：①F_1仅表现双亲中一个亲本的性状特点，这种能在F_1中表现出来的性状称为显性性状（Dominant character），而把虽在F_1中并不表现，但经F_1自交能在F_2中表现出来的性状称为隐性性状（Recessive character）。②在F_2中既出现了显性性状，又出现了隐性性状，这一现象称为性状分离。性状分离说明隐性性状虽然没有在F_1中得到表现，但并没有消失，而是被“隐藏”了起来。③在F_2中具有显性性状的个体数和具有隐性性状的个体数之比接近3∶1。

2. 自由组合定律　又称为独立分配定律（Law of independent assortment）。两对位于非同源染色体上的基因进行遗传时，F_2中两对性状的组合类型的比例会符合9∶3∶3∶1。该比例是两个3∶1乘积的展开式，说明每对性状的分离是相对独立的，而相对性状间的组合是自由的。

3. 连锁与互换定律 位于同一对染色体上的基因称为连锁基因（Linked gene）。高等生物有数以万计的基因，而只有几对或几十对染色体，因此每一对染色体上必定包含了许多对基因，所以连锁遗传现象是普遍存在的，摩尔根（T. H. Morgan）进行了大量的试验，并由此提出了遗传学中的第三个遗传定律：连锁遗传定律。

基因的连锁与互换定律的实质是：在进行减数分裂形成配子时，位于同一条染色体上的不同基因，常连在一起进入配子；在减数分裂形成四分体时，位于同源染色体上的等位基因有时会随着非姐妹染色单体的交换而发生交换，因而产生了基因的重组。应当说明的是，基因的连锁和交换定律与基因的自由组合定律并不矛盾，它们是在不同情况下发生的遗传规律：位于非同源染色体上的两对（或多对）基因，是按照自由组合定律向后代传递的，而位于同源染色体上的两对（或多对）基因，则是按照连锁和交换定律向后代传递的。

4. 性别决定与伴性遗传

（1）性别决定 性别也是一种质量性状，生物体普遍存在着性的差异。牦牛的性染色体组成为XY或XX，其性别决定和其他哺乳动物一样。牦牛有30对染色体，其中29对为常染色体，公、母牦牛都相同，性染色体公、母牦牛不相同，公牦牛为XY，母牦牛为XX。母牦牛产生的卵子都含有X染色体，而公牦牛产生的精子有两种，一种含有X染色体，另一种含有Y染色体，因此，牦牛的性别决定取决于Y染色体的有无。受精时，X染色体精子和卵子结合形成的后代为XX，发育为母牦牛；Y染色体精子和卵子形成的后代为XY，发育为公牦牛，由于X染色体精子和Y染色体精子数量相等，与卵子结合的概率也相等，所以后代的公母性别比为1∶1。

（2）伴性遗传 又称性连锁遗传（Sex-linked inheritance），即某些性状的遗传和性别有一定联系的一种遗传方式。两性生物体中，不同性别的个体所带有的性染色体是不同的。因此，性染色体遗传和常染色体遗传也是不同的。常染色体遗传没有性别上的区分，而伴性遗传则有如下特点，即正反交结果不同，表现交叉现象。XY型生物中，雌性既可以把X染色体及X染色体上的基因传给雌性子代，又可以传给雄性子代；而雄性传给雄性子代的必是Y染色体，传给雌性子代的则是X染色体。因此，雄性子代得到的X染色体必来自母本，父本的X染色体必传给雌性子代。X染色体的这种遗传方式称为交叉遗传（Crisscrossing inheritance）。凡按这种方式遗传的基因就称为伴性基因（Sex-linked gene）。对牦牛而言，这种遗传方式称为X连锁遗传（X-linked inheritance）。

三、质量性状与数量性状的遗传

牦牛的性状总体上可以分为质量性状和数量性状两大类。质量性状是指由少数（一对或几对）基因所决定的性状，决定性状的等位基因之间存在着显隐性关系（包括完全显性、不完全显性、无显性），性状表现是间断性的、不连续性的变异。性状表现型之间可以明显区分，其遗传传递过程遵循孟德尔遗传定律，诸如牦牛的毛色、角型、头型等性状即属于质量性状。

数量性状是指由微效多基因所决定的性状，目前所关注的牦牛许多重要性状几乎都属于数量性状，如体高、体长、胸围、管围等体尺性状；与牦牛繁殖力有关的各类性状，如受胎率、发情率、产犊数、断奶重等；与体质有关的性状，如高原适应性、抗病力等。在一个牦牛群体中，数量性状表现通常呈连续性、不间断的变异。微效多基因由于每个基因的作用微小，生产中对基因作用的表型值很难一一辨认，只能依据数量遗传学的原理和生物统计学的方法，以牦牛群体为单位，从数量性状的表型值中排除环境因素的影响，剖分出育种值-基因的加性效应值，再对牦牛进行选择。

第三节 牦牛的营养需要

牦牛的生长、繁殖和育肥均需要能量、蛋白质、矿物质、维生素及微量元素等多种营养物质，缺乏其中任何一种或者相互之间的配比不适宜，都会造成牦牛生长或育肥受阻。根据牦牛对营养物质的需求，可分为维持需要和生产需要。只有在维持需要得到满足的条件下，牦牛才将剩余的营养物质用于生产需要。不同性别和年龄的牦牛对维持需要和生产需要的要求差别较大，应根据实际情况及当地气候条件和饲草料状况进行合理配比，以达到高效生产和快速育肥的目的。

一、能量需要

能量主要来源于碳水化合物、脂肪和蛋白质转化，它是牦牛生命和生产必不可少的营养成分。饲草料的能量水平决定其消耗量以及蛋白质和其他营养物质的供给量，从而影响牦牛的生产性能及体内营养物质的吸收利用。据报道，在冷季为牦牛补饲能量饲料，其生产性能优于补饲蛋白质饲料，表明对于冷季生长在高原地区的牦牛能量更为重要，是提高其潜在生长性能的重要因素。牦牛常用的能量饲料主要包括籽实类，麸糠类，块根、块茎类和饲用油脂类等。

关于成年牦牛每日每千克体重（$W^{0.75}$）的基础代谢，根据国内牦牛绝食呼吸测热试验，牦牛维持净能为272kJ，各年龄代谢值低于ARC（1980）整理的资料，说明牦牛每千克$W^{0.75}$每天的散热量低于其他牛种，推测是牦牛对海拔3 000～6 000m处低氧环境和高寒草场冬春季严重缺草环境的适应性调节。当环境温度高于14℃时，牦牛的体温、心率及呼吸频率明显升高，认为生长牦牛绝食期等热区为8～14℃。引起产热升高的最低临界温度为－20℃，这两者均低于其他牛种。牦牛这种耐寒怕热的生物学特性取决于其特有的皮肤和被毛结构。国内研究指出，生长牦牛基础代谢值为920$W^{0.52}$(kJ/d)。

二、蛋白质需要

蛋白质是家畜的肌肉、神经、结缔组织、皮肤、血管等的基本成分。牦牛食入的饲料蛋白质，一部分在瘤胃中降解后合成微生物蛋白质，另一部分过瘤胃后在胃和小肠中被消化和分解，它们在小肠中作为氨基酸和小肽吸收后进入机体的不同组织，再经一系列酶的作用合成体组织蛋白。对牦牛而言，蛋白质饲料较广，包括一般含蛋白质丰富的油料籽实及其加工副产品，以及适于瘤胃微生物利用的非蛋白质含氮物，如尿素和双缩脲等。

1. 小肠蛋白质的评定

小肠蛋白质＝饲草料瘤胃非降解蛋白质＋瘤胃微生物蛋白质

饲草料瘤胃非降解蛋白质＝饲料蛋白质－饲料瘤胃降解蛋白质

小肠可消化蛋白质＝小肠蛋白质×小肠消化率＝(饲草料瘤胃非降解蛋白质＋瘤胃微生物蛋白质)×小肠消化率

饲草料蛋白质瘤胃降解率的评定，由于体内法比较麻烦而不可能用作常规方法，可采用瘤胃尼龙袋法或者持续动态人工瘤胃法进行评定。

2. 瘤胃微生物蛋白质合成量的评定　目前对微生物蛋白质合成量的评定有两种方法：一种是通过饲草料瘤胃降解蛋白质进行评定，另一种是通过瘤胃可发酵有机物进行评定。

饲草料的小肠可消化蛋白质＝(饲草料瘤胃降解蛋白质×降解蛋白质转化为微生物蛋白质的效率×微生物蛋白质的小肠消化率)＋(饲草料非降解蛋白质×小肠消化率)

3. 瘤胃能氮平衡

瘤胃能氮平衡（RENB)＝用瘤胃可发酵有机物（FOM）评定出的微生物蛋白质量－用瘤胃降解蛋白质（RDP）评定的瘤胃微生物蛋白质量

若结果为正值，说明瘤胃能量有富余；若结果为零，表明平衡良好；若结果为负值，表明应增加瘤胃中的能量。根据瘤胃能氮平衡的结果，能量有富余，可以利用添加非蛋白氮的方法增加小肠可消化蛋白质的含量。

三、矿物质需要

动物体内的矿物元素，根据其在体内的含量可分为两类，一类含量大于或者等于0.01%，称为常量矿物元素；另一类的含量小于0.01%，称为微量矿物元素。牦牛必需的7种常量矿物元素为钙、磷、钠、氯、镁、硫、钾，7种必需微量矿物元素为铁、锌、硒、铜、碘、钴、锰，还有硼、镉、硅、钒、镍、锡、铅、锂、溴等矿物元素为牦牛可能必需的微量矿物元素，由于需要量极低，在实际生产中很少出现缺乏。

1. 钙、磷 钙和磷是牦牛体内含量最多的矿物质，约99%的钙和80%的磷存在于骨骼和牙齿中。钙、磷的适宜比例为（1～2）∶1。饲料中钙、磷不足或者比例不恰当时，牛只食欲减退，生长不良，犊牦牛易患佝偻病，成年牦牛易患软骨症。

影响钙和磷吸收利用的因素有很多，饲草料中钙含量、牦牛年龄及生理状态均影响钙的吸收利用。随着年龄的增长，钙的吸收率降低；牦牛在妊娠和哺乳期可提高钙的吸收；消化道（十二指肠）呈碱性或者中性会降低钙、磷的吸收；钙、磷比例，脂肪过多均影响钙吸收；饲草料供应的钙过多，会因为颉颃作用而影响锌、锰、铜的吸收利用。

一般豆科牧草含钙较多，而禾本科牧草和谷类籽实相对缺乏钙。在以农作物秸秆为主的饲草料中常需要补加钙、磷。牦牛补钙多用石粉、贝壳粉，补磷多用骨粉、磷酸氢钙等。饼粕、麦麸中磷含量丰富，但大多以植酸磷形式存在。牦牛对植物磷利用率高达90%，但幼龄牦牛由于瘤胃功能发育不健全，对植物磷的利用率仅为35%左右。

2. 钠、氯 钠和氯通常用食盐补充。钠和氯是胃液的组成成分，与消化机能有关，对维持机体渗透压和酸碱平衡具有重要作用。补给钠和氯的常用方法是按照精料量混合0.5%～1%的食盐，或者按照饲草料中干物质量加0.25%的食盐，或用盐和其他元素配制加工成矿物质舔砖，让牦牛自由舔食。

植物饲料一般含钠量低，含钾量高，青粗饲料更为明显，钾能促进钠的排出，所以放牧牦牛的食盐需求量高于饲喂干饲料的牦牛，饲喂高粗料日粮耗盐多于高精料日粮。

3. 镁 动物体内约有65%的镁存在于骨骼中，镁是许多酶系统的活化剂，对肌肉和神经系统的正常活动非常重要。初春牦牛大量采食青草时，可能产生缺镁痉挛症，表现为神经过敏、肌肉痉挛。一般植物性饲料中所含的镁可以满足牦牛的需要。

4. 硫 硫是构成蛋氨酸、胱氨酸等含硫氨基酸的组成成分，还是瘤胃微生物消化纤维素、利用非蛋白氮和合成B族维生素必需的元素。一般蛋白质饲料含硫丰富，而青玉米、块根类含硫量低。在以尿素为氮源或氨化秸秆、秸秆日粮饲喂时易产生缺硫现象，需补充含硫添加剂。

5. 钾 生长、育肥牦牛对钾的需求量为日粮干物质的0.6%～1.5%。青粗饲料含有充足的钾，但不少精饲料的含钾量不足，故饲喂高精饲料有可能缺钾。犊牛生长期钾的含量为0.58%时最佳。日粮中钾含量降低会影响牦牛的采食量。

6. 铁 铁主要和造血机能有关。牦牛缺铁会产生贫血症，食欲减退、体重下降，犊牦牛更为敏感，会发生严重的临床贫血症。通过给哺乳期母牦牛饲喂富含铁的饲料，并不能增加乳汁中铁的含量，同时如果铁摄入过量，会引起磷的利用率下降，导致软骨症，补铁可以补充硫酸亚铁、氯化亚铁等。

7. 锌 锌对牦牛的生长发育和繁殖具有重要作用，特别是对公牦牛的繁殖力非常重要。缺锌时，牦牛生长受阻、皮肤溃烂、被毛脱落，公牦牛睾丸发育不良。锌与其他矿物质元素存在颉颃作用，日粮中铁、钙、铜过高会抑制锌的吸收。青草、糠麸、饼粕类含锌较高，玉米和高粱含锌较低，补锌常用硫酸锌、氧化锌和醋酸锌等，但是氧化锌的生物利用率仅为硫酸锌的44%。

8. 硒 硒参与谷胱甘肽过氧化酶的合成，参与机体的抗氧化机能，还对牦牛的繁殖有影响。母牦牛缺硒可引起繁殖机能失常，造成受胎率低，早期胚胎吸收和胎衣不下，犊牦牛表现“白肌病”。硒过量也会导致牦牛中毒，且中毒量和正常量之间相差不大。中毒的表现症状为牦牛消瘦、脱毛、瞎眼、麻痹和死亡。碱性土壤中硒呈水溶性化合物，易被植物吸收，而酸性土壤地区的犊牦牛易患白肌病。补硒时，可将亚硒酸钠加入矿物质食盐中供牦牛舔食，补充量按每千克日粮干物质补充0.1mg硒元素。

9. 铜 铜对血红素的形成、骨骼形成、毛发的生长有重要作用。缺乏铜导致的主要症状包括贫血症、骨质疏松等。牦牛因缺乏铜会导致被毛干燥、易脱落，有时表现明显的毛色变化，皮毛由黑色变为暗褐色。一般饲料中含铜丰富，但生长在缺铜土壤中的植物性饲料可出现铜缺乏症。补铜可使用硫酸铜和氯化铜。

10. 碘 碘是甲状腺的重要组成成分。碘参与牦牛体的基础代谢，可活化100多种酶，缺碘可引起甲状腺肿大，妊娠母牦牛出现死胎、弱胎，犊牦牛及母牦牛的卵巢机能及繁殖性能受损。补碘可利用碘化钾、碘酸钾等。碘化钾可按每100kg体重添加0.46～0.60mg。

11. 钴 钴被瘤胃微生物利用合成维生素B_{12}。缺钴表现为食欲不良，成年牦牛消瘦，伴有贫血现象。牦牛对钴的需要量为每千克饲料干物质0.07～

0.10mg。缺钴地区可通过每100kg食盐中混入60g硫酸钴进行补饲，钴在牦牛体内含量过高时可降低所有微量元素的吸收率。

12. 锰　锰参与骨骼的形成、性激素和某些酶的合成。大多数青粗饲料和糠麸类含锰丰富，而高精料日粮容易缺锰。饲料缺锰时造成犊牦牛关节变大、僵硬、腿弯曲、体弱且骨骼短小；公牦牛精子异常；母牦牛排卵不规律，受胎率低，怀孕母牦牛易流产。生产中，牦牛日粮锰的适宜含量为40mg/kg，育肥时为20mg/kg。当日粮钙和磷的比例上升时，对锰的需要量增加。缺锰时可用氧化锰、硫酸锰和碳酸锰补充。

四、维生素需要

维生素是牦牛维持正常生产性能和健康所必需的营养物质。牦牛瘤胃微生物可以合成B族维生素及维生素K、维生素C。优质牧草可以提供维生素A和维生素D。饲料或日粮中添加某些水溶性维生素对提高牦牛的生产性能、增强免疫机能和繁殖性能、减少疾病的发生有显著作用。

1. 维生素A　哺乳期犊牦牛可由母乳中获得维生素A，断奶后可由饲料中获得的β-胡萝卜素再转化成维生素A。维生素A可维持正常的视觉、上皮组织的健全，骨骼的生长发育和繁殖机能。缺乏维生素A的主要特征是夜盲症和上皮组织角化症。研究发现，适量的维生素A和β-胡萝卜素对公牦牛的内分泌调节、生殖器官生长发育及精液品质都有显著影响，能促进母牦牛性成熟，提高受胎率和正常的繁殖机能。青绿饲料中含有β-胡萝卜素，而且颜色越绿，含量越丰富，因为叶绿素与β-胡萝卜素共存，如果天旱少雨，缺乏青绿饲料时易出现维生素A缺乏症。

2. 维生素D　包括维生素D_2和维生素D_3，前者是由植物体内的麦角固醇经紫外线照射而产生，后者是牦牛皮肤中的7-脱氢胆固醇经日光紫外线照射后形成的，维生素D与机体内钙、磷代谢有密切关系。缺乏时犊牦牛易患佝偻病，成年牦牛易患软骨症，食欲减退，生长缓慢，消化紊乱。

3. 维生素E　在家畜体内具有广泛的生物学作用，补充适宜的维生素E可以增强牦牛的繁殖机能，减少乳腺炎和胎衣不下等。维生素E和硒联合使用可起到更显著的效果。妊娠后期日粮中同时添加维生素E和硒能够提高初乳的产乳量，增强犊牦牛的被动免疫和生长。维生素E在饲料中分布十分广泛，正常饲养条件下的牦牛能从饲料中获得足够量的维生素E，并且由于饲料中易氧化的不饱和脂肪酸在瘤胃中受到加氢作用，故对维生素E的需要量较少。一般认为犊牛维生素E的需要为每千克饲料干物质15～16IU，成年牦牛的正常日粮含有足够的维生素E。

4. 烟酸 可促进瘤胃微生物合成蛋白质，这是由于烟酸能够提高瘤胃中丙酸浓度，使乙酸和丁酸浓度降低的结果。

5. 硫胺素（维生素 B_1） 硫胺素有维护牦牛中枢神经系统正常功能、影响某些氨基酸的转氨作用和机体脂肪合成能力的作用。硫胺素缺乏的典型症状是肌肉运动失调、进行性失明、痉挛和死亡等特征。

6. 维生素 B_{12} 对维持牦牛的正常营养、促进上皮的正常增生、加速红细胞的生成，以及保持神经系统髓磷脂正常功能有重要作用。研究表明，缺乏维生素 B_{12} 会降低纤维素的消化。维生素 B_{12} 的合成需要微量元素钴的参与，成年牦牛可以利用钴合成自身需要的维生素 B_{12}，但幼龄牦牛瘤胃功能尚不健全，故必须由日粮供给。瘤胃发育之前的犊牦牛需要补充 B 族维生素。

五、干物质采食量

为满足牦牛对营养物质的需要和填充消化道容积，必须提供一定数量的饲料干物质。牦牛每天需要采食的干物质重量相当于其活重的 1.4%～2.7%，采食量的多少是衡量动物生产性能和潜力的一项重要指标，体重的大小是决定牦牛采食量的主要因素，另外，放牧草场的牧草质量，饲料的精、粗比，可消化性和适口性，牦牛的年龄、生理阶段、运动量、环境温度等也影响牦牛对干物质的采食量。

六、水的需要

水在牦牛体内主要参与饲料的消化吸收、粪便排出和调节体温。水的需要量受牦牛的体重、环境温度、生产性能、饲料类型和采食量的影响。当水中含盐量超过 1%时，就会使牛中毒。在 4℃之内，牦牛的需水量较为恒定，夏天饮水量增加，冬季饮水量减少。冬季供牛饮用的水要保持在 10℃左右，有条件的地方最好饮用温水，以减少饲草料的损耗。生产实践中，最好的方法是给牦牛提供充足的饮水，让牛只自由饮用。根据牦牛群的大小，设立足够的饮水槽或饮水器，使所有的牛都能有机会自由饮水。在炎热的夏天，饮水不足可能导致牦牛不能及时散发体热，有效调节体温。

第四节 牦牛常用饲料的加工调制

一、籽实类饲料的加工调制

禾谷类与豆类籽实都被以种皮，如牦牛采食时咀嚼不细往往消化不完全，甚至一部分以完整的形式通过消化道，故应对其进行适当的加工调制后再饲喂牦牛。

1. 粉碎、磨碎与压扁 将谷实与豆类饲料粉碎、磨碎与压扁，可不同程度地增加饲料与消化液、消化酶的接触面积，便于消化液充分浸润饲料，使消化完全，提高饲料消化率。但也不可粉碎过细，特别是麦类饲料中含谷蛋白质较多，会在肠胃内形成黏着的面团状物而不利于消化，粉碎过粗则达不到粉碎的目的。适宜的磨碎程度，取决于饲料性质、牦牛种类、年龄、饲喂方式等。一般磨碎到2mm左右或压扁。压扁是将饲料中加入16%的水，蒸汽加热到120℃左右，用压片机压成片状，干燥并配以各种添加剂即成片状饲料。将大麦、玉米、高粱等（不去皮）压扁后，饲喂牦牛可明显提高消化率。

2. 制成颗粒饲料和挤压处理 将粉碎的饲料制成颗粒饲料，可提高适口性，减少饲喂时的粉尘与浪费。在热制颗粒饲料过程中，蒸汽处理和高压搓挤可改变麦麸糊粉的消化性，增加可消化能量30%和17%，挤压工艺是：用螺旋搅拌器将磨碎的谷物弄湿（每吨加水275～400L），然后用挤压机处理。挤压时温度达到150～190℃，压力达到2.5～5MPa，处理时间是70～85s。挤压处理后，饲料中仅残存极少量的微生物，大豆籽实等的抗胰蛋白酶因子减少80%左右。

3. 浸泡与蒸煮 豆类、饼粕类谷物饲料经水浸泡后［一般料水比1∶(1～1.5)］，膨胀柔软，便于咀嚼。蒸煮豆类籽实可破坏其中的抗胰蛋白酶因子，提高蛋白质消化率和营养价值。对含蛋白质高的饲料，加热处理时间不宜过长（一般130℃，不超过20min），否则会引起蛋白质变性，降低有效赖氨酸的含量。不宜对禾本科籽实进行蒸煮，蒸煮反而降低其消化率。

二、饼粕类饲料的脱毒与合理利用

青藏高原有较大面积的油菜种植，为养殖业提供了丰富的饼粕类饲料。油饼和油粕中含有丰富的蛋白质（30%～45%），但是当前饼粕类未被充分用作饲料的最大障碍是其含有有害物质和毒素，故应严格按照脱毒方法和遵循饲喂的安全用量。饼粕类蛋白质含量高，但大多缺乏1～2种必需氨基酸，宜与其他蛋白质饲料配合使用。

1. 菜籽饼的脱毒与适宜喂量 菜籽饼的蛋白质含量和消化率都比大豆饼低，但必需氨基酸较平衡，含赖氨酸较少、蛋氨酸较多。菜籽饼含硫葡萄糖苷，在中性条件下经酶水解，释放出致甲状腺肿物质恶唑烷硫酮和各种异硫氰酸酯与硫氰酸酯，在pH低的条件下水解时，会产生更毒的氰。菜籽饼的含毒量因品种和加工工艺而异。甘蓝型品种含毒量低于白菜型品种。机榨饼中毒素含量较压榨-浸提的油粕高。菜籽饼的脱毒有坑埋法、硫酸亚铁法、碱处理法、水洗法和蒸煮法等。其中，坑埋法与硫酸亚铁法脱毒效果较好，营养物质保存效果也好。

坑埋法的具体做法是，选择向阳、干燥、地温较高处，开挖长方形坑道（宽0.8m，深0.7～1.0m，长度视所埋菜籽饼量而定）。先在坑底铺一层干草，而后将粉碎的菜籽饼按1∶1加水拌匀浸透（切不可在坑内拌水），装入坑内，再在上面覆盖一层干草和20cm厚的土层，两个月后即可饲用。

硫酸亚铁法是称取粉碎饼重1%的硫酸亚铁，溶于饼重1/2的水中，待充分溶解后，将饼拌湿，100℃下蒸30min，取出风干。

菜籽饼的适宜喂量取决于饼中毒素含量和牦牛的耐受性。我国菜籽饼中含硫葡萄糖苷高达1%左右，饲粮中的用量以10%以下比较安全。去毒菜籽饼和低毒品种菜籽饼可多喂。

2. 大豆饼有害物质的消除和适宜喂量 一般将大豆饼视为畜禽最好的蛋白质来源之一，其蛋白质中含有全部必需氨基酸，但胱氨酸和蛋氨酸含量是相对较少的。大豆饼含抗胰蛋白酶因子与抗凝乳蛋白酶、血球凝集素、皂角素等有害物质，故用生大豆或生大豆饼饲喂牦牛的增重与生产效果差，且因其具有腥味，使采食量减少或发生腹泻等。

将生大豆或生大豆饼粕在140～150℃下加热25min，即可消除大部分有害物质，使其蛋白质营养价值提高约1倍。用螺旋压榨机榨油时可达到这个温度，而用溶剂法浸提时只能达到50～60℃，传统方法则多用冷榨，故后两种生产出的大豆饼粕保存有大量的营养抑制物，用作饲料前应进行处理。但必须严格控制烘烤过程，因过热会降低赖氨酸和精氨酸的有效性，降低蛋白质的营养价值。

3. 亚麻饼粕的脱毒与适宜喂量 亚麻饼粕所含蛋白质中蛋氨酸与赖氨酸含量较大豆饼粕与棉籽饼粉低，宜与动物性饲料一起饲喂。未成熟的亚麻籽含少量的亚麻苦苷和亚麻酶。亚麻酶能水解亚麻苦苷释放出氰氢酸。低温取油获得的亚麻饼粕中，亚麻苦苷和亚麻酶可能没有变化，但正常压榨条件可破坏亚麻酶和大部分的亚麻苦苷，制得的亚麻饼粉非常安全。在干燥状态下，含亚麻酶和亚麻苦苷的油饼是安全的饲料。

三、青饲料的饲喂调制与储存

青贮是指在一个密闭的青贮塔（窖、壕）或密封袋中，对原料进行乳酸菌发酵处理，以保存其青绿多汁性及营养物质的方法。其原理是利用乳酸菌在厌氧条件下发酵产生乳酸，抑制腐败菌、霉菌、病菌等有害菌的繁殖，达到牧草保鲜的目的。

1. 青饲料的饲喂前调制 调制方法有切碎、浸泡、闷泡、煮熟与打浆等方法。切碎便于牦牛采食、咀嚼，减少浪费，通常切至1～2cm为宜。青饲料、块根茎类与青贮饲料均可打浆。凡是有苦、涩、辣或者其他怪味的青饲料，可用冷水浸泡或热水闷泡4～6h，然后混以其他饲料进行饲喂，青饲料一般宜生喂，不宜蒸煮，以免破坏维生素和降低饲料营养价值。焖煮不当时，还可引起亚硝酸盐中毒，但是有些青饲料含毒素，如马铃薯茎叶，应煮熟弃水饲喂，对草酸含量高的野菜类加热处理，可破坏草酸，利于钙的吸收。

2. 饲料青贮 制作青贮饲料实际上是利用有益微生物来抑制有害微生物，为乳酸菌创造适宜生活和迅速繁殖的条件。

（1）一般青贮 依靠乳酸菌在厌氧环境中产生乳酸，使青贮物中pH下降，青饲料的营养价值得以保存。青贮成功的条件是：第一，适当的含糖量。原料中的含糖量不应低于1.0%，禾本科牧草（如玉米、高粱、块根块茎类等）易于青贮。苜蓿、草木樨、三叶草等豆科牧草及马铃薯茎叶等含糖量低的饲草较难青贮，因此，在青贮时应搭配其他易青贮原料混合青贮，或调制成半干青贮。第二，适当的含水量。一般为65%～75%，豆科植物为60%～70%，质地粗硬的原料青贮含水量可达80%左右，质地多汁、柔嫩的原料以60%为宜。玉米秸秆的含水量可根据茎叶的青绿程度估计。在青贮过程中，作物秸秆的含水量越高，饲料中的蛋白质损失越多。第三，缺氧环境。在青贮窖中装填青贮料时，必须踩紧压实，排除空气，然后密封，并防止漏气。第四，适当的温度。一般控制在19～37℃，以25～30℃为宜。在35℃以下时，发酵时间为10～14d。

1）青贮建筑及建造要求 青贮建筑有青贮塔、青贮窖与青贮壕等。青贮塔是砖混结构的圆形塔，青贮窖（圆形）与青贮壕（长方形）可用砖混或石块和水泥砌成，土窖、土壕亦可，在地下水位高的地方可用半地下式窖（壕）。各种青贮建筑物均应符合以下基本条件：结实坚固、经久耐用、不透气、不漏水、不导热；必须高出地下水位0.5m以上；青贮壕四角应做成圆形，各种青贮建筑的内壁应垂直光滑，或使建筑物上小下大；窖（壕）址应选择地势高燥、易排水和离牦牛舍近的地方。

青贮建筑物的大小和尺寸应以装填与取用方便、能保证青贮料质量为原则，根据青贮原料数量和各种青贮饲料的单位容重来确定。青贮窖（壕）的深度以2.5m左右为宜，圆形窖的直径宜在2m以内。青贮壕的宽度以能容纳下取用时运输青贮饲料的车辆为宜，一般为3～5m。小型牦牛养殖场可依据实际情况适当减小宽度。

塑料袋青贮和裹包青贮是近年来开发的新青贮方法，由于制作方法简单，易存储和搬运，在我国农区有较多应用。牧区秋季有一定量的多汁饲料，用塑料袋或裹包的方式青贮较为方便。制作塑料袋可选用抗热、不硬化、有弹性、经久耐用的无毒塑料薄膜。袋子规格大小的选择，可根据饲养牦牛的多少确定，但不宜太大，以每袋或每包可装 25～100kg 为宜。袋装和裹包青贮应选用柔软多汁、易压实的青料。贮存时要防止青贮包装破裂，预防鼠、虫害。

2）青贮技术与步骤　第一，收割原料需注意收割日期。青贮原料适宜的收割期，既要兼顾营养成分和单位面积产量，又要保证较适量的可溶性碳水化合物和水分。豆科牧草的适宜收割期是现蕾至开花期，禾本科牧草为孕穗至抽穗期，带果穗的玉米在蜡熟期收割。如果有霜害，则应提前收割、青贮。收穗的玉米应在玉米穗成熟收获后，玉米秆仅有下部叶片枯黄时收割青贮；也可在玉米七成熟时，收割果穗以上的部分青贮。野草则应在其生长旺盛期收割。第二，铡短、装填和压紧。原料切碎，含水量越低的牧草，应切割越短；含水量高的可稍长一些。饲喂牦牛的禾本科牧草、豆科牧草、杂草类等细茎植物，一般切成 2～3cm，粗硬的秸秆，如玉米、高粱等，切割长度以 0.4～2cm 为宜。装填时，如果原料太干，可加水或加入含水量高的饲料；如果太湿，可加入铡短的秸秆。应先在青贮建筑底部铺 10～15cm 厚的秸秆或软草。然后分层装填青贮原料。每装 15～30cm 厚，必须压紧一次，特别要压紧窖（壕）的边缘和四角。第三，封埋。青贮原料装填到高出窖（壕）上沿 1m 后，在其上盖 15～30cm 厚的秸秆或软草、压紧（如用聚氯乙烯薄膜覆盖更好），然后在上面压一层干净的湿土，踏实。待 1 周左右，青贮原料下沉后，立即用湿土填起。下沉稳定后，再向顶上加 1m 左右厚的湿土并压紧。为防雨水浸入，最好用泥封顶，周围挖排水沟。

3）开窖与取用　至少应在装填 40～60d 后方可开窖取用。如果为圆形青贮窖，应揭去表层覆盖的全部土层和秸秆，除去霉层。然后自上向下逐层取用，要保持表面平整。每天取用的厚度应不少于 10cm，取后必须把窖盖严。对青贮壕，应从一端开始分段取用，每段约为 1m。揭去上面覆盖的土、草和霉层后，从上向下垂直切取。切不要留阶梯或到处挖用。取用后，最好用塑料薄膜覆盖取用的部位。

青贮窖开封后，应鉴定青贮料的品质，确定其可食性。具有青绿色或黄绿色、芳香酸味和水果香味、质地紧密、茎叶与花瓣保持原来状态的，为品质良好的青贮料。呈黄褐色或暗绿色，香味极淡、酸味较浓，稍有酒味或醋酸味，茎叶与花瓣基本保持原状的青贮料，属中等品质。品质低劣的青贮料多为褐色、墨绿色或黑色，质地松软，失去原来茎叶的结构，多黏结成团，手感黏滑或干燥粗硬、腐烂，具有特殊的臭味、霉味。在有条件的情况下，可用实验室方法（pH、含酸量、氨态氮含量）鉴定，不应用品质低劣的青贮料饲喂牦牛。

青贮料饲喂初期，牦牛处于适应期应少量饲喂，随后逐渐增加饲喂量，应将青贮料与精料、干草及块根、块茎类饲料混合饲喂。不宜给妊娠后期的母牦牛喂青贮饲料，产前15d应停喂。对酸度过大的青贮料，可用5%～15%的石灰乳中和。

（2）外加剂青贮　外加剂大体有两类。一类是促进乳酸发酵的物质，如糖蜜、甜菜渣和乳酸菌制剂等；另一类是防腐剂，如甲醛、亚硫酸、焦亚硫酸钠、丙酸、甲酸或矿物酸等。用加酸法，可使青贮饲料的pH一开始就下降到需要的程度，从而降低青贮过程中好氧和厌氧发酵的损失。添加外加剂，可使青贮料的营养价值显著提高，在青贮豆科牧草时，最好采用外加剂。

（3）低水分青贮　或称半干草青贮，具有干草和青贮的特点。制作低水分青贮料，是使青贮料水分降低到40%～55%，造成对厌氧微生物（包括乳酸菌）的生理干燥状态（植物细胞质的渗透压达到55～60个大气压）抑制其活动，并靠压紧造成的厌氧条件抑制好氧微生物的生长繁殖，以保存青饲料的营养物质。低水分青贮发酵过程弱，养分损失少，总损失量不超过10%～15%。大量的糖、蛋白质和胡萝卜素被保存下来。

豆科牧草与禾本科牧草均可用于调制低水分青贮料。豆科青草，应在花蕾期至始花期刈割。禾本科青草，应在抽穗期刈割。刈割后，应在24h内使豆科牧草含水量不低于50%，禾本科不低于45%。必须将原料切成2～3cm长。填装青贮窖必须仔细，可用拖拉机多次镇压。上面用塑料薄膜盖严，再覆盖20～30cm厚的锯末（或秸秆）和泥土。用于装填低水分青贮的青贮窖（塔），内壁要用搪瓷金属板或油漆金属板或钢筋混凝土材料涂油漆，使表面平滑、防蚀、不漏水，也可在窖的内壁铺垫塑料薄膜。

四、青干草的调制与贮藏

调制青干草的目的在于获得容易贮藏的干草，使青饲料的含水量降低到足以抑制植物酶与微生物酶活动的水平，尽量保持原来牧草的营养成分，具有较高的消化率和适口性。青绿饲料的含水量一般为65%～85%，降低到15%～20%后才能妥善贮存。

1. 牧草干燥的原则　根据牧草干燥时水分散发的规律和营养物质变化情况，应掌握以下基本原则：一是干燥时间要短，以减少生理和化学作用造成的损失；二是牧草各部位含水量力求均匀，有利于贮藏；三是防止被雨和露水打湿。

2. 牧草的干燥方法　大体可分为自然干燥法和人工干燥法。自然干燥法又分为田间干燥法、草架干燥法和发酵干燥法，目前多采用田间干燥法。人工干燥法分为高温快速干燥法和风力干燥法。

（1）田间干燥法　该法为调制干草最普通的方法，是刈割后在田间晒制。应选择晴好天气晒制干草。水分蒸发的快慢，对干草营养物质的损失量有很大影响。因植物酶与微生物酶对养分的分解，一直到含水量降至38%才停止。因此，青饲料刈割后，应先采用薄层平铺曝晒4～5h，使水分尽快蒸发。当干草中水分降到38%后，要继续蒸发减少到14%～17%是一个缓慢的过程。应采用小堆晒干法，以避免阳光长久照射严重破坏胡萝卜素，同时也有较强的防雨能力。为提高田间的干燥速度，可采用压扁机压扁，使植物细胞破碎；也可采用传统的架上晒制干草。采用田间机械快速干燥技术与谷仓干燥装置，可大大提高青干草调制效率。

在晒制干草过程中应轻拿轻放，防止植物最富营养的叶片脱落。调制干草，往往正逢雨季。由于淋溶、植物酶与微生物酶活动时间延长及霉菌滋生等，可使干草中的营养物质产生重大损失。青藏高原草原气候比较寒冷，推迟到5月播种的燕麦草，在9月早霜来临时被冻死冻干，但仍保持绿色，这时再刈割保存，称作冻青干草。采用这种方式可避开雨季。

（2）人工干燥法　将新鲜青草在45～50℃小室内停留数小时，使水分含量降至5%～10%，或在500～1 000℃下干燥6s，使水分含量降至10%～12%。这种干燥方式可保存干草养分的90%～95%。在1kg人工干燥的草粉中，含有120～200g蛋白质和200～350mg胡萝卜素，但缺乏维生素D。高温快速干燥法一般用于草粉生产。风力干燥法需要建造干草棚及各种配套设施，一般使用不多。

3. 干草的堆垛与贮藏　堆垛的基本要求是坚实、均匀；减少受雨面积，以减少养分的损失。如果堆垛干草含水量超过18%，调制好的干草也会发霉、腐烂。一般情况下，用手把干草搓揉成束时能发出沙沙响声及干裂的嚓嚓声，这样的干草含水量为15%左右，适于堆垛贮藏。

在贮藏过程中，干草的化学变化与营养成分损失仍在继续。水分含量较高时损失大，如果含水量少于15%，贮藏期间就很少或不发生变化。青藏高原一般以草垛形式贮藏干草。堆垛的地形要高燥，排水良好，背风或与主风向垂直，便于防火，垛底用木头、树枝、秸秆等垫起铺平，四周有排水沟。堆垛时，垛的中间要比四周边缘高；含水量高的干草，应堆集在草垛上部，注意垛内干草因发酵生热而引起的高温，升到45～55℃或55℃以上时，采取通风眼方法进行散热。堆好后，须盖好垛顶，顶部斜度应为45°以上，有条件的地方可以搭建青草棚或者饲草料库房。

4. 干草品质鉴定　良好的干草颜色为鲜绿或灰绿色，有香味，质地不坚硬，不木质化，叶片含量适当，有适量花序，收割期适时，贮藏良好；劣质干草呈褐色，发霉，结块，不适于饲喂牦牛。

五、秸秆饲料的加工与调制

秸秆的有机物质中，80%～90%由纤维性物质和无氮浸出物（只含微量水溶性碳水化合物）组成，粗蛋白质含量在4%以下，几乎不含胡萝卜素，故天然状态下属营养价值低劣的饲料。但按干物质计，秸秆所含总能几乎与禾本科饲料作物相当。因此，农作物秸秆类饲料经适当加工调制，可以改变原来的体积和理化性质，提高适口性，减少饲料浪费，改善消化性，提高营养价值和饲用价值。目前，对秸秆类饲料加工调制的有效方法可分为物理处理、化学处理及微生物处理。

1. 物理处理

（1）切碎、粉碎和制成颗粒饲料　切碎可提高牦牛的采食量且减少浪费，通过铡短、粉碎、揉搓等方法，使秸秆长度变短，增加瘤胃微生物与秸秆的接触面积，可提高采食量和纤维素降解率。玉米秸秆经铡短、揉碎后可以提高采食量25%，提高饲料效率35%。揉搓处理是通过揉搓机的强大动力将秸秆加工成细絮状物，并铡成碎段，可提高适口性和秸秆利用率。若能把秸秆粉碎压制成颗粒再饲喂牦牛，其干物质的采食量可提高50%，颗粒饲料质地较硬，能满足在瘤胃中的机械刺激作用。在瘤胃碎解后，有利于微生物的发酵和皱胃的消化，能使饲料效果大大提高。若能按照不同牦牛类型的营养需要在秸秆中配入精料，则会得到更好的饲喂效果。

（2）浸泡　是把切碎的秸秆加水浸湿、拌上精料饲喂。也可用盐水浸泡秸秆24h，再拌以糠麸饲喂牦牛。此法只能提高秸秆的适口性与采食量。

（3）蒸煮　此法能显著增加秸秆的适口性，软化纤维素，但不能提高秸秆的消化率和营养价值，应在90℃下蒸煮1h，再置于箱内2～3h。

（4）秸秆碾青　在碾场上铺30cm厚的麦秸，上面铺30cm厚的青苜蓿，其上再铺盖30cm厚的麦秸，然后用石滚碾压。苜蓿被压扁后流出的汁液被麦秸吸收，干燥速度加快，叶片脱落的损失减少，同时麦秸的适口性与营养价值也得到了提高。

2. 化学处理　用碱性化合物如氢氧化钠、石灰、氨及尿素等处理秸秆，可以打开纤维素、半纤维素与木质素之间对碱不稳定酯键，溶解半纤维素、一部分木质素及硅，使纤维素膨胀，暴露出其超微结构，从而有利于消化酶与之接触，提高纤维素的消化率。强碱（如氢氧化钠）可使多达50%的木质素水解。化学处理不仅可以提高秸秆的消化率，而且能够改进适口性，增加采食量。这是目前研究最多、在生产中比较实用的一种途径。此法中使用最多的是氨化处理。

（1）秸秆的氨化处理

秸秆氨化处理的优点　秸秆氨化处理后有机物消化率可提高8%～12%，秸秆的含氮量也相应提高。可提高适口性，增加采食量。据测定，采食速度可提高20%，采食量提高15%～20%。

氨化秸秆可提高生产性能，降低饲养成本。氨化秸秆有防病作用。氨是一种杀菌剂，1%的氨溶液可以杀灭普通细菌。在氨化过程中，氨的浓度为3%左右，等于对秸秆进行了一次全面消毒。此外，氨化秸秆可使粗纤维变松软，容易消化，也减少了胃肠道疾病的发生。

氨化秸秆可缓冲瘤胃酸碱度。减少精料蛋白质在瘤胃中的降解，增加过瘤胃蛋白质，提高蛋白质的利用率。同时可预防牦牛育肥期常见的酸中毒。氨化饲料可长期保存。开封后，若1周内不能喂完，可以把全部秸秆摊开晾晒，待其水分含量低于15%后堆垛长期保存。

（2）秸秆氨化制作方法与步骤

1）无水氨或液氨处理法　在地面或地窖底部铺塑料膜，膜的接缝处用熨斗焊接牢固。一般秸秆垛宽2m、高2m，垛的长短根据秸秆的数量而定。铺垫及覆盖的塑料膜四周要多留0.5～0.7m，以便封口。向切碎（或打捆）的秸秆喷入适量水分，使其含水量达到15%～20%，混入堆垛，在长轴中心埋入一根带孔的硬塑管或胶管，然后覆盖塑料膜，并在一端留孔露出管端。覆膜与垫膜对齐折叠封口，用沙袋、泥土把折叠部分压紧，使其密封，然后用高压橡胶管连接无水氨或氨氮贮运罐与垛中胶管。无水氨或液氨的用量，冬天环境温度在8℃时，每100kg干秸秆添加无水氨或液氨2kg；夏天环境温度在25℃时，每100kg干秸秆添加无水氨或液氨4kg，然后把管子抽出封口。夏天不少于30d、冬天不少于60d即可达到氨化效果。本方法适用于大规模制作氨化秸秆。

2）尿素或碳铵处理　氨化池或窖可建在地上或地下，也可以一半地上、一半地下。以长方形为好，如在池或窖的中间砌一堵隔墙，即双联池则更好，可轮换处理秸秆。制作时先将秸秆切至2cm左右。玉米秸秆需切得再短些，较柔软的秸秆可以切得稍长些。每100kg秸秆（干物质）用3～5kg尿素（碳铵6kg）、20～30kg水。如再加0.5%的盐水，适口性更好。被处理秸秆的含水量为25%～35%。将尿素溶于温水中，分数次均匀地洒在秸秆上，入窖前后喷洒均匀即可。如在入窖前将秸秆摊开喷洒则更为均匀。边装边踩实，待装满窖后用塑料膜覆盖密封，再用细土压好即可。用尿素氨化达到氨化效果最佳的时间，可根据气温的变化而决定，当日间气温高于30℃时需10d左右；20～30℃时需5～20d；10～20℃时需20～35d；0～10℃时需35～60d。

（3）影响氨化效果的因素　温度、处理时间、秸秆含水量、氨化剂用量和秸秆种类等均会影响氨化效果。

1）温度　无水氨和液氨处理秸秆要求较高的温度，温度越高，氨化越快越好。据报道，液氨注入秸秆垛后，温度上升很快，在2～6h可达到最高峰。温度的上升决定于开始的温度、氨的剂量、水分含量和其他因素，但一般变动在40～60℃。最高温度在草垛顶部，1～2周后下降并接近周围温度。周围的温度对氨化起重要作用。所以，氨化要在秸秆收割后不久、气温相对高时进行，但尿素氨化，秸秆温度不能太高，夏日尿素氨化秸秆要在庇荫处进行。

2）处理时间　氨化时间的长短要根据气温而定。气温越高，完成氨化所需的时间越短；相反，氨化时气温越低，氨化所需时间就越长。

尿素氨化秸秆还有一个分解成氨的过程，一般比液氨延长5～7d。因尿素需在脲酶的作用下，水解释放氨的时间约需5d，只有释放出氨后才能真正起到氨化的作用。

3）秸秆含水量　含水量是否适宜是决定秸秆氨化饲料制作质量乃至成败的重要条件。水是氨的“载体”，氨与水结合成氢氧化铵（NH_4OH），其中NH_4^+和OH^-分别对提高秸秆的含氮量和消化率起作用，因而，必须有适当的水分，一般以25%～35%为宜。含水量过低，水均吸附在秸秆中，无足够的水充当氨的“载体”，氨化效果差。含水量过高，不但开窖后需延长晾晒时间，而且由于氨浓度降低引起秸秆发霉变质，同时对于提高氨化效果没有明显作用。一般秸秆的含水量为10%～15%，进行氨化时，不足的部分加水调整。加水时可将水均匀地喷洒在秸秆上，然后装入氨化池或窖中；也可在秸秆装窖时洒入，由下向上逐渐增多，以免上层过干，下层积水。

4）被氨化秸秆的类型　用于氨化的原料主要有禾本科作物及牧草的秸秆，如青稞秸、小麦秸、玉米秸等。最好将收获籽实后的秸秆及时进行氨化处理，以免堆积时间过长而发霉变质，也可根据利用时间确定制作氨化秸秆的时间。秸秆的原来品质直接影响到氨化效果。影响秸秆品质的因素很多，如品种、栽培的地区和季节、施肥量、收获时的成熟度、贮存时间等。一般来说，原来品质差的秸秆，氨化后可明显提高消化率，增加非蛋白氮含量。

（4）氨化秸秆的品质检验　氨化秸秆在饲喂前要进行品质检验，以确定能否饲喂牦牛。

1）气味　氨化好的秸秆有一股糊香气味和刺鼻的氨味，而氨化玉米秸秆的气味略有不同，既有青贮的酸香味，又有刺鼻的氨味。

2）颜色　氨化的麦秸为杏黄色；氨化的玉米秸秆为褐色。

3）pH　氨化秸秆偏碱性，pH 为 8.0 左右；未氨化的秸秆偏酸性，pH 约为 5.7。

4）质地　氨化秸秆柔软蓬松，用手紧握没有明显的扎手感。

（5）氨化秸秆的饲喂　氨化窖或垛开封后，经检验合格的氨化秸秆，需要释放氨 1～3d，去除氨味后，方可进行饲喂。放氨的方法是利用日晒风吹，气温越高越好，将氨化秸秆摊铺晾晒。若秸秆湿度较小，天气寒冷，通风时间则稍长。每天要将饲喂氨化秸秆所需的量于饲喂前 1～3d 取出放氨，其余的再密封起来，以防放氨后水分仍很高的氨化秸秆在短期内饲喂不完而发霉变质。氨化秸秆饲喂牦牛要由少到多，少给勤添。开始饲喂时，可与谷草、青干草等搭配，7d 后即可全部饲喂氨化秸秆。使用氨化秸秆要注意合理搭配日粮，适当搭配精料混合料，以提高育肥效果。

3. 微生物处理　就是在粉碎的作物秸秆中加入秸秆发酵活干菌，放入密封的容器（如水泥池、塑料袋、大水缸等）中贮藏，经一定的发酵过程，使农作物秸秆变成酸香味、牦牛喜食的饲料。微贮饲料具有易消化、适口性好、易制作、成本低等优点。

（1）菌种的配置　将秸秆发酵活干菌菌种倒入水中充分溶解，然后在常温下放置 1～2h，再倒入 0.8%～1.0%食盐水中混好。食盐水、菌种的用量见表 1-3。

表 1-3　菌种配置

种类	重量（kg）	发酵活干菌用量（g）	食盐用量（kg）	用水量（L）	贮料含水量（%）
稻麦秸秆	1 000	3.0	9～12	1 200～1 400	60～70
玉米秸秆	1 000	3.0	6～8	800～1 000	60～70
青玉米秸	1 000	1.5		适量	60～70

（2）秸秆长度　不能超过 3cm，这样易于压实和提高微贮的利用率。

（3）秸秆入池或其他容器　先在底部铺上 20～30cm 厚的秸秆，均匀喷洒菌液水，压实后再铺放 20～30cm 厚的秸秆，再均匀喷洒菌液水，直到高于窖口或池口 40cm。

（4）密封　秸秆装满经充分压实后，在最上面一层均匀洒上食盐粉，用量为 250g/m^3。盖上塑料薄膜，再在上面铺 20～30cm 的麦秸，盖上 15～20cm 厚的湿土。特别是四周一定要压实，不要漏气。

（5）贮存水分的控制与检查　在喷洒菌液和压实过程中，要随时检查秸秆的含水量是否合适，各处是否均匀一致，不得出现夹干层。含水量的检查方法是抓取秸秆试样，用力握拳，若有水滴顺指缝下滴，则较为适合；若沿着指缝往下流水或不见水滴应调整加水量。

（6）微贮饲料质量的识别 优质的成品，玉米秸呈橄榄绿色。如果呈褐色或墨绿色，说明质量较差。开封后应有醇香和果香气味，并伴有弱酸味。若有腐臭味、发霉味，则不能饲用。

（7）微贮饲料的取用 一般经过 30d 即可揭封取用。取料时从一角开始，从上到下逐渐取用。要随取随用，取料后应把口盖严。饲喂微贮料的育肥牦牛，喂精料时不要再加喂食盐。牦牛的微贮饲料用量以每头 5～8kg 为宜，可与其他草料搭配饲喂。

六、块根、块茎类饲料的调制与贮存

块根、块茎类饲料的水分与可溶性碳水化合物含量高，适口性强，易消化，在牦牛饲养上有重要意义。青藏高原块根、块茎类饲料主要被用作牦牛冬、春的多汁饲料，如果采用适当的保藏方法，则可用于全年的饲料平衡。

1. 块根、块茎类饲料的喂前调制 用作牦牛饲料的块根、块茎类作物，有马铃薯、胡萝卜、饲用或糖用甜菜和莞根等，通常都采用生喂。喂前，应洗净其附着的泥土、切碎，以免牦牛采食时梗塞食道。

2. 块根、块茎类饲料的贮存

（1）窖藏（或地下室贮藏） 在窖藏或地下室贮存过程中，块根、块茎饲料细胞继续进行着呼吸作用。其呼吸作用的强弱与营养物质的损失量呈正相关。贮藏期间的温度与湿度条件，是决定细胞呼吸作用强弱的主要因素。控制温度与湿度，使细胞的生活机能降到最低限度，可减少贮藏期间营养物质的损失。据报道，在地下室进行贮藏时，特别是在春、夏两季，块根、块茎类干物质可损失 40%，马铃薯堆藏或在地下室贮藏时，将损失 15%～20%的干物质。

1）胡萝卜的窖藏 胡萝卜的收获应在块根已成熟、地面尚未结冻之前进行。胡萝卜挖出后，应堆在地上，使其充分受阳光照射，以蒸发表面水分。然后，去掉附着的泥土，并在顶端约 0.5cm 处切去茎叶，以免在贮藏后发芽。要将已经腐烂、虫蚀或带有霉点的胡萝卜剔除。为了降低胡萝卜内部的水分，将选好的胡萝卜放在室内，让其自行发热，内部的一部分水分蒸发到表面（称为发汗）。约经 10d 后取出，晾至表面无潮湿现象时，再进行正式贮藏。

贮藏胡萝卜的窖有圆形与长方形两种。圆形窖是从地面向下挖一个 2m 以上深度的浅井，再在窖底向周围或两侧挖掘与窖底平行的窖洞。这种形式适于在地下水位较低、土层坚实的地方，进行小型贮藏。大量贮存时，宜挖掘长方形窖，上盖以顶棚。窖的一角或对角与中间，应留 2～3 个或更多的通风孔

（视窖的大小而定），在窖的底部和周围，应设通风沟，用以调节空气与湿度。

应将胡萝卜堆在窖的两侧，中间留一条人行道，便于检查。一般每堆以1m见方或1m高、2m长为宜。窖内的相对湿度，应保持在85%左右，温度应在2℃左右。贮藏后，每月至少应翻转1～2次，并挑出个别已腐烂的胡萝卜，以免感染。

2）马铃薯的窖藏　马铃薯等块茎饲料的贮藏方式与步骤，基本与胡萝卜相同。应在块茎完全成熟后收获。运送与贮藏过程中，均应注意防止创伤。贮藏前，应先在日光下干燥1～2d（曝晒时间不宜太长，否则易产生涩味），然后，堆在背阳光处发汗4～6d，再贮藏于窖内。要将马铃薯摊开，每层厚度不超过1m为宜。马铃薯贮藏窖一般要求温度保持在0～10℃。

（2）块根、块茎类饲料的青贮　块根、块茎类青贮过程中的营养物质损失较窖藏时显著小。青贮马铃薯时，营养物质的损失不超过2%～3%。块根、块茎类饲料均含有比较丰富的糖或淀粉，水分含量很高。青贮时，如添加10%～30%切碎或粉碎的秸秆或糠麸，调节原料的含水量到适于青贮的范围，是容易获得成功的。青贮前，应先洗净块根类饲料上附着的泥土，适当切碎后，再混合秸秆或糠麸，按青贮青饲料的方法，装填到青贮窖中进行封埋。

（3）块根、块茎类饲料的干燥　干燥处理是保藏块根、块茎类饲料营养物质最好的方法。一种方法是使蒸煮过的马铃薯通过发热的滚筒生产出干马铃薯片。另一种方法是直接将切成片的马铃薯放入烟道中干燥，自然干燥过程较慢，故营养物质损失比人工干燥大。

七、牦牛营养舔砖的加工与应用

牦牛营养舔砖是按照科学配方和加工工艺，将牦牛所需的营养物质加工成块状，供其舔食的一种饲料，其形状不一，有圆柱形、长方形和方形，也称块状复合添加剂。舔砖中添加了牦牛日常所需的矿物质元素、维生素等微量元素，能够补充牦牛日粮中各种微量元素的不足，维持电解质平衡，防治矿物质营养缺乏症，以补充、平衡、调控矿物质营养为主，调节生理代谢，有效提高饲料转化率，促进生长繁殖，提高生产性能，改善产品质量。随着我国牦牛业的发展，舔砖也成了大多数集约化养殖场中必备的高效添加剂。补饲舔砖能明显改善牦牛健康状况，加快生长速度，提高经济效益。

1. 舔砖的分类　舔砖的种类很多，形状和叫法也各不相同，不论舔砖是圆形或方形，中心都有一圆孔，以便悬挂起来让牦牛舔食。一般根据舔砖所含主要成分来命名。例如，以矿物质元素为主的称为复合矿物舔砖，以尿素为主的称为尿素营养舔砖，以糖蜜为主的称为糖蜜营养舔砖。现有的营养舔砖大多含有尿素、糖蜜、矿物质元素等，因此称为复合营养舔砖。按成分区分一般分为营养型营养舔砖和微矿型营养舔砖。以下列出了两种类型舔砖的配比实例：

第一种（营养型）：玉米15%、麸皮9%、糖蜜18%、尿素8%、胡麻饼3%、菜籽粕4%、硅酸盐水泥22%、食盐16%、膨润土4%、矿物质预混料1%。

第二种（微矿型）：食盐（氯化钠含量98.5%以上）56.8%、85%七水硫酸镁26%、磷酸氢钙11%、85%七水硫酸亚铁3.09%、85%七水硫酸锌1.22%、85%一水硫酸锰1.26%、82%五水硫酸铜0.49%、1%亚硝酸钠0.47%、5%氯化钴0.2%、5%碘酸钾0.18%。黏合剂选用膨润土（钠质，与食盐的钠元素对反刍动物作用机理相同）或糊化淀粉。

2. 舔砖的加工工艺 舔砖的制备方法有浇铸法和压制法。由于压制法生产舔砖具有生产效率高、成型时间短、质量稳定等优点而被广泛采用。

（1）浇铸法 本法所需设备和生产工艺较压制法简单，但成型时间长，质地松散，质量不稳定，生产效率不高，计量不准确。

（2）压制法 本法所需设备和生产工艺较浇铸法复杂，但具有生产效率高、成型时间短、质量稳定、计量准确等优点，因而被广泛采用。压制法生产舔砖在高压条件下进行，各种原料的配比、黏合剂种类、调制方法等直接影响舔砖质量。近年来，国内生产的营养舔砖，大多以精制食盐为载体，加入各种微量元素，经150MPa/m^{2}压制而成，产品密度高，且质地坚硬，能适应各种气候条件，大幅度减少浪费，适于牦牛舔食。

若采用压制法时吸取化学灌注法的成型机理，在物料中加入凝固剂、增加保压时间等措施促进舔砖成型，这样不仅能有效地提高产品的产量和质量，还可相对降低系统压力，从而降低机械制造的精度要求和制造成本。

3. 舔砖的配方

（1）常见配方组成 糖蜜30%～40%，糠麸25%～40%，尿素7%～15%，硅酸盐水泥5%～15%，食盐1.0%～2.5%，矿物质元素添加剂1.0%～1.5%，维生素适量。

（2）常见原材料及其作用 糖蜜是蔗糖或甜菜糖生产过程中剩余的糖浆，其主要作用是供给能源和合成蛋白质所需要的碳素；糠麸是舔砖的填充物，起吸附作用，能稀释有效成分，并可补充部分磷、钙等营养物质；尿素提供氮源，可转化成蛋白质；硅酸盐水泥为黏合剂，可将舔砖原料黏合成型，并且有一定硬度，控制牦牛舔食量；食盐可调节适口性和控制舔食量，并能加速黏合剂的硬化过程；矿物质添加剂和维生素可增加营养元素。

（3）舔砖的作用 牦牛饲养管理较粗放，特别是冬、春枯草季节。在舍饲青干草、农作物秸秆和青贮料等粗饲料的情况下，即使补充少量的精料，蛋白质和矿物质元素等营养物质摄取量也不足，常常导致营养失衡，造成免疫力低、生长缓慢、佝偻病、犊牛瘦弱、缺乏食欲、产奶量低、异食癖、皮毛粗糙不光滑；不孕、生殖力低下、生殖缺陷、流产、死胎等营养代谢病，给养殖户带来很大的经济损失。牦牛复合营养舔砖的使用可预防和治疗部分营养性疾病，提高日增重、繁殖率、饲料转化效率和免疫力。

A. 补充矿物元素　有钙、磷、碘、硒、镁、锰、铜、铁、锌、钴等10多种，可根据不同生长阶段牦牛的营养需要，把要补充的各种矿物元素配合好，压成块，农牧民只需根据需要选用相应的舔砖即可。

B. 补充粗蛋白　秸秆的粗蛋白含量通常在2.5%～4.0%，远不能满足牦牛生长发育需要。生产实际中给牦牛补充粗蛋白最廉价的方法就是使用非蛋白氮（Nonprotein nitrogen，NPN）。而在舔砖中加入适当NPN，可以提高牦牛粗蛋白的摄入量，既廉价又安全。

C. 补充可溶性糖分　舔砖中配入适当糖蜜，既可提高舔砖适口性，又可作为黏结剂，还可补充可溶性糖分，改善瘤胃发酵过程，使尿素利用效果更好。

D. 补充维生素　牦牛可以在体内合成多数的维生素（包括维生素C），但少数维生素（如维生素A）则需要补充，特别是在缺少青饲料时。

4. 舔砖的应用注意事项　牦牛群类别、生理状态、饲养方式、生产目标等情况不同，应选用不同类型的舔砖。使用初期，可在舔砖上撒少量精饲料（如面粉、青稞）或食盐、糠麸等引诱其舔食，一般经过5d左右的训练，牦牛就会习惯舔食舔砖。舔砖应保持清洁，防止污染。用绳将舔砖挂在圈舍内适当地方，高度以牦牛能自由舔食为宜。舔砖以食盐为主，舔砖不能代替常规饲料的供给，秸秆＋舔砖≠全价饲料。牦牛舔食舔砖以后应供给充足的饮水。舔砖的包装袋等应及时妥善处理，防止污染场地或被牦牛误食。

5. 舔砖的应用效果　牦牛饲喂舔砖，能提高饲草料的利用率，对其健康、增重、产奶、繁殖等方面均有促进作用，还可防治异食癖、皮肤病、肢蹄病等多种营养疾病。冯宇哲等（2008）冷季对放牧牦牛补饲尿素糖蜜营养舔砖，可使牦牛少减重19.10～25.85kg，减少损失171.90～232.65元，相应多获利63.99～83.34元；暖季通过90d放牧补饲育肥，补饲后牦牛比同龄对照组体增重提高40.13%～70.39%，补饲后牦牛多获利77.13～148.59元，经济效益极为显著。祁红霞（2006）对体重相近的2岁牦牛进行尿素糖浆营养舔砖补饲试验，两个月后，牦牛增重效果明显，取得较高的经济效益。补饲营养舔砖的牦牛，平均日增重提高0.21kg，平均每头每日多获净收益0.68元。王万邦等（1997）在冬春期进行放牧牦牛饲喂复合尿素舔砖试验发现，对不同年龄试验组牦牛的减重和减重率明显低于对照组。复合尿素舔砖具有多种营养成分，不仅适口性好，并且便于运输、贮存，使用十分方便，在冬春期给放牧牦牛进行补饲，可提高越冬能力，减少死亡，是一种较为经济有效的补饲方式。德科加（2004）用糖蜜玉米型营养舔砖对冷季放牧牦牛进行补饲，经过两个月的试验发现，补饲营养舔砖对维持牦牛活重有明显作用，试验组活重损失为2.74kg，而对照组为8.8kg，每头减少经济损失25元。因此，对牦牛实施冷季营养舔砖补饲可大幅度降低牦牛活重损失。

营养舔砖是放牧牦牛冬、春季高效的补充饲料，可补充牧草中粗蛋白、磷、硫等营养的不足，发挥瘤胃微生物分解纤维素的能力，从而提高牧草利用率，促进健康、增重和繁殖，减少掉膘，防止成年牦牛和犊牛死亡，增强抗病和越冬能力，有效减少经济损失。同时由于营养舔砖便于运输、贮存和饲喂，在青藏高原广大牧区具有巨大的推广潜力。

第五节 牦牛养殖场及环境控制

一、牦牛养殖场的建设及要求

由于牦牛独特的生理特点和生活习性，其舍饲、半舍饲养殖起步较晚，随着牦牛产业的逐步有序推进，牦牛的舍饲化养殖在借鉴高寒地区肉牛、奶牛集约化舍饲养殖的基础上，得到了快速发展。

牦牛怕热不怕冷，耐粗饲且性情较野，生产中要按照其生理特点、生活习性和对环境条件的要求，结合本地自然地理和气候条件，合理布局、科学建造，为牦牛生产提供良好的环境条件。牦牛养殖场的选择要有周密考虑，要符合防疫规范要求，统筹安排且有长远的规划，同时要与当地农牧业发展规划、农田基本建设规划以及今后修建住宅等规划结合起来，且适应现代化养牛业的需要，根据前期规划的牦牛养殖场规模及场地面积要求，选择合适的场地，同时应遵循以下几条选址原则：

（1）牦牛养殖场选址要符合国家《畜禽养殖用地政策》《中华人民共和国农业法》《中华人民共和国草原法》《中华人民共和国畜牧法》《畜禽饮用水标准 GB 5749》《畜禽养殖污染物防治技术规范》等相关政策法规的要求，符合当地土地利用发展规划和城镇建设发展规划、农牧业发展规划、农田基本建设规划等地方性政策条例。

（2）牦牛养殖场应选择在地势高燥、背风、向阳、水源充足，无污染、供电和交通方便的地方。远离公路、城镇、居民和公共场所1km以上。

（3）牛场的地面以沙壤土为佳，避免采用黏土、盐碱土地。地面要平坦稍有坡度，不宜大于5°，以1°～3°较为理想，以便排水。总坡度应与水流方向相同。

（4）牛舍一般为东西走向，两排牛舍前后间距应大于8m，左右间距应大于5m。

（5）周边有充足的合乎卫生要求的水源，保证生产、生活及人畜饮水。

（6）要综合考虑当地的气象因素，如年平均气温、最高温度、最低温度、湿度、年降水量、主风向、风力等因素，以选择有利地势。

（7）牦牛养殖场周围必须有相应的饲料种植土地，以保证饲草料的及时充足供应，减少运输成本。

（8）符合卫生防疫和环保要求，远离主要交通要道，位于村镇、居民点和企事业单位的全年主风向的下风向。

二、牦牛舍的类型及建筑特点

牦牛舍饲养殖起步较晚，目前主要有牦牛越冬补饲暖棚、单列式和头对头双列式集约化育肥牛舍等几种形式。

1. 牦牛越冬补饲暖棚　受高原独特环境条件影响，在漫长的冷季，牦牛减重严重，有时甚至死亡，造成严重的经济损失，建造牦牛冷季越冬补饲暖棚，能有效改善牦牛寒冷季节的生长环境，是发展高原畜牧业的重要途径。由于牦牛越冬暖棚是一种被动式接受太阳能的牛舍，其构造简单，建筑成本低，设计施工灵活多变，在广大牦牛产区有着比较广泛的应用。

牦牛越冬补饲暖棚为单层、双坡或单坡屋面、矩形平面；钢骨架结构，工字钢立柱与南北墙高度约为2.4m；外墙采用砖混墙体，水泥砂浆勾皮带缝，内外砂浆抹面；屋脊高1.2m，南屋面略大于北屋面；不透光屋面采用彩钢板，约1/3面积的南屋面采用透光的聚碳酸酯（PC）板；南墙设门，供牦牛和牧民出入。南墙下接近地面处设置通风口，北墙高位处设通风窗。暖棚内设若干固定于地上或中间立柱上的补饲料槽，用于归牧后补饲精料或青干草。暖棚数量和面积视养殖规模而定，一般为并排单列或多列式排列，单间暖棚面积为（3.5×15）m^2 或根据实际情况进行调整。牦牛暖棚外要设置运动场，对白天进行放牧、夜间进行补饲的牦牛，其暖棚外运动场可适当缩小，对采用完全舍饲的牦牛，其运动场要适当加大。

2. 集约化育肥牦牛舍　牦牛集约化育肥牛舍在国内尚处于试验探索阶段，目前大多参考肉牛、奶牛牛舍进行修建，但都在牛舍外设置了比较大的运动场。

（1）环境设计要求　育肥牦牛舍适宜温度范围为5～21℃，最适温度范围

10～15℃；产犊舍温度不低于 8℃，其他牛舍不低于 0℃；夏季舍温不超过 30℃。牛舍地面附近与顶棚附近的温差不超过 2.5～3℃。墙壁附近温度与牛舍中央的温度差不能超过 3℃。

牦牛舍一般湿度较大，但湿度过大危害牦牛生产，轻者达不到肉用质量要求，重者引发牛群体质下降疾病增多。所以，舍内的适宜相对湿度是 50%～70%，最好不要超过 80%。牛舍应保持干燥，地面不能太潮湿。

集约化育肥牦牛舍应保持适当的气流，冬季以 0.1～0.2m/s 为宜，最高不超过 0.25m/s。夏季则应尽量使气流不低于 0.25m/s。另外，应能在冬季及时排除舍内过多的水蒸气和有害气体，保证牦牛舍氨含量不超过 $26g/m^3$、硫化氢含量不超过 $6.6g/m^3$。

牦牛舍采光系数即窗户受光面积与牛舍地面面积之比，商品牛舍为 1∶16 以上，入射角不小于 25°，透光角不小于 5°，应保证冬季牛床上有 6h 的阳光照射。

（2）结构设计要求

①牦牛舍地面因建材不同而分为黏土地面、三合土（石灰∶碎石∶黏土为 1∶2∶4）地面、石地面、砖地面、木质地面、水泥地面等。为了防滑，水泥地面应做成粗糙磨面或划槽线，线槽坡向内沟。

②墙体是牛舍的主要围护结构，将牛舍与外界隔离，起承载屋顶和隔断、防护、隔热、保暖作用。墙上有门、窗，以保证通风、采光和工作人员、牦牛出入。根据墙体的情况，可分为开放舍、半开放舍和封闭舍三种类型。开放式牦牛舍四面无墙。半开放式牦牛舍三面有墙，一般南面无墙或只有半截墙。封闭式牦牛舍，上有屋顶，四面有墙，并设有门、窗。

③牛舍的门有内外之分，外门的大小应充分考虑牦牛自由出入、运料清粪和发生意外情况能迅速疏散牦牛的需要。每栋牛舍的两端墙上至少应该设 2 个向外的大门，其正对中央通道，以便于送料、清粪。大跨度牦牛舍也可以正对粪尿道设门，门的多少、大小、朝向都应根据牦牛舍的实际情况而定。较长或带运动场的牛舍允许在纵墙上设门，但要尽量设在背风向阳的一侧。所有牛舍大门均应向两侧开，不应设台阶和门槛，以便牦牛自由出入。门的高度一般为 2～2.4m，宽度为 1.5～2m。

④牦牛舍的窗设在牛舍中间的墙上，起到通风、采光、冬季保暖的作用。在寒冷地区，北窗应少设，窗户的面积也不宜过大，以窗户面积占总墙面积 1/3～1/2 为宜。

⑤屋顶是牦牛舍上部的外围护结构，具有防止雨雪和风沙侵袭以及隔绝强烈太阳辐射热的作用。而其主要功能在于冬季防止热量大量地从屋顶排出舍

外，夏季阻止强烈的太阳辐射热传入舍内，同时也有利于通风换气。常用的顶棚材料有混凝土板、木板等。牦牛舍高度（地面至天花板的高度）在寒冷地区可适当降低。屋顶斜面呈45°，畜舍高度标准通常为2.4～2.8m。

⑥牛床是牦牛采食和休息的场所。牦牛床应具有保温、不吸水、坚固耐用、易于清洁消毒等特点。牛床的长度取决于牦牛体格大小和拴系方式，一般为1.45～1.80m（自饲槽后沿至排粪沟）。牛床不宜过短或过长，过短时牦牛起卧受限，容易引起腰肢受损；过长时粪便容易污染牛床和牛体。牛床的宽度取决于牦牛的体型。一般牦牛的体宽为75cm左右，因此，牛床的宽度也设计为75cm左右。同时，牛床应有适当的坡度，并高出清粪通道5cm，以利冲洗和保持干燥，坡度常采用1.0%～1.5%，要注意坡度不宜太大，以免造成繁殖母牦牛的子宫后垂或产后脱出。此外，牛床应采用水泥地面，并在后半部划线防滑。牛床上可铺设垫草或木屑，一方面保持干燥、减少蹄病，另一方面又有益于卫生。繁殖母牦牛的牛床可采用橡胶垫。

拴系方式有硬式和软式两种。硬式多采用钢管制成，软式多用铁链。其中铁链拴牛又有直链式和横链式之分。直链式铁链尺寸为长链130～150cm，下端固定于饲槽前壁，上端拴在一根横栏上；短链50cm，两端用两个铁环穿在长链上，并能沿长链上下滑动。这种拴系方式，牛上下左右可自由活动，采食、休息均较为方便。横链式铁链尺寸为长链70～90cm，两端用两个铁环连接于侧柱，可上下活动；短链50cm，两端为扣状结构，用于牛的拴系脖颈。这种拴系方式，牛亦可自由活动。

⑦舍饲牦牛场在每栋牛舍的南面应设有运动场。运动场不宜太小，否则牛密度过大，易引起运动场泥泞、卫生差，导致腐蹄病增多。运动场的用地面积一般可按繁殖母牛每头20～40m^2、后备牛和育肥牛每头15～20m^2、犊牛每头5～10m^2。运动场场地以三合土或沙质土为宜，地面平坦，并有1.5%～2.5%的坡度，排水畅通。场地靠近牛舍一侧应较高，其余三面设排水沟。运动场周围应设围栏，围栏要求坚固，常以钢管建造，有条件的也可采用电围栏，栏高一般为1.5m，栏柱间距1.5m。运动场内应设有饲槽、饮水池和凉棚。凉棚既可防雨，也可防晒。凉棚设在运动场南侧，棚盖材料的隔热性能要好，凉棚高3～3.6m，凉棚面积每头牛为5m^2。此外，运动场的周围应种树绿化。

三、牦牛舍的环境控制

我国是牦牛养殖大国，牦牛的数量多，分布区域广泛。同时，我国的牦牛养殖又落后于奶牛和肉牛，表现为饲养分散，科技含量低，养牛环境差，养牛与牛肉、牛乳加工相脱节等问题。牦牛养殖方式和规模有牧民散养、个体养牛专业户、养殖合作社、大型育肥牛场等。为了使牦牛在不同地区、不同环境条件下连年不间断生产，单产水平不下降，充分发挥其生产潜力，必须给牦牛创造适宜的生长环境。而适宜环境创建的一个关键因素就是牛舍的建造，牛舍的建筑、结构、设备、保温、隔热、通风等因素都不同程度地影响着牦牛的生长。有数据表明，品种、饲料和环境3个因素在集约化养牛生产中的相对作用分别占10%～20%、40%～50%和20%～30%。

1. 温度　牦牛牛舍要做到冬暖夏凉。冬季保温不低于5℃，下雪后要及时扫除牛舍顶部的积雪。夏季要防太阳曝晒，气温最好不超过30℃，春秋季节气候温和，牛采食量大，生长发育快，是育肥效果最好的季节。

2. 湿度　牦牛舍内的相对湿度以不高于80%为宜。在高湿环境下牦牛的抵抗力下降，发病率增高。维持湿度可以在后墙开排粪洞，有排湿作用，也可在牦牛舍屋顶设天窗，作为排湿的补充设施，当湿度过大时开启天窗排湿。

3. 空气质量　牦牛舍不宜累积过多的有毒有害气体，过长时间的封闭会造成CO_2、CH_4等有害气体的累积，需要通风排除。通风不仅排除有害气体，同时排除热量和水汽，保证牦牛舍合适的温度和湿度。牦牛舍内空气要有一定流速，寒冷季节里，要求气流速度在0.1～0.2m/s，不超过0.25m/s。随着气流速度增加使牦牛的非蒸发散热量增加，产热量增加，从而造成能量的浪费。

4. 光照　白天牛舍内照度要符合饲养标准，对牦牛饲养无负面影响。同时，较大的采光面积使得舍内热辐射较多，温度增加，提高牛只体感温度，增大舒适度。

5. 粪尿等排泄物　排泄物要及时清除，如果粪尿在牛舍堆积就会产生异味和有害气体，招引蚊虫，滋生细菌，不利于牦牛生长发育，而且容易污染环境引发疾病。但牦牛的粪尿又是天然的有机肥料和生物燃料，应该加以合理利用，变废为宝。

6. 安全及防暑降温　牦牛场安全中最重要的是防火，因干草堆及其他粗饲料极易被引燃，管理不当的干草堆在受雨淋湿后，在微生物作用下会发酵升温，如不及时翻晾，将继续升温而引起"自燃"，造成火灾。除制定安全责任制度外，还需配备防火设施，如灭火器、消防水龙头等。其次是防止牦牛逃跑，围栏门、牛舍及牛场大门都要安装结实的锁扣。最后是防暑，气温高于25℃时，牦牛开始出现热应激反应。而防暑的最好方法是注意牛场建设布局的通风性能，防止设施成为牦牛舍夏季风的屏障。运动场上可对立搭建部分凉棚，此外，在牛舍或牛棚安装大型排风扇和喷雾水龙头等也是防止牦牛中暑的有效手段。四是防寒，牦牛是比较耐寒冷的动物，但是温度过低会导致牦牛生长缓慢，饲草料转化率低，饲养效益下降。舍饲牛舍要防止贼风。牦牛舍多为半开放式，在冬、春季节大风天气，可在迎着主风向的牛舍面挂帘阻挡寒风。

7. 牦牛场的绿化 牦牛场的绿化不仅能美化环境，更重要的是能改善场区小气候，净化空气，减少尘埃，降低噪声，同时还具有防疫、防火作用。场区绿化之后，在夏季气温较高时，由于树木的蒸发，可以吸收周围空气中的热量，可一定程度上降低场区温度，提高湿度，再加上树叶的遮阴，使得树木和周围空气之间形成一定的温差，从而促进气体流动。牛场排出的二氧化碳等气体，可被树木及植被吸收进行光合作用等，同时释放出氧气，树木叶片还能吸附尘埃。所以，进行牛场绿化，能减少污染，净化养殖场空气，美化场区环境。

牦牛场的绿化，主要有场区及道路的绿化和牛舍周围的绿化。牛舍周围要种植低矮植物，以免影响舍内采光。道路绿化可根据场地的实际情况，结合卫生防疫间隔，进行统筹安排，达到既美观又能起到卫生防疫的作用。

第六节　牦牛产业化及繁殖策略

一、牦牛产业现状

1. 牦牛生产特点 牦牛主要以放牧为主，饲草料资源匮乏，生产方式落后，基础设施薄弱，产业发展相对于肉牛、奶牛严重滞后。牦牛生产力低但全面。牦牛可生产肉、乳、毛、绒、皮，可提供役力和燃料。成年牦牛体重220～350kg，屠宰率48%～50%，在放牧状态下泌乳期150d，总泌乳量平均487kg，平均日泌乳量3.1kg。牦牛生产具有较强的季节性，3—6月分娩产犊，7—9月发情配种，10—12月出栏屠宰。牦牛肉、乳、牛尾、牦牛绒及其制品极具青藏高原特色，为绿色无公害产品。现阶段牦牛产业发展正处于发展轨迹的上升期和攻坚期。

2. 牦牛产业发展中存在的问题

（1）牦牛生产性能低　落后的生产方式和严酷的自然生态条件，加上良种体系不健全、畜群结构不合理、草畜不平衡，以及以自然交配为主等诸多因素的影响，导致牦牛近亲繁殖严重，部分品种退化，畜群周转慢。同时，牦牛高龄母牛比例大，性别比例不合理。就我国牦牛业生产水平而言，良种化程度不高，个体生产性能低。

（2）牦牛科学饲养管理水平低　由于受自然和社会经济发展条件的制约，牦牛饲养区新技术推广缓慢。饲养管理技术滞后，适宜牦牛生长发育的饲养管理技术没有得到深入系统地研究与开发。草原生态高效牧养技术、良种繁育技术、畜产品加工技术、疫病防治技术等缺乏综合配套，更缺乏系统性、规模化的生产实用技术。

（3）牦牛产品转化率低　牦牛以产肉和产乳为主，其肉、乳还属于初级产品或产品处于初级加工阶段。牦牛皮、毛、绒、骨、血、内脏都是重要的工业原料，但开发程度低。同时，操作性强的成果不多，技术类成果中试规模小，成熟度低。

（4）牦牛技术转化力低　实用技术开发和推广经费来源单一、数量少，企业和生产经营者缺乏资金、投入少。就目前的情况看，牦牛相关研究如牦牛新品种培育、良种繁育技术、品种改良技术、规模化饲养技术明显滞后。牦牛业研究中缺少高新技术，没有起到科技先行之目的，影响了牦牛产业化的发展。

二、牦牛产业发展对策

1. 牦牛业发展的要求　优良畜禽品种是优质、高产、高效畜牧业的物质基础，也是规模化养殖的先决条件，有了良种才能在同等投入的条件下有更多的产出，牦牛业发展也不例外。

（1）加大制种、供种力度，建立牦牛良种繁育生产体系　建立符合我国牦牛业生产实际的良种繁育体系，培育和推广利用牦牛优良品种，提高牦牛良种化程度。同时，满足不同地区、不同层次和不同规模的需要，使牦牛业区域生产与不同区域牦牛生产方式相适应，发挥区域优势，确保牦牛业可持续发展。

（2）提高牦牛个体生产性能和生产效率　根据我国牦牛存栏头数多、个体产出率低的状况，要在保持饲养头数不减或略增的情况下，依靠科技进步提高个体的生产效率。由常规选种逐步进入精准选育，朝着改变牦牛基因型方向发展，结合生物新技术，加快选育进程，满足现代牦牛业快速发展的需求。

（3）积极保护和合理开发利用牦牛遗传资源　牦牛可为人类提供用途广泛的畜产品，在积极开发利用的同时，应加强牦牛品种资源保护工作。利用现代技术和方法，开展基因和重要遗传材料的保存，对生产性能优良、种质资源好、增产潜力大的牦牛品种，开展有计划的选育和杂交利用工作。各地牦牛业发展应与各地的生活习惯、消费结构相适应，各个牦牛品种都有其独特的优缺点，切不可为了综合各地方品种的优良特性，而进行整体改良或改造，从而丧失了特有的地方资源。

2. 我国牦牛业持续发展的对策

（1）建立品种改良及高效繁殖技术体系，加速牦牛优良品种的繁育和推广，提高良种覆盖率　应用牦牛分子育种技术，阐明产肉、产奶、产毛等特性的分子遗传机理，培育具有地方特色的牦牛新品种。预测牦牛杂种优势，确定不同区域适宜的良种牦牛杂交组合，改变长期以来牦牛自选、自育、自繁的封闭式繁育模式。推广本品种选育技术，对大通牦牛、九龙牦牛、青海高原牦牛等优良品种进行本品种选育，以选育生产优质种公牛，向全国牦牛产区供应优良种牛，改良当地家牦牛。推广牦牛复壮新技术，包括采用野牦牛冻精或含1/2野公牦牛，人工授精或本交改良复壮家牦牛。推广经济杂交实用技术，一代乳用、二代肉用的终端杂交法，在条件较好的牧区或半农半牧区，可采用人工授精大量生产杂种牛，以建立牧区肉牛产业。逐步推广犏牛半舍饲产奶、牦牛放牧产肉（包括全哺乳生产犊牛肉）的生产新模式。

（2）建立科学饲养与管理技术体系　应用现代饲养管理技术，如暖棚饲养技术、放牧＋补饲技术、半舍饲育肥技术等，建立饲草季节均衡生产供应模式，有效改变传统牦牛生产方式存在的“夏活、秋肥、冬瘦、春乏”问题。推广高产优质草地培育技术，缓解草畜矛盾，恢复草原生态。结合围栏建设、草场灌溉及施肥技术，提高放牧草场产草能力。采用低投入、低成本的草地放牧形式繁殖架子牛，集约化、高强度舍饲育肥，生产优质牦牛肉的配套技术。同时，推广营养舔砖，改善牦牛营养状况。

（3）建立畜产品深加工技术体系　牦牛产品以肉、乳、毛、皮、绒、粪便等的利用最为普遍，目前牦牛产区加工的产品多为初加工或未加工的原料，自产自销，产值和商品率低。牦牛生产以天然放牧为主，提供的原料产品是真正的绿色产品，具有独特的生物学价值，技术发展要具有十分突出的环保、绿色特征，这也预示着对牦牛产品进行深加工将有巨大的市场前景。再加上牦牛生产中投入人力少，饲料成本低，产品生产成本优势（即价位优势）明显，使牦牛产品在国际市场上有较强的竞争力。其产品深加工技术主要包括牦牛血液及脏器综合利用技术，牦牛肉、乳深加工技术，牦牛乳清、乳清蛋白及干酪素生产技术，牦牛绒现场初分梳技术等。同时依靠牦牛的生物学特性，应用现代生化技术和生物工程技术手段从牦牛脂、骨、胸腺、心脏、大脑、垂体、肺、肝、肾、胆、脾、血、牛鞭等器官和组织提取、分离、纯化牦牛血SOD、胸腺肽、胰肽酶、氨基酸等生化制品，培育牦牛产业的特色及优势品牌。

（4）建立疫病监测及防治技术体系　根据牦牛疾病发生种类及特点，对传染性疾病、内外寄生虫病及口蹄疫等重大疫病进行重点防治。加强疫病检测和防治体系建设，防止疫病“入侵”，严格执行兽药管理规程，保证牛群健康，加强屠宰检疫，确保产品质量安全。

三、牦牛繁殖策略

1. 畜群综合管理

（1）畜群结构管理　牦牛的种类不同，其生活条件、牧食习性也有差异。

为了减少经营上的困难，只有在分别组群之后，才能管理妥善。即使同种牦牛，由于年龄大小、体格强弱、性别的不同，在采食及管理中，也有其不同的特点。为了使牦牛营养均匀，每头都能吃好，保持牛群安静，应进行分群管理。

牦牛组群的原则，应该根据放牧地具体条件，把不同种类、不同品种，以及在年龄、性别、健康状况、生产性能（经济价值）等方面有一定差异的牦牛分别成群。一般情况下，应该按照“大小分群”“强弱分群”和“公母分群”。

牦牛合理的畜群结构为：母牛占85%，其中，1岁母牛10%、2岁母牛10%、3岁母牛10%、成年繁殖母牛55%；公犏牛占15%，其中，公牛5%、犏牛10%。年龄金字塔式结构能满足生产所需的递补需要，周转合理。

（2）牦牛的组群　为了放牧管理和合理利用草场，提高牦牛生产性能，对牦牛应根据性别、年龄、生理状况进行分群，避免混群放牧，使牛群相对安静，采食及营养状况相对均匀，减少放牧的困难。牦牛群的组织和划分，以及群体的大小，各地区应根据地形、草场面积、管理水平、牦牛数量的多少来制订，以提高牦牛生产的经济效益为目的，因地制宜地合理组群和放牧。

1）哺乳牛群　是指由正在哺乳的牦牛组成的母牛群，每群100头左右。对哺乳牦牛群，应分配给最好的牧场，有条件的地区还可适当补饲，使其多产乳，及早发情配种。

2）干乳牛群　是指由未带犊牛而干乳母牦牛，以及已经达到初次配种年龄的母牦牛组成的牛群，每群150～200头。

3）犊牛群　是指由断奶至周岁以内的犊牦牛组成的牛群。幼龄牦牛性情比较活泼，合群性差，与成年牛混群放牧相互干扰大。因此，一般单独组群，且群体较小，以50头左右为宜。

4）青年牛群　是由周岁以上至初次配种年龄前的牛只组成的牛群。每群150～200头。这个年龄阶段的牛已具备繁殖能力，因此，除去势小公牛外，公、母牛最好分别组群，隔离放牧，防止早配。

5）育肥牛群　是由将在当年秋末淘汰的各类牛只组成，育肥后供肉用的牛群。每群150～200头，在牛只数量少时，种公牦牛也可并入此群。对于这部分牦牛，可在较边远的牧场放牧，使其安静，少走动，快上膘。有条件的地区还可适当补饲，加快育肥进程。

2. 针对繁殖母牦牛的繁殖策略

（1）诱发发情　诱发发情（Induction of estrus）是对因生理和病理原因不能正常发情的性成熟母牦牛，使用激素和采取一些管理措施，使之发情和排卵。对于生理乏情的母牦牛，其主要特征是卵巢处于静止或处于较低水平的活动状态，垂体不能分泌足够的促性腺激素（Gonadotropin，Gn）促进卵泡的最后发育成熟及排卵。诱发乏情母牦牛发情，大多数是用激素处理。

牦牛大多采用传统的方法小规模饲养，天然放牧，自然哺乳，因而产后乏情期长。通过诱发发情处理，往往可使产后乏情期缩短，可在一定程度上提高母牦牛的繁殖率，有一定实用价值。此外，若数量较多的母牦牛达性成熟年龄后仍未出现发情周期，可能是长期营养低下，身体发育迟缓，卵巢发育缓慢造成的，如能使这部分母牦牛发情配种，可最大限度地提高群体的繁殖率。

（2）同期发情　同期发情（Synchronization of estrus）是对群体母牦牛采取措施，使之发情相对集中在一定时间范围，亦称发情同期化（Estrus synchronization）。同期发情是将原来群体母牦牛发情的随机性人为地改变，使之集中在一定的时间范围内，通常能将发情集中在结束处理后的2～5d内。

同期发情技术应用于牦牛生产和研究有如下意义：

1）有利于推广人工授精，促进品种改良　常规的人工授精需要对单个母牦牛做发情鉴定，这对于生产规模较大、群体数量较多的现代畜牧业是难以实施的。同期发情可省去发情鉴定这一费时、费力的工作环节。

2）便于组织和管理生产，节约配种经费　母牦牛被同期发情处理后，可同期配种，随后的妊娠、分娩和新生犊牛的管理、育肥、出栏等一系列的饲养管理环节都可以按时间表有计划地进行。从而使各时期生产管理环节简单化，减少管理开支，降低生产成本，形成现代化的规模生产。

3）提高低繁殖率畜群的繁殖率　一些牦牛群的繁殖率一般低于50%。这些牛群中部分个体因犊牛吮乳、营养水平低下等原因而在分娩后的很长一段时间内不能恢复正常发情的周期。同期发情处理后可使这些牛群恢复发情周期并在配种后受胎，从而提高繁殖率。

4）作为胚胎移植技术的辅助手段　由于移植新鲜胚胎的受胎率高于冷冻胚，一个供体获得数枚至数十枚胚胎，这就需要一定数量与供体母牦牛发情周期相同或接近的受体母牦牛。此外，胚胎移植过程中，胚胎的生产和移植往往不是在同一地点进行，也要用同期发情技术在异地使供体和受体母牦牛发情周期同期化，从而保证胚胎移植的顺利实施。

5）用于培训人工授精技术人员和启动一个地方的牦牛品种改良工作　每一次牦牛同期发情必须经过牦牛妊娠检查、子宫和卵巢状况的判断、发情鉴定、适时输精、同期发情结果的检查等环节。根据经验，新手在熟练人员的指导下，经过1～2次同期发情各环节的操作，基本上能够独立开展人工授精的工作。因此，同期发情的应用也是快速、成批培训人工授精工作人员的有效方法。

（3）排卵控制　排卵控制（Control of ovulation）主要是指用激素处理母牦牛，控制其排卵的时间和数量。控制排卵时间的技术称诱发排卵；用较高剂量性腺激素释放激素（Gonadotropin releasing hormone，GnRH）促使排卵数量多于正常数的技术称为超数排卵。在生产实践中，许多情况下是在同期发情的基础上实施诱发排卵，此时称为同期排卵。

在理论上，母牦牛发情后会自然排卵，而实际情况是同期发情或诱发发情后，母牦牛的发情、排卵尚有较大的时间范围，不能精确预测。而控制排卵时间是在发情即将到来或已经到来时给予 Gn 或 GnRH 处理，准确控制排卵的时间。实际上是利用外源激素来替代体内激素促进卵泡成熟和/或排卵。外源的 Gn 和 GnRH 可能与体内的激素同时作用，也有可能在体内的 Gn 和 GnRH 高峰分泌之前作用，从而使卵泡成熟和排卵提前，以实现排卵时间的控制。

1）诱发排卵　母牦牛初情期后，每次发情期的末期卵泡发育至一定阶段，其垂体分泌促黄体素（Luteotropic hormone，LH）达峰值，促进卵泡成熟和排卵。而诱发排卵（Induction of ovulation）时，外源激素替代了垂体 LH 的这一作用。在生产中，人工授精或自然交配时肌内注射一定量的 LH 及其类似物或 GnRH 及类似物，可达到诱发排卵的目的。

牦牛从发情至排卵的时间相对较为稳定，一般在发情结束后 12h，只有极少数可能会延至数十小时，这种情况下就需要用外源激素来促进排卵。当遇到排卵延迟时，结合外源激素诱发排卵，可提高受胎率。

2）同期排卵　同期发情后，母牦牛的发情主要集中在处理结束后 2～5d。如果方法较好，在 2～5d 内发情的比率为 70%～80%，部分可能要 1 周才发情。定时输精受胎率高的为 50%～60%，低的仅为 20%～30%。如在同期发情处理后，在输精前或第一次输精时给予一定量的促性腺激素，GnRH 及其类似物和雌激素，将有助于排卵同期化（Synchronization of ovulation）和提高配种后的受胎率。

利用 PGF_{2a} 对牦牛进行同期发情处理，发情后的同期化程度比孕激素处理的低，受胎率亦低，限制了同期发情技术的应用。但输精前给予一定的促排卵素，可提高母牦牛的受胎率。因此，同期发情处理后，注射 100IU（25mg）LH、1 000～2 000IU hCG 或 50～100μg $LRH-A_3$，以使排卵进一步同期化，提高同期发情后的受胎率。注射 $LRH-A_3$ 的时间，一般是在孕激素结束处理后 24～48h 或 PGF_{2a} 处理后 48～72h，通常是在促排卵处理同时进行第一次输精，以增加排卵数，提高排卵的同期率和受精率。

（4）人工授精　是以人工方法利用器械采集种公牦牛的精液，经检查和适当处理后，再用器械将精液输入到发情母牦牛的生殖道内，以代替自然交配而繁殖后代的技术。

1）人工授精的意义　提高优良公牦牛的利用率，加速牦牛的品种改良，有利于防止某些疾病的相互传播，可以提高母牦牛的受胎率，用公牦牛的精液可以不受时间和地域的限制，犏牛生产中克服公、母牛体重相差悬殊不能交配。

2）人工授精技术的基本程序　包括采精、精液品质评定、精液的稀释和处理、精液的分装、精液的冷冻保存、冷冻精液的贮存与运输、输精等基本环节。

（5）体外受精　是指哺乳动物的精子和卵子在体外人工控制的环境中完成受精过程的技术。在生物学中，把体外受精的早期胚胎移植到母体后获得的动物称为试管动物。

体外受精的意义在于：对动物生殖机理研究、畜牧生产、医学治疗和濒危动物保护等具有重要意义。体外受精技术为胚胎生产提供了廉价而高效的手段，对充分利用优良品种资源、缩短繁殖周期、加快品种改良速度等有重要价值。体外受精技术还是哺乳动物胚胎移植、克隆、转基因和性别控制等现代生物技术不可缺少的部分。

（6）胚胎移植　胚胎移植（Embryo transfer，ET）是指将良种母畜的早期胚胎取出，或者是由体外受精及其他方式获得的胚胎，移植到同种的生理状态相同的母畜体内，使之继续发育成为新个体。提供胚胎的母畜称为供体，接受胚胎的母畜称为受体。胚胎移植实际上是生产胚胎的供体母畜和养育后代的受体母畜分工合作，共同繁殖后代，所以也通俗地称为借腹怀胎。胚胎移植产生的后代，它的遗传特性（基因型）取决于胚胎的双亲，受体母畜对后代的生产性能影响很小。

胚胎移植技术是继人工授精技术之后，繁殖领域中三大具有里程碑意义的繁殖生物技术（人工授精、胚胎移植、体外受精）之一。胚胎移植技术不仅是培育试管动物、转基因动物、嵌合体动物和克隆动物等的一项重要技术基础，更为遗传工程和胚胎学等提供了重要的研究手段。胚胎移植可以充分利用母畜的繁殖潜力，加速引进优良品种的繁殖、改良进程和新品种的培育，减少疾病传播，克服母畜不孕症，促进基础理论学科的研究。

3. 针对种公牦牛的繁殖策略

（1）选种　选种的最终目的就是选出最优秀的牦牛个体留作种用。种用牦牛不仅要本身生产性能高、体质外貌和繁殖性能好、发育正常、合乎品种标准，更重要的是种用价值高。因为种用牦牛的主要价值不在于它本身生产性能的高低，而在于能否生产优质的后代，也就是说是否具有优良的遗传特性。所以，牦牛的选种，实质上就是对牦牛遗传特性的选择。

种公牦牛应当来自选育群或核心群经产母牦牛的后代，对其父本的要求是：体格健壮，活重大，强悍但不凶猛，额头、鼻镜、嘴、前胸、背腰、尻都要宽，颈粗短、厚实，肩峰高长，尾毛多，前肢挺立，后肢支持有力，阴囊紧缩，毛色纯色为佳。

（2）选配　就是有明确目的地决定公、母牦牛的配对，有意识地组合后代的遗传基础，以达到培育和利用良种的目的。换言之，选配就是对牛群的交配进行人为干预，为按一定的育种目标培育出最好的后代，就需要有意识地组织优良的种用公、母牦牛进行配种。选配任务是要尽可能选择亲和力好的公、母牦牛来配种，通过选种，选出比较优秀的公、母牦牛进行繁殖。

1）选配在牦牛选育中的意义　实质上，选配就是对牦牛的配对加以人为控制，使具备优良基因或性状的个体获得更多的交配机会，使优良基因能按照人类的意愿更好地重新组合，从而产生大量的理想型个体，使牦牛种群得到不断的改良与提高。

选配能创造变异。选配就是要研究与配牦牛个体之间的关系，包括与配牦牛之间的品质对比、亲缘关系以及所属类群之间在性状遗传中的关系和特征等。交配双方遗传基础不可能完全相同，有时甚至差别很大，这样交配的结果，后代犊牦牛才可能与父母任何一方不同，才有可能集合父母的优良基因、秉承父母代的品质与性能，从而为进一步发展这种理想型变异，为培育新品种牦牛奠定基础。特别是就牦牛本身而言，由于种群本身的异质性，牦牛的品种选育和选育核心群的组建只能实施依赖“性状组群”的原则，将具有理想型性状的牦牛个体尽可能地收集到核心群中来，借以收集在品种选育中所需要的各种基因素材，进而通过科学选配，组合牦牛后代犊牛的遗传基础，推进选育的进展。

选配能加快遗传稳定性。和其他哺乳动物一样，牦牛的遗传基础也是由其双亲遗传决定的。因此，如果牦牛父母双方的遗传基因相近似，那么所生后代的遗传基础就很可能与其父母差别不大。这样，一个牦牛养殖场，只要在若干代中始终选择性状相近似的公、母牦牛交配，该性状的遗传基因即可能逐渐趋于纯合，该性状也就可以逐渐在牛群中被固定下来。而长期不懈的坚持，会逐渐使牦牛的性状逐一被固定，基因型逐渐纯合。提高牦牛选配的水平，灵活运用诸如“同质”与“异质”、“近交”与“远交”等选配技术手段，将会加快牦牛的性状固定和品种的选优提纯，加快牦牛遗传的稳定。

选配能固定有利变异。只要平时认真细致地做好牦牛的选种和选配，当牛群中出现某种理想型变异时，就可以把具有该变异的优良的公、母牦牛选择出来进行科学选配，进一步强化和固定变异，经过长期的继代选育，使理想型变异在牛群中得到保持并更加显著的表现，就能形成牦牛养殖场独有的特点。可见，只要按照明确的培育目标、科学选种选配，把握变异的方向，就能创造出符合要求的牦牛新品种。

2）选配和选种的关系　牦牛选育的成效大小与进度快慢，很大程度取决于对种牛的改良方法和利用方法，前者是指选种的科学性和准确性，后者则为选配的合理性和有效性。所以，选种和选配是包括牦牛在内的各种家畜育种中两种最基本的措施或手段，二者是密切联系又彼此促进的关系。一方面，通过选种以改变牦牛场内的各种基因的比例，突出主要性状，实现选优提纯，为开展选配准备良好的基因素材；另一方面，通过选配可以有意识地组合优良基因，创造性地产生牦牛后代优良的基因型，培育出理想型的个体。

选种与选配互为基础关系。选种是选配的基础，只有拥有了具备优良性状或者说是携带优良基因的种用牦牛才好进一步开展选配，以求人为组建后代牦牛的基因型，创造新一代牦牛的理想型。选配也是选种的基础，生产中应根据选配的需要而选择种牛，还可以根据过去选配的结果而选择下次配种所需要的种牛，所以选配和选种二者是不可分割、互为基础的。

选种为了选配，选配可以验证选种。通常引进种牛都不是盲目的，在引进一头种牛时，必须首先要考虑“引进这头种牛与场里哪些牦牛交配”，甚至还要考虑“交配所产生的后代将是怎样的、品质是否优良”。因为在一个牦牛养殖场，对每头母牦牛生产后都要考证“哪些母牦牛产犊好，生产了理想的后代”，而“哪些母牦牛生产的犊牛不好，是母本的原因，还是父本的原因”。选种的目的主要是为了做好选配，而选配的结果（所产生的新一代犊牛）又验证了选种是否准确，以及选种的结果是否推进了本场的牦牛选育。

选配巩固选种，选种加强选配。在开展牦牛选育进程中，要不断研究和加强选种和选配。没有科学的选配，选出的优良牦牛的遗传性得不到验证，不能保持和发展，更不能由个体的性状转变为群体所共有，选种的结果因此中途废止，不能延续，选种也失去了实际意义。反之，没有选种作基础，就不能按照意愿科学组合亲代牦牛的优良基因，也不会繁育出符合要求的牦牛后代，更不可能最终形成形态整齐一致的牦牛群体，所以在牦牛育种过程中，选种和选配始终是紧密结合的，选种之中有选配，选配之中也有选种，二者相辅相成。

第二章
牦牛繁殖基础理论

第一节　牦牛生殖器官与生理功能

一、公牦牛生殖器官与生理功能

公牦牛的生殖器官包括性腺（睾丸）、输精管道（附睾、输精管和尿生殖道）、副性腺（精囊腺、前列腺和尿道球腺）和外生殖器（阴茎）（图 2-1）。

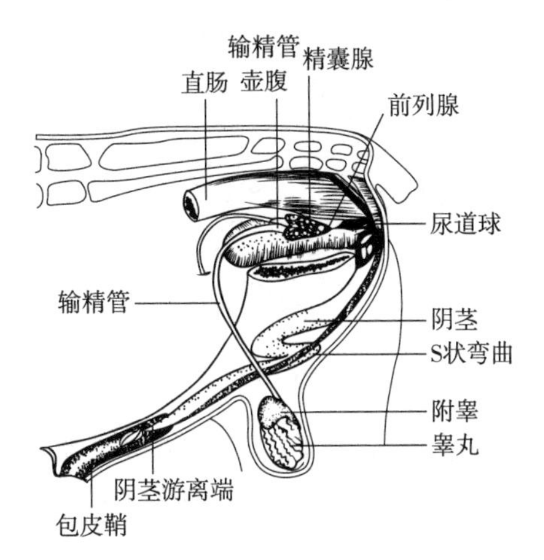

图 2-1　牦牛生殖器官示意图

（一）睾丸和阴囊

1. 睾丸的形态、结构与功能

（1）睾丸（Testis）的形态　正常公牦牛的睾丸成对存在，均为长卵圆形。牦牛的左侧睾丸稍大于右侧，重约 180g，约为体重的 0.04%。牦牛睾丸的长轴和地面垂直。两个睾丸分居于阴囊的两个腔内。附睾位于睾丸的后外缘，头朝上，尾朝下。

（2）睾丸组织结构　牦牛睾丸表面光滑，覆浆膜，即固有鞘膜，其下层为致密结缔组织构成的白膜。睾丸白膜由与附睾头相接触的一端形成一条结缔组织索，伸向睾丸实质，构成睾丸纵隔，宽度为0.5～1.0cm。纵隔向四周发出许多放射状结缔组织小梁伸向白膜，称为睾丸小隔。睾丸小隔将睾丸实质分成许多锥体形睾丸小叶，每个小叶内有一条或数条盘曲的曲精细管，其直径为0.1～0.3mm，管腔内径为0.08mm，腔内充满液体。曲精细管在各小叶的尖端先各自汇合成直精细小管，穿入纵隔结缔组织内形成弯曲的导管网，称为睾丸网，为曲精细管的收集管，最后由睾丸网分出10～30条睾丸输出小管，汇入附睾头的附睾管。牦牛的曲精细管长度为4 000～5 000m。曲精细管的管壁由外向内是由结缔组织纤维、基膜和复层的生殖上皮构成。复层上皮主要由产生精子的生精细胞和具有支持营养作用的支持细胞（足细胞）构成（图2-2）。

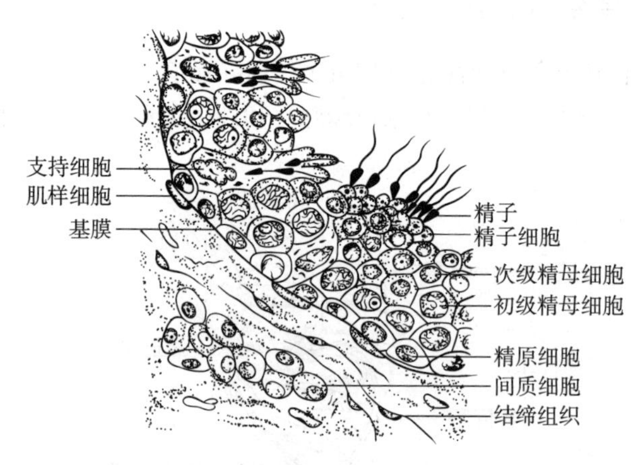

图2-2　牦牛曲精细管管壁结构

1）生精细胞　数量比较多，成群地分布在足细胞之间，大致排成3～7层。根据不同时期的发育特点，可分为精原细胞、初级精母细胞、次级精母细胞、精细胞和精子。

①精原细胞：位于最基层，紧贴基膜。常显示有分裂现象，细胞体积较小，呈圆形，核大而圆，是形成精子的干细胞。牦牛一个精原细胞的干细胞理论上可分裂成24个初级精母细胞，每个初级精母细胞经2次分裂，最终变成4个精细胞。

②初级精母细胞：位于精原细胞的上面，排列成数层显示有分裂现象。细胞呈圆形，体积较大，核呈球形。因其染色体处于不同的活动期而呈细线状、棒状或粒状。在最初发育阶段与精原细胞不易区别，随着精细胞向管腔移动而离开基膜，同时胞浆不断增多，胞体变大，具有明显的胞核，核内染色体的数

目减少一半成为单倍体。

③次级精母细胞：位于初级精母细胞与管腔之间，体积较小，细胞呈圆形。细胞核为球形，染色质呈细粒状。由于该细胞很快分裂成为两个精子细胞，因而在切片上很难找到它。

④精细胞：位于次级精母细胞内侧，靠近曲精细管的管腔。常排列成数层，并且多密集在足细胞游离端的周围。细胞体积更小，胞浆少，核小呈球形、着色深。精子细胞不再分裂，经过一系列的形态变化，即变为精子。

⑤精子：位于或靠近曲精细管的管腔内。有明显的头和尾，呈蝌蚪状。头部含有核物质，染色很深，常深入足细胞的顶部胞浆中。尾部朝向管腔。精子发育成熟后脱离曲精细管的管壁，游离在管腔中，随后进入附睾。

2）足细胞　又称支持细胞、塞托利氏细胞。体积较大且细长，但数量较少，属体细胞。呈辐射状排列在曲精细管中，分散在各期生殖细胞之间，其底部附着在曲精细管的基膜上，游离端朝向管腔，常有多个精子镶嵌其上。该细胞高低不等，界线不清。细胞核较大，位于细胞的基部，着色较浅，具有明显的核仁，但不显示分裂现象。由于它的顶端有数个精子伸入胞浆内，故一般认为此种细胞是对生精细胞起着支持、营养、保护等作用。如果足细胞失去功能，精子便不能成熟。

（3）睾丸的功能

1）生精机能　精细管的生精细胞经过四次有丝分裂和两次减数分裂后形成精子细胞，最终经过形态学变化生成精子，并贮存于附睾。公牦牛每克睾丸组织平均每天可产生精子 1 300 万～1 900 万。

2）分泌雄激素　位于曲精细管之间的间质细胞分泌的雄激素，能激发公牛的性欲和性行为，刺激第二性征，促进阴茎及副性腺的发育，维持精子发生和附睾内精子的存活，刺激阴茎及副性腺的发育。

3）产生睾丸液　曲精细管和睾丸网可产生大量的睾丸液，内含有较高浓度的钙、钠等离子成分和少量蛋白质成分。主要作用是维持精子的生存和有助于精子向附睾头部移动。

2. 阴囊的形态、结构与功能　阴囊（Scrotum）是由腹壁形成柔软而富有弹性的袋状皮肤组织，包被睾丸、附睾和部分输精管。其皮层较薄、被毛稀少，内层为具有弹性的平滑肌纤维组织构成的肉膜。正常情况下，阴囊能维持睾丸保持低于体温的温度，这对于维持生精机能至关重要。阴囊皮肤有丰富的汗腺，肉膜能调整阴囊壁的厚薄及其表面积，并能改变睾丸和腹壁之间的距离。气温高时，肉膜松弛，睾丸位置降低，阴囊变薄，散热表面积增加以降低睾丸温度。气温低时，阴囊肉膜的皱缩和提睾肌的收缩，使睾丸靠近腹壁，并使阴囊壁变厚，散热面积减小，以保持一定温度。所有进出睾丸的血管蔓状卷曲而呈锥形，其底部贴附于睾丸的一端和附睾头的背侧。离开睾丸的静脉血温度较低，从而影响进入睾丸的动脉血的温度也被降低。

（二）附睾

1. 附睾的形态 附睾（Epididymis）附着于睾丸的附着缘，由头、体、尾三部分组成（图2-3）。头、尾两端粗大，体部较细。附睾头由睾丸网发出十多条睾丸输出管组成，这些管呈螺旋状，借结缔组织联结成若干附睾小叶（亦称血管圆锥），再由附睾小叶联结成扁平而略呈杯状的附睾头，贴附于睾丸的前端或上缘。各附睾小叶的细管汇成一条弯曲的附睾管。附睾体由弯曲的附睾管沿睾丸的附着缘延伸逐渐变细，延续为细长的附睾体。在睾丸的远端，附睾体变为附睾尾，其中附睾管弯曲减少，最后逐渐过渡为输精管，经腹股沟管进入腹腔。牦牛附睾管极度弯曲，长度为35～50m，管腔直径0.1～0.3mm。

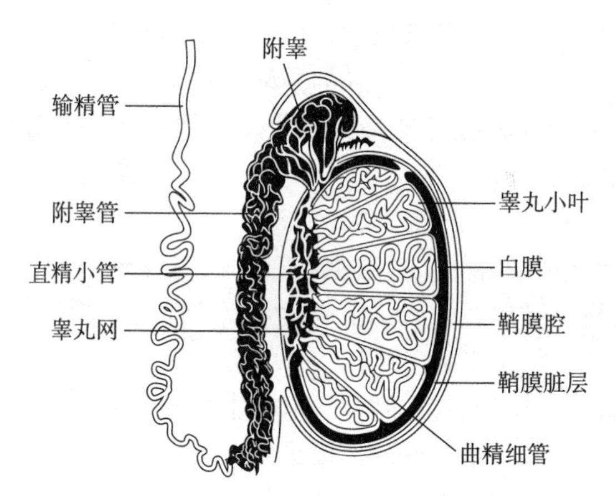

图2-3 牦牛睾丸及附睾的组织结构

2. 附睾的组织结构 附睾尾以睾丸固有韧带与睾丸尾端相连接，借助阴囊韧带与鞘膜壁相连。鞘膜脏层从睾丸延续包于附睾上，移行处称为附睾系膜，在外侧于附睾体和睾丸之间形成浆膜隐窝，称为睾丸囊或附睾窦。附睾管壁由环形肌纤维和单层或部分复层柱状纤毛上皮构成。附睾管大体可区分为三部分，起始段具有长而直的静纤毛，管腔狭窄，管内精子数很少；中段的静纤毛不太长，且管腔变宽，管内有多数精子存在；末段静纤毛较短，管腔很宽，充满精子。

3. 附睾的功能

（1）吸收和分泌作用 附睾头和附睾体的上皮细胞具有吸收功能，可将来自睾丸较稀薄精液中的水分和电解质经上皮细胞吸收，使在附睾尾的精子浓度大大升高。牛的睾丸液的精子浓度为1亿/mL，而附睾尾液中每毫升约含50亿精子。另外，睾丸液中精子所占体积约为1%，而附睾尾液中约占40%。大部分睾丸液在附睾头部被吸收，使得管腔中的Na^+与Cl^-量减少。附睾液中有许多睾丸液中所不存在的有机化合物，如甘油磷酰胆碱、三甲基羟基丁酰甜菜碱、精子表面的附着蛋白等物质。这些物质与维持渗透压、保护精子及促进精子成熟有关。

（2）促进精子成熟　由睾丸曲精细管生产的精子，刚进入附睾头时，颈部常有原生质滴，说明精子尚未发育成熟。精子通过附睾过程中，原生质滴向后移行。这种形态变化与附睾的物理及细胞化学的变化有关，它能增加精子的运动和受精能力。精子通过附睾管时，附睾管分泌的磷脂质及蛋白质，裹在精子的表面，形成脂蛋白膜，将精子包被起来，可防止精子膨胀，也能抵抗外界环境的不良影响。

（3）贮存功能　精子在附睾内贮存60d后仍具有受精能力，但随着贮存时间的延长，精子活力逐渐下降，畸形精子和死精子数会增多。精子能在附睾内较长期贮存的原因，一是附睾管上皮的分泌作用能供给精子发育所需要的养分；二是附睾内的pH为弱酸性（6.2～6.8），可抑制精子的活动；三是附睾管内的渗透压高，以致精子在发生上述原生质滴移行的同时，发生脱水现象，导致精子缺乏活动所需要的最低限度的水分，故不能运动；四是附睾的温度较低，精子在其中处于休眠状态，减少了能量的消耗，从而为精子的长时间贮存创造了条件。成年公牦牛两个附睾聚集的精子数约为700多亿，等于睾丸在3.6d所产生的精子，其中约有54%贮存于附睾尾部。

（4）运输作用　精子在附睾内缺乏主动运动，它是主要靠管壁平滑肌的收缩和上皮细胞纤毛上皮的摆动，被从附睾头运送至附睾尾的。牦牛精子通过附睾管的时间大概为10d。

（三）输精管

1. 输精管的形态与结构　输精管（Ductus deferens）由附睾管的附睾尾端延续而来，管壁由内向外分为黏膜层、肌层和浆膜层。管的起始端有些弯曲，很快变直，并与进出血管、淋巴管、神经、提睾内肌等包于睾丸系膜内而组成精索，经腹股沟管进入腹腔，折向后进入盆腔，在生殖褶中沿精囊腺内侧向后伸延，变粗形成输精管壶腹，其末端变细，穿过尿生殖道起始部背侧壁，与精囊腺的排泄管共同开口于精阜后端的射精孔（图2-4）。壶腹壁内富含分支管状腺体，具有副性腺的性质，其分泌物也是精液的组成成分。

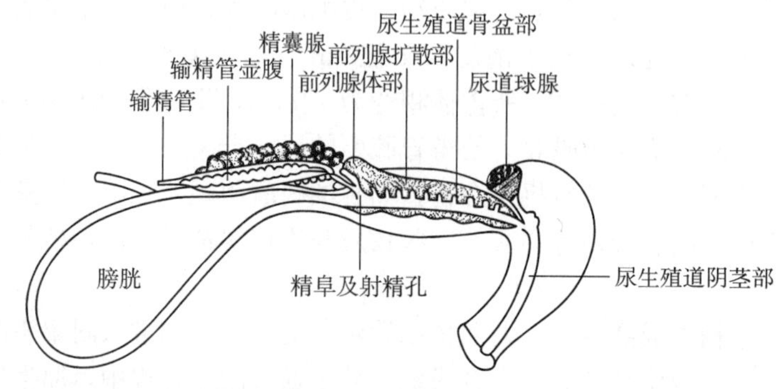

图 2-4　牦牛尿殖道骨盆部及副性腺（正中矢状切面）

2. 输精管的功能　输精管是生殖道的一部分，射精时，在催产素和神经系统的支配下输精管肌肉层发生规律性收缩，使得管内和附睾尾部贮存的精子排入尿生殖道。壶腹部也可视为副性腺的一种，牦牛精液中部分果糖来自壶腹部。输精管还具有对死亡和老化精子的分解吸收作用。

（四）副性腺

副性腺（Accessory sexual gland）包括精囊腺、前列腺和尿道球腺（图 2-5），其发育程度受性激素的直接影响。射精时，它们的分泌物加上输精管壶腹的分泌物混合在一起组成精清，并将来自输精管和附睾高密度的精子稀释，形成精液。当牦牛达到性成热时，其形态和机能得到迅速发育。相反，去势和衰老的公牦牛腺体萎缩、机能丧失。

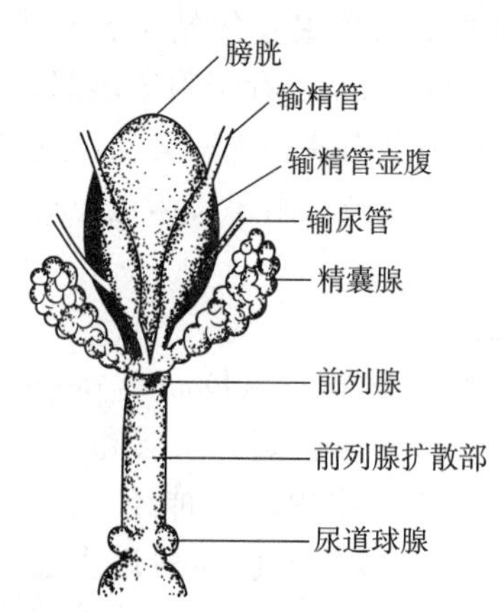

图 2-5　牦牛副性腺背面

1. 副性腺的形态与结构

（1）精囊腺（Vesicular gland）　精囊腺成对出现，位于膀胱颈背侧的生殖褶中，输精管壶腹部外侧，贴于直肠腹侧面。牦牛的精囊腺为不规则长卵圆形，呈致密的分叶状，表面不平，分叶清楚。腺体表面有结缔组织膜，含平滑肌纤维。腺体组织中央有一较小的腔，其黏膜层含分支的管状腺。牦牛精囊腺的排泄管和输精管，共同开口于尿道起始端顶壁上的精阜，形成射精孔。

精囊腺分泌液呈白色或黄色，黏稠，偏酸性，在牦牛精液中占 40%～50%。精囊腺分泌液的组成成分特点是果糖和柠檬酸含量高，果糖是精子的主要能量来源，柠檬酸和无机物能共同维持精子的渗透压。

（2）前列腺（Prostate）　牦牛的前列腺分为体部和扩散部，呈淡黄色，体部较小，而扩散部相当大。体部外观可见，延伸至尿生殖道骨盆部。扩散部在尿道海绵体和尿道肌之间，它们的腺管成行开口于尿生殖道内。牦牛的前列腺呈复合管状的泡状腺体，其体部和扩散部皆能见到。其分泌液呈无色透明，偏酸性。能提供给精液中磷酸酯酶、柠檬酸等物质，并具有增强精子活率和清洗尿道的作用。

（3）尿道球腺（Bulbourethral gland）　又称为考贝氏腺，位于尿生殖道骨盆部后端的背侧，外面包有厚的被膜。牦牛的尿道球腺体积较小，呈球状，埋藏在球海绵体肌内，其他家畜则为尿道肌覆盖。一侧尿道球腺一般有一个排出管，通入尿生殖道的背侧顶壁中线两侧。尿道球腺的分泌量很少。

2. 副性腺的功能

（1）冲洗尿生殖道，为精液通过做准备　交配前阴茎勃起时，所排出的少量液体，主要由尿道球腺所分泌，它可以冲洗尿生殖道中残留的尿液，使通过尿生殖道的精子不致受到尿液的危害。

（2）稀释精子　附睾排出的精子，待与副性腺液混合后，精子即被稀释，从而也加大了精液容量。牦牛射出的精液中精清占 85%。

（3）为精子提供营养物质　精子内某些营养物质是在其与副性腺液混合后才得到的，如附睾内的精子不含果糖，当精子与精清（特别是精囊腺液）混合时，果糖即很快地扩散入精子细胞内。果糖的分解是精子能量的主要来源。

（4）活化精子　副性腺液的 pH 一般为偏碱性，弱碱性环境能刺激精子的运动能力。副性腺液中的某些成分能够在一定程度上吸收精子运动所排出的 CO_2，从而可在一定程度上维持精液的偏碱性，以利于精子的运动。另外，副性腺液的渗透压低于附睾处，可使精子吸收适量的水分而得以活动。

（5）运送精液　精液的射出是借助于附睾管、副性腺壁平滑肌及尿生殖道肌肉的收缩。在排出过程中，副性腺液的液流亦有推动作用。副性腺管壁收缩排出的腺体分泌物在与精子混合的同时，随即运送精子排出体外，精液射入母牦牛生殖道后，精子就能在生殖道借助于一部分精清（还包括母牦牛生殖道的分泌物）为媒介而泳动至受精地点。

（6）维持精子活力　副性腺分泌物中含有柠檬酸盐及磷酸盐，这些物质具有缓冲作用，给精子保持以良好的环境，从而延长精子的存活时间，维持精子的受精能力。

（五）尿生殖道

牦牛尿生殖道（Canalis urogenitlis）兼有排尿和排精的作用，可分为骨盆部和阴茎部两部分。骨盆部位于骨盆底壁，自膀胱颈经骨盆后缘直达坐骨弓，为一长的圆柱形管，外面包有尿道肌；阴茎部位于阴茎海绵体腹面的尿道沟内，外面包有尿道海绵体和球海绵体肌。在坐骨弓处，尿道阴茎部在左右阴茎脚（阴茎海面体起始部）之间稍膨大形成尿道球。射精时，从壶腹聚集来的精子，在尿道骨盆部与副性腺的分泌物相混合，在膀胱颈的后方有一个小的隆起，称为精阜（Seminal hillock），在其顶端是壶腹和精囊腺导管的共同开口。精阜主要由海绵组织构成，它在射精时可以关闭膀胱颈，从而阻止精液流入膀胱。

（六）阴茎

阴茎为牦牛的交配器官，主要由勃起组织及尿生殖道阴茎部组成，自坐骨弓沿中线先向下，再向前延伸，达于脐部。平时柔软而隐藏于包皮内，交配时勃起、伸长并变得粗硬。牦牛的阴茎较细，在阴囊之后折成S形弯曲。阴茎前端的膨大部称为阴茎头，也称为龟头，主要由龟头海绵体构成，阴茎的后端称为阴茎根。牦牛的龟头较尖，且沿纵轴略呈扭转形，在顶端左侧形成一沟，尿道外口位于此处。阴茎根借左右阴茎脚附着于坐骨弓的腹后缘。阴茎体由背侧的两个阴茎海绵体及腹侧的尿道海绵体构成。

（七）包皮

包皮是由游离的皮肤凹陷而发育成的阴茎套。包皮具有保护阴茎的作用。在疲软时，阴茎头位于包皮腔内。牦牛包皮较长，包皮口周围有一丛长而硬的包皮毛。包皮腔长35～40cm。包皮的黏膜形成许多褶，并含有许多弯曲的管状腺，分泌油脂性的分泌物，这种分泌物与脱落的上皮细胞及细菌混合后形成带有异味的包皮垢。

二、母牦牛生殖器官与生理功能

母牦牛的生殖器官包括三个部分：①性腺，即卵巢；②生殖道，包括输卵管、子宫、阴道；③外生殖器官，包括尿生殖前庭、阴唇、阴蒂。

（一）卵巢

1. 形态与位置　牦牛卵巢呈扁椭圆形，表面全部被生殖上皮覆盖，位于子宫角端部的两侧，附着在卵巢系膜上，其附着缘上有卵巢门，血管和神经由此出入。牦牛的卵巢一般位于子宫角尖端外侧，初产或胎次较少的母牛，卵巢均位于耻骨前缘之后。经产的母牦牛，子宫角因胎次增多而逐渐垂入腹腔，卵巢也随之前移至耻骨前缘的下方。体型中等的母牦牛，卵巢平均长3～4cm，宽1.5～2cm，厚2～3cm。接近初情期时，卵巢出现许多突出于表面的小卵泡和黄体，很像桑葚。初情期开始后，根据发情周期中时期的不同，卵巢上有大小不等的卵泡、红体或黄体突出于卵巢的表面凹凸不平。牦牛的卵巢结构见图2-6。

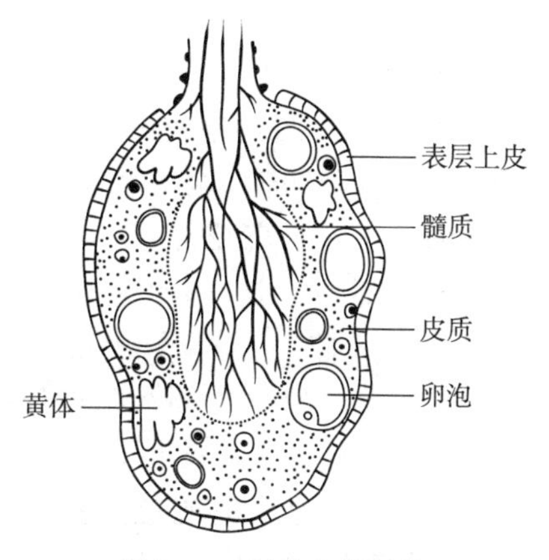

图2-6　牦牛卵巢结构

2. 组织结构　牦牛的卵巢组织分为皮质部和髓质部，两者的基质都是结缔组织。皮质内含有卵泡、卵泡的前身和续产物（红体、黄体和白体）。卵巢表面为生殖上皮，其下层为白膜。由于卵巢外表无浆膜覆盖，卵泡可在卵巢的任何部位排卵。皮质部的结缔组织含有许多成纤维细胞、胶原纤维、网状纤维、血管、淋巴管、神经和平滑肌纤维，接近表面的结缔组织细胞的排列大体上与卵巢表面平行，比靠近髓质处的略为致密，称为白膜。髓质内含有许多细小的血管、神经，它们由卵巢门出入（所以卵巢门上没有皮质）血管分为小支进入皮质，并在卵泡膜上构成血管网。

幼年牦牛生殖上皮由柱状或立方形细胞所构成，随着母牦牛逐渐长大，这些细胞变为扁平的。原始卵泡在性成熟以前是由白膜下面的新生层所产生的。在初情期以前，卵巢的皮质内含有许多原始卵泡，为母牦牛的繁殖奠定了基础。

3. 功能

（1）卵泡发育和排卵　卵巢皮质部分布着许多原始卵泡。原始卵泡是由一个卵母细胞和周围一单层卵泡细胞构成。原始卵泡经过次级卵泡、生长卵泡和成熟卵泡阶段，最终排出卵子。排卵后，在原卵泡处形成黄体。众多卵泡中只有少数能发育成熟，多数在发育的不同阶段退化、闭锁。

（2）分泌雌激素和孕酮　包围在卵泡细胞外的两层卵巢皮质基质细胞形成卵泡膜。卵泡膜可分为血管性的内膜和纤维性的外膜。血管性内膜可分泌雌激素，一定量的雌激素是导致母牦牛发情的直接因素。排卵之后，在原排卵处颗粒膜形成皱襞，增生的颗粒细胞形成索状，从卵泡腔周围辐射状延伸到腔的中央形成黄体。黄体能分泌孕酮，它是维持妊娠所必需的激素之一。

（二）输卵管

1. 形态与位置　输卵管（Tuba uterina）位于卵巢和子宫之间，是卵子进入子宫必经的通道，包裹在输卵管系膜内，有许多弯曲，长 15～30cm。靠近卵巢端扩大呈漏斗状，称为漏斗部。漏斗中央的深处有一开口为输卵管腹腔口，与腹膜腔相通，卵子由此进入输卵管。输卵管的前 1/3 段较粗，称为壶腹部，是卵子受精的地方，受精后进入子宫腔着床。其余部分较细，称为峡部。壶腹和峡部连接处称为壶峡连接部。牦牛的输卵管伞不发达，伞的一处附着于卵巢的上端。输卵管的后端（子宫端）有输卵管子宫口，与子宫角相通。牦牛由于子宫角尖端细，所以输卵管与子宫角之间无明显分界，括约肌也不发达。输卵管不仅仅是卵子运行的通道，也是完成受精和受精卵运行的通道，当卵子下行、精子上行在输卵管的壶腹部相遇后完成受精过程，然后下行进入子宫。

2. 组织结构　输卵管的管壁从外向内由浆膜、肌层和黏膜构成。肌层可分为内层的环状或螺旋形肌束和外层的纵行肌束，其中混有斜行纤维，使整个管壁能协调地收缩。肌层从卵巢端到子宫端逐渐增厚。黏膜形成若干初级纵襞，特别是在壶腹内分出许多次级纵襞。牦牛有四个初级纵襞，每一个初级纵襞又有若干次级纵襞。黏膜衬以柱状纤毛细胞和无纤毛的楔形细胞。黏膜层的纤毛细胞在输卵管的卵巢端，特别在伞部，较为普遍，越向子宫端越少。这种细胞有一种细长而能颤动的纤毛伸入管腔，能向子宫方向摆动，有助于卵子的运行。峡部的分泌细胞比纤毛细胞高，纤毛几乎伸不到管腔。无纤毛细胞为分泌细胞，含有特殊的分泌颗粒，其大小和数量在不同种间和发情的不同时期有很大的变化。楔形细胞大概是排空的分泌细胞。

3. 功能

（1）运送卵子　从卵巢排出的卵子先到伞部，借纤毛的活动将其运输到漏斗和壶腹。通过输卵管分节蠕动及逆蠕动、黏膜及输卵管系膜的收缩，以及纤毛活动引起的液流活动，卵子通过壶腹的黏膜襞被运送到壶峡连接部。

（2）精子获能、受精及卵裂的场所　子宫和输卵管为精子获能的部位，壶腹部为精卵结合的部位。

（3）分泌机能　输卵管上皮的分泌细胞在卵巢激素的影响下，在不同的生理阶段，分泌的量有很大的变化。发情时，分泌量增多，pH 为 7.0～8.0，分泌物主要为各种氨基酸、葡萄糖、乳酸、黏蛋白及黏多糖，它是精子、卵子及早期胚胎的培养液。输卵管及其分泌物的生理生化状况是精子和卵子正常运行、合子正常发育及运行的必要条件。

（三）子宫

1. 形态与位置　牦牛的子宫完全位于腹腔内，以子宫阔韧带附着于盆腔前部的侧壁上，由子宫角、子宫体和子宫颈组成。子宫的背侧邻直肠，腹侧为膀胱，与瘤胃背囊和肠管相接触，子宫的位置因妊娠期的不同有显著变化。牦牛为双子宫角动物，子宫角基部之间有一纵隔，将二角分开，称为对分子宫。子宫角有大小两个弯，大弯游离，小弯供子宫阔韧带附着，血管神经由此出入。子宫颈前端以子宫内口和子宫体相通，后端突入阴道内，称为子宫颈阴道部，其开口为子宫外口。

（1）子宫角及子宫体　牦牛的子宫角长 20～40cm，角的基部粗 1.5～3cm。子宫体长 2～4cm。青年及胎次较少的母牦牛子宫角弯曲如绵羊角，位于骨盆腔内。胎次多的，子宫并不能完全恢复原来的形状和大小，所以经产牛的子宫常垂入腹腔。二角基部之间的纵隔处有一纵沟，称角间沟。子宫黏膜有突出于表面的半圆形子宫阜 70～120 个，阜上没有子宫腺，但是其深部含有丰富的血管，妊娠时子宫阜发育为母体胎盘。

（2）子宫颈　子宫颈是子宫体向后延续的部分。子宫颈壁厚，其中央有一窄细的管道，称子宫颈管。牦牛的子宫颈长 5～10cm，粗 3～4cm，壁厚而硬，不发情时管腔封闭很紧，发情时也只能稍微开放。子宫颈管前端开口于子宫体，称子宫颈管内口；后端开口于阴道，称子宫颈管外口。子宫颈后部突入阴道，形成子宫颈阴道部。子宫颈阴道部粗大，突入阴道 2～3cm，颈管发达，壁厚而较硬，通过直肠可以摸到。子宫颈黏膜苍白，形成 4 个环行褶，黏膜有放射状皱襞，经产牛的皱襞有时肥大如菜花状。子宫颈肌的环状层很厚，分为内层和黏膜固有层两层，构成 4（2～5）个横的新月形皱襞，彼此嵌合，使子宫颈管成为螺旋状。环状层和纵行层之间有一层稠密的血管网，所以子宫颈破裂时出血很多。子宫颈黏膜是由两类柱状上皮细胞组成，即具有动纤毛的纤毛细胞和无纤毛的分泌细胞。发情时分泌活动增强，但子宫颈部缺乏腺体。

2. 组织结构　子宫壁的组织结构从里向外依次为黏膜、肌层及浆膜。黏膜又称子宫内膜，由上皮和固有膜构成。上皮为柱状细胞，下陷入固有膜内构成子宫腺。固有膜也称为基质膜，非常发达，内含大量的淋巴、血管和子宫腺。子宫腺为简单、分支、蟠曲的管状腺。子宫腺以子宫角最发达，子宫体较少，在子宫颈，则只在皱襞之间的深处有腺状结构，其余部分为柱状细胞，能分泌黏液。在牦牛子宫角黏膜表面，沿子宫纵轴排列着纽扣状隆起（直径为15mm），称为子宫阜。

肌层又称为子宫肌，由两层平滑肌构成，内层为较厚的螺旋形环肌，外层为较薄的纵肌。在两肌层之间有发达的血管层，内含丰富的血管和神经。子宫颈肌可以看作是子宫肌的附着点，同时也是子宫的括约肌，其内层特别厚，且富有致密的胶原纤维和弹性纤维，是子宫颈皱襞的主要构成部分；内外两层交界处有交错的肌束和血管网。浆膜又称为子宫外膜，被覆于子宫的表面，与子宫阔韧带的浆膜相连。

3. 功能

（1）利于精子的运行　发情时，子宫借肌纤维强而有力的节律收缩作用而运送精液，使精子可能超越其本身的运行速率通过输卵管的子宫口进入输卵管。

（2）利于精子获能、胚胎附植和妊娠　子宫内膜的分泌物和渗出物，以及内膜进行糖、脂肪、蛋白质的代谢物，可为精子获能提供环境，又可供孕体（囊胚到附植）的营养需要。牦牛妊娠时，子宫内膜形成母体胎盘，与胎儿胎盘结合成为胎儿母体间交换营养和排泄物的器官。子宫是胎儿发育的场所。子宫随胎儿生长的要求在大小、形态及位置上发生显著变化。

（3）促进卵巢机能　如果母牛未孕，在发情周期的一定时期，一侧子宫角内膜所分泌的前列腺素对同侧卵巢的发情周期黄体有溶解作用，以致黄体机能减退，垂体又大量分泌促卵泡素，引起卵泡发育，导致发情。

（4）防御和分娩　子宫颈是子宫的门户，在不同的生理状况下，子宫颈处于不同的状态。在平时子宫颈处于关闭状态，以防异物侵入子宫腔；发情时稍微开张，以利于精子进入，同时宫颈大量分泌黏液，是交配的润滑剂；妊娠时，子宫颈柱状细胞分泌黏液堵塞子宫颈管，防止感染物侵入；临近分娩时刻，颈管扩张，以便胎儿排出。分娩时，子宫以其强有力阵缩而排出胎儿。

（5）贮存和筛选精子　子宫颈黏膜分泌细胞所分泌黏液的微胶粒方向线，将一些精子导入子宫颈黏膜隐窝内。宫颈可以滤除缺损和不活动的精子，所以它是防止过多精子进入受精部位的栅栏。

（四）阴道

阴道（Vagina）既为母牦牛的交配器官，也是胎儿娩出的通道，位于盆腔内。其背侧为直肠，腹侧为膀胱和尿道。阴道腔为一扁平的缝隙。前端有子宫颈阴道部突入其中。子宫颈口突出于阴道内而形成阴道穹隆。后端和尿生殖前庭之间以尿道外口及阴瓣为界。阴道壁的外层在前部被覆有腹膜，后部为结缔组织的外膜，中层为肌层，由平滑肌和弹性纤维构成。未曾交配过的犊牛阴瓣明显。牦牛的阴道长22～25cm。

阴道在生殖过程中具有多种功能。它既是交配器官，也是交配后的精子贮库，精子在此处集聚和保存，并不断向子宫供应精子。阴道的生化和微生物环境能保护生殖道不遭受微生物入侵。阴道通过收缩、扩张、复原、分泌和吸收等功能，排出子宫黏膜及输卵管的分泌物，同时作为分娩时的产道。

（五）外生殖器官

1. 尿生殖前庭　是交配器官和产道，也是排尿的必经之路。尿生殖前庭为从阴瓣到阴门裂的部分，前高后低，稍为倾斜。牦牛的前庭自阴门下连合至尿道外口长约10cm。在前庭两侧壁的黏膜下层有前庭大腺，为分支管状腺，发情时分泌增多。

2. 阴唇　分左右两片构成阴门，其上下端联合形成阴门的上下角。牦牛的阴门下角呈锐角，阴门上角较尖，下角浑圆。两阴唇间的开口为阴门裂。阴唇的外面是皮肤，内为黏膜，二者之间有阴门括约肌及大量结缔组织。

3. 阴蒂　由两个勃起组织构成，相当于公牛的阴茎。海绵体的两个脚附着在坐骨弓的中线两旁，阴蒂头相当于公牛的龟头，富有感觉神经末梢，位于阴唇下角的阴蒂凹内。

（六）生殖器官的系膜、血管和神经

1. 系膜　内生殖器官由卵巢系膜、输卵管系膜和子宫阔韧带三部分组成，但它们之间并无界限。子宫阔韧带起自骨盆的两侧壁，阔韧带所附着的部位是卵巢门、输卵管、子宫角的小弯、子宫体和子宫颈的两旁。输卵管上的系膜由阔韧带的外层构成，与卵巢固有韧带（由卵巢至子宫角尖端的韧带）共同构成卵巢囊。

2. 血管　分布到内生殖器官的动脉，每侧有三条：卵巢动脉、子宫动脉、尿生殖动脉子宫支。外生殖器的主要动脉是阴内动脉。静脉一般与同名的动脉并行。动、静脉均形成很多弯曲。

（1）卵巢动脉　牦牛的卵巢动脉的起点不很固定，一般是在第四、五腰椎处，肠系膜后动脉之前，起源于腹主动脉。它在卵巢系膜内分为二支，通过卵巢门进入卵巢，并分出小支供应输卵管；到达子宫角尖端，向后与子宫动脉的分支吻合。

（2）子宫动脉　牦牛的子宫动脉与脐动脉共同起源于髂内动脉点的外缘。子宫动脉通过阔韧带达到子宫角基部，分为前后二支沿子宫小弯而行，向前和卵巢动脉的子宫支吻合，向后和尿生殖动脉的子宫支吻合，沿途并向大弯分支。

（3）尿生殖动脉子宫支　牦牛的尿生殖动脉子宫支在第四、五荐椎处，起源于尿生殖动脉。宫支向下达到阴道，沿其两侧壁前行，分布于阴道壁、子宫颈和体，并与子宫动脉的分支吻合。

3. 神经　分布于生殖器官的神经都是来源于交感神经及副交感神经。

第二节　牦牛的精子与卵子

一、牦牛的精子

精子是公牦牛性腺产生的生殖细胞，是传递牦牛遗传物质的配子之一，关系到牦牛的延续增殖。精子的形成需经过复杂细致的细胞学变化，最后与副性腺和生殖道上皮分泌的精清共同组成精液。

（一）精子发生

1. 精子发生的概念　牦牛在出生时曲精细管还没有管腔，在曲精细管内只有性原细胞和未分化细胞。到一定年龄后，曲精细管逐渐形成管腔，围绕管腔的精细管上皮有性原细胞和未分化细胞变成的支持细胞。精子在睾丸内形成的全过程称为精子发生，精原细胞是精子发生的起点。精子发生是从精原细胞到精母细胞、精细胞以及精细胞变形成为精子的一系列分化过程。精细胞形成后不再分裂，而在支持细胞的顶端、靠近管腔处经过复杂的形态变化，形成蝌蚪状的精子。精细胞在睾丸精细管内变态形成精子的过程称为精子的形成。精子形成是精子发生的最后阶段。

2. 精细管上皮的细胞结构　曲精细管的生精上皮是精子发生的部位。曲精细管外层为含有肌样细胞层的固有膜（基膜），内层为曲精细管上皮。曲精细管上皮由两种基础细胞组成，即足细胞（又称为支持细胞）和不同发育阶段的生殖细胞。紧靠曲精细管基膜的生殖细胞为精原细胞，经多次分裂产生特殊的细胞（初级和次级精母细胞及精细胞），最终成为精子。随着精子发生的进程，高级别的生殖细胞逐渐移向曲精细管管腔方向。

足细胞是一种外形极不规则的高柱状细胞，其基底面位于曲精细管的基膜上，顶端可达管腔，侧面和管腔面有很多凹窝，凹窝里埋着各级生殖细胞。足细胞的核开始时位于细胞的基底部，随着精子的形成逐渐移向管腔一端，同时变长。细胞质内有丰富的内质网、溶酶体和脂肪滴，有各种形状的致密小体和高尔基体。在顶部细胞质中有纵向排列的微管、微丝和棒状的线粒体。这些细胞器的分布和排列与精子发生过程中更高级别的生殖细胞逐渐移向管腔有密切的关系。此外，相邻的足细胞之间形成足细胞-足细胞间隙连接，这种紧密的连接将精细管分隔为两个明显的室：基底室，内含精原细胞和前细线期的初级精母细胞；近腔室，内含更高级别的精母细胞和精细胞，可与精细管腔自由相通。足细胞对精子发生具有重要的生理功能：

（1）营养支持作用　对生殖细胞起到营养和支持作用。

（2）自分泌、旁分泌调节作用　足细胞分泌雄激素结合蛋白、生长因子等对精子发生起重要的调节作用。

（3）细胞通讯作用　相邻足细胞之间的间隙连接，允许一些小分子物质如cAMP、离子等通过，使这些细胞的代谢活动趋于一致。足细胞的协调活动，对精子发生的同步化十分重要。

（4）精子释放作用　在精子发生晚期，精细胞向着曲精细管腔移动及已形成的精子释放到管腔的过程中，足细胞起重要作用。

（5）吞噬作用　在某些情况下，精子发生的特定阶段，有些生殖细胞会发生退化；形成的精子释放到管腔后，残余的细胞质仍滞留在足细胞周围。足细胞可通过主动吞噬作用清除这些退化的生殖细胞和残余的细胞质。

（6）构成血-睾屏障（Blood - testis barrier）　曲精细管外周的肌样细胞层，构成不完全的血-睾屏障，而足细胞间的紧密连接构成主要的血-睾屏障。这种屏障可选择性的允许某些物质通透，而拒绝另一些物质渗透，以保证精子发生所需的微环境。同时该屏障还具有免疫隔离作用，防止精细胞所含有的某些特殊抗原进入血液循环，避免精子激发产生抗精子抗体。

3. 精子发生的基本过程　在早期胚胎发育过程中，大量来自外胚层的胚胎细胞进入生殖细胞系，成为原始生殖细胞（Primordial germ cells，PGCs）即配子发生的干细胞。在胚胎发育的器官原基形成阶段，PGCs 迁移到尚未分化的性腺原基。PGCs 经过几次有丝分裂形成生殖母细胞或称性原细胞。当胚胎性别分化后，在雄性胎儿，性原细胞分化为精原细胞。此后，当公牦牛到了一定的年龄，精原细胞在激素作用下开始增殖和分化，进入精子发生的过程。

（1）精原干细胞的增殖和分化　精原细胞可分为三种类型，深色 A 型（Ad 型）、浅色 A 型（Ap 型）和 B 型精原细胞。Ad 型精原细胞有一圆形或椭圆形的核，核内有许多相当细的染色质颗粒，不易被着色。Ad 型精原细胞被认为是“储存的干细胞”，在一般情况下不分裂，或只分裂为相同的 Ad 型细胞。在需要产生精子或者其他类型精原细胞被有害因素破坏时，Ad 型则进行有丝分裂，产生 Ad 型和 Ap 型精原细胞。Ad 型精原细胞起到储备的作用，Ap 型精原细胞则发育为 B 型精原细胞，所以把 Ap 型精原细胞称为“更新的干细胞”。

精子发生的干细胞是单个的 A 型精原细胞（A - single spermatogonia，As 型）。As 型精原细胞可自我更新，每个 As 型细胞，通过有丝分裂产生 2 个干细胞。进入精子发生过程时，一部分 As 型细胞分化为配对的 A 型精原细胞

(A - paired spermatogonia，Apr 型)。Apr 型分裂产生的子细胞通过细胞间桥(Intercellular bridge) 保持连接，成对存在。Apr 细胞进一步发育，分裂成链状排列的 A 型精原细胞 (A - aligned spermatogonia，Aal 型)。开始是 4 个细胞的链，然后出现 8 个、16 个，偶尔有 32 个细胞的链。从 As 型精原细胞到 Apr 型精原细胞是精原细胞发育过程中的第一个分化步骤。第二个分化步骤则是 Aal 型精原细胞分化成 A1 型精原细胞，A1 型再分裂成 A2 型，然后再进行 5 次分裂，分别成为 A3 型、A4 型、中间型和 B 型精原细胞及初级精母细胞。总体上讲，在精原细胞发育期间有 9～11 次有丝分裂。

(2) 精母细胞的减数分裂　B 型精原细胞的最后一次有丝分裂，形成前细线期的初级精母细胞。刚形成的初级精母细胞经过一段休止期，然后进入生长期，直径逐渐增大。初级精母细胞进入第一次减数分裂 (减数分裂Ⅰ)，减数分裂Ⅰ包括前期、中期、后期和末期 4 个时期。其中，前期Ⅰ所需时间很长，变化复杂，要经过细线期、偶线期、粗线期、双线期和终变期 5 个时期。经过减数分裂Ⅰ，同源染色体分开，染色体数减半，每个初级精母细胞分裂成 2 个单倍体的次级精母细胞。

次级精母细胞的间期很短，它们很快进入减数第二次分裂 (减数分裂Ⅱ)，姐妹染色单体分开，染色体数目不减少，结果每个次级精母细胞形成 2 个精细胞，正常的精子为单倍体。精子发生过程见图 2 - 7。

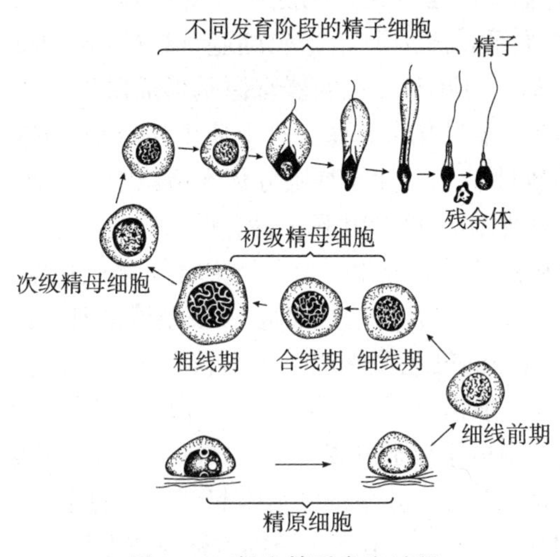

图 2 - 7　牦牛精子发生过程

4. 精子的形成　精细胞形成后不再分裂，而是在支持细胞的顶端、靠近管腔处经过一系列的分化变化才能最终成为精子。这种分化包括形态和体积的变化、核的变化、细胞质的变化、顶体的形成、线粒体鞘的形成、中心粒的发育和尾部的形成等。牦牛精细胞变成精子的示意图见图 2-8。

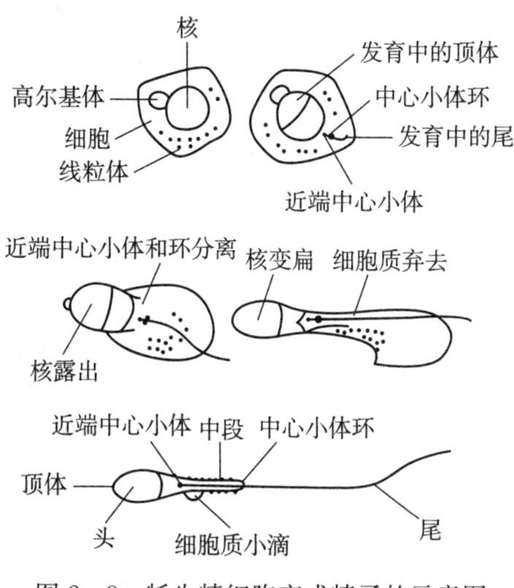

图 2-8　牦牛精细胞变成精子的示意图

(1) 细胞核的变化　在变形为精子的过程中，精细胞细胞核体积变小，形状由圆形变为流线型，这有利于精子运动，减少运动时的能量损失。同时，核内染色质高度浓缩、致密化，染色质细丝由细变粗，核蛋白的成分也发生显著变化，由碱性蛋白（鱼精蛋白）取代组蛋白与 DNA 结合。

(2) 细胞质和细胞器的变化　形成精子的过程中，核前端形成顶体，大部分细胞质变得多余而被抛弃，仅留下一薄层细胞质被膜覆盖在顶体和核上。

精子顶体是由高尔基复合体形成的。精子细胞的高尔基复合体由一系列的膜组成，以后产生许多小液泡，它们组成一个集合体。在精子形成的开始阶段，一个或几个液泡扩大，其中出现一个小的致密小体，称为前顶体颗粒。有时也发现数个液泡和数个颗粒，但最终形成一个大的液泡，称为顶体囊。许多前顶体颗粒合并形成一个大的颗粒，称为顶体颗粒。这些颗粒富含糖蛋白，细胞化学显示 PAS（过碘酸雪夫氏反应）阳性。

随着前顶体颗粒的不断并入，顶体颗粒不断增大。由于液泡失去液体，以致液泡壁扩展于核的前半部，形成一个双层膜结构，称为顶体帽，内含一个顶体颗粒。以后顶体颗粒中的物质分散到整个顶体帽中，顶体帽发育成熟，成为顶体。剩余的高尔基体迁移到核后部的细胞质中，并逐渐退化，形成高尔基体残留物，在精子形成后与多余的细胞质一起被足细胞清除。

精细胞的中心体是由两个中心粒组成的。在精子形成的早期，2 个中心粒移向核的正后方，与顶体的位置恰好相对，其中一个中心粒位于核后的凹窝中，称为近端中心粒。在近端中心粒的后方是远端中心粒，它与精子的主轴平行。远端中心粒形成精子尾部的轴丝。近端中心粒将来参与受精卵内纺锤体的形成，以促使卵裂。

随着顶体囊的形成，精细胞的线粒体向质膜下的细胞质皮层迁移，此时的细胞质膜变厚且不规则。以后线粒体向尾部的中段集中，并且延长、体积变小，绕着尾部轴丝形成螺旋状的线粒体鞘。从尾部中段开始，除了轴丝以外，还形成外周致密纤维和螺旋形的纤维鞘，前者起源于顶体形成精细胞的内质网，后者起源于顶体帽后缘的微管束。

（3）精子的释放　精细胞埋于足细胞表面凹窝及足细胞-足细胞连接所形成的近腔室中，在足细胞微管、微丝的作用下，随着精子发生的进展，更高级别的生精细胞逐渐移向管腔。精子形成后，精子从足细胞之间被释放到管腔中，这个过程称为精子的释放。

5. 曲精细管内精子发生的基本规律　整个精子的发生过程是在睾丸曲精细管内进行的，各级生精细胞在睾丸曲精细管内复杂、严格有序地分布。曲精细管上皮所进行的精子发生序列，即从精原细胞到最后形成精子，是有规律的。

（1）精子发生周期　指从A1型精原细胞开始，经过增殖、生长、成熟分裂及变形等阶段最后形成精子的整个过程所需要的时间。不同动物的精子发生周期不同，牛为54～60d。精子的发生周期有两个特点，即连续性和同步性。

1）连续性　在一个精子生成序列完成之前，隔一定时间，曲精细管的同一部位连续出现数个新的精子发生序列，而不是先生成一批再发生一批。

2）同步性　精子生成过程中，除早期的几次精原细胞分裂是完全分裂外，其余的多次分裂均属不完全分裂，细胞间未完全分开而形成胞质桥。胞质桥把来源于同一精原细胞的同族细胞联成一个整体细胞群，同族细胞之间可以通过胞质桥传递信息而同步发育。

（2）曲精细管上皮周期　在曲精细管上皮所进行的精子发生序列，即从精原细胞到最后形成精子，是有规律的。由于精原细胞的增殖是从曲精细管上皮靠近基膜一侧开始的，随着生殖细胞逐渐发育，其位置也逐渐向管腔方向移动。当一群同族细胞发育并向管腔移动时，另一群同族细胞开始进行同步发育，其发育阶段晚于上批同族细胞群，如此一批同族细胞群依次连续。因此在曲精细管的任何一个横断面都可以看见世代叠生的生殖细胞。在某一特定时间，在曲精细管某一横断面上有一特定的细胞组合，间隔一段时间后，在同一横断面上会再次出现相同的细胞组合，这一时间间隔称为曲精细管的上皮周期。每个精子的发生周期往往包含4～5个曲精细管上皮周期。牛的曲精细管上皮周期为13.5d。

（3）曲精细管上皮波　在研究曲精细管上皮周期的同时，可以观察到另一种现象，即曲精细管上皮波或精子发生波。从曲精细管纵切面上看，细胞组合也是有规律地出现，即沿着纵切面每间隔一定距离，会观察到相同的细胞组合，这种现象被称为曲精细管上皮波，也称为精子发生波。

6. 精子发生的调控　精子发生过程有赖于下丘脑-垂体-性腺轴的内分泌调控和睾丸内生殖细胞-体细胞（足细胞、间质细胞、管周肌细胞）之间的相互作用。睾丸不同类型细胞间的功能联系及旁分泌、自分泌等因素亦对精子发生起着重要的调控作用。

（1）精子发生的内分泌调控　精子在睾丸内形成的全过程从启动到完成都受着内分泌的调节，涉及多种生殖激素和细胞因子，其中主要的生殖激素有丘脑下部分泌的GnRH、垂体分泌的FSH（促卵泡素）和LH、睾丸分泌的雄激素和抑制素等。这些激素以丘脑下部-垂体-睾丸轴为核心形成了一个复杂的内分泌调节系统（图2-9）。

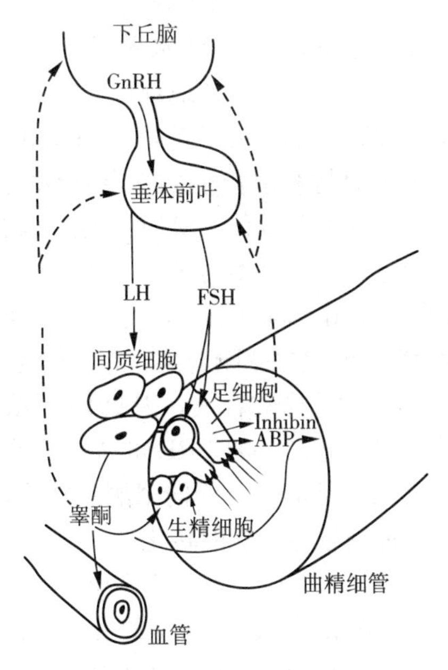

图2-9　牦牛睾丸机能的内分泌调节示意图

1）GnRH和促性腺激素　丘脑下部分泌的GnRH作用于垂体，引起FSH和LH的分泌而间接调节精子发生。但垂体并不是GnRH唯一的靶器官。GnRH也作用于睾丸，在间质细胞上有GnRH的受体，大剂量的GnRH

能抑制间质细胞合成睾酮，小剂量则有兴奋间质细胞的作用。

FSH 对精子发生的调节有直接和间接两种可能途径。足细胞上有 FSH 受体，FSH 通过增加腺苷酸环化酶活性和 cAMP 浓度，也可能影响钙平衡，刺激足细胞特殊基因的表达、产生许多调节生殖细胞的活性物质，如雄激素结合蛋白 ABP。ABP 可以作为载体与雄激素结合进入血液循环，也可保持睾丸内有高浓度的雄激素。FSH 还能调控足细胞的糖代谢、脂肪代谢和有丝分裂等其他细胞过程。FSH 对间质细胞也有作用，可以增加间质细胞的体积和数量，还有可能诱导间质细胞的形态和功能分化。

LH 与睾丸间质细胞上的受体相结合，促进睾丸间质细胞分泌睾酮，睾酮是维持精子发生的主要因素之一。LH 刺激睾丸间质细胞还分泌一些生长因子，对精子发生发挥旁分泌调节作用。

2）睾酮和抑制素　间质细胞分泌的雄激素主要是睾酮，睾酮是维持精子发生的主要激素之一。睾酮和 FSH 协同维持精子发生，其作用方式为，FSH 决定能进入减数分裂阶段的细胞数量，随后睾酮控制它们某特定阶段的发育。因此，单独 FSH 不能维持精子发生，因为缺乏雄激素支持时，晚期生殖细胞的继续发育不能进行。相比之下，当 FSH 水平下降，已分化的精原细胞数量只是减少而没有完全消失时，睾酮将有效地维持一定程度的精子发生。公牦牛抑制素由睾丸的足细胞合成、分泌。由于它对 FSH 分泌具有特异性抑制作用，因而又称之为性腺抑制素。抑制素除了直接抑制精原细胞的增殖来调节精子的发生外，主要还通过选择性地抑制垂体 FSH 的分泌来调节精子的发生，保证精原细胞的恒定和阻止曲精细管的过度增长。

3）PRL　PRL 能直接作用于间质细胞，增加 LH 受体数量，加强间质细胞对 LH 的敏感性，故 PRL 能促进睾酮合成。在副性腺细胞膜上也存在 PRL 受体，PRL 也可增加蛋白质和柠檬酸合成，因此 PRL 浓度改变时，可通过影响睾酮合成而影响生精过程。低剂量的 PRL 可增强绒毛膜促性腺激素对睾酮生成的促进作用，其主要原因是加强孕酮向睾酮的转化，但大剂量 PRL 产生抑制作用，其主要原因是抑制雄烯二酮的转化。

4）其他激素与精子发生　除以上激素外，还有一些激素也是通过调节 FSH 或/和 LH 及睾酮的分泌来间接调节精子的发生，其中也有直接作用的方式，但以间接作用为主。如 PGs 能使循环血液中 GnRH 水平增加，再通过 GnRH 刺激 LH 释放而刺激睾丸间质细胞分泌睾酮，PGs 还具有调节间质细胞的功能。另外，雌激素对垂体促性腺激素具有负反馈作用，通过这种作用间接的影响精子发生。

（2）精子发生的旁分泌和自分泌调控　在睾丸内，不同类型细胞以多种途径影响精子发生。间质细胞、曲精细管管周肌细胞、足细胞与生殖细胞之间存在着复杂的相互作用，通过激素的局部作用或分泌生长因子，以旁分泌和自分泌方式对精子发生起着直接而精细的调节作用。

1）睾酮　在精子发生的内分泌调节中已述及睾酮在精子发生中的作用，除此以外，它也起旁分泌的作用。在间质细胞、足细胞、管周肌细胞上均发现有睾酮受体，而生殖细胞上没有睾酮受体。睾酮通过刺激管周肌细胞和足细胞分泌旁分泌因子而间接维持精子发生。

2）阿黑皮素原（POMC）和 POMC 来源的肽　在精原细胞、精母细胞及间质细胞上定位了 POMC 的 mRNA，在睾丸液中检测到了 POMC 来源的肽，如β-内啡肽，促肾上腺皮质素（ACTH）和黑素细胞刺激素（MSH）。足细胞上有阿片类受体。这些证据说明这些肽在生殖细胞、间质细胞和足细胞的相互作用中具有潜在的功能。

3）前脑啡肽和脑啡肽　精原细胞、初级精母细胞和足细胞上都检测到了脑啡肽的免疫活性，暗示此类物质至少在初级精母细胞以前有主动作用。脑啡肽还能增加足细胞上 LH 样肽的分泌，后者与间质细胞上的特异性受体结合，调节雄激素产量，抑制β-内啡肽的产生。

4）催产素和精氨酸加压素（AVP）　在睾丸中检测到了与下丘脑中催产素相似的 RNA 翻译产物，也发现了 AVP 的 mRNA。催产素作用于曲精细管周围的肌细胞，对曲精细管的收缩产生作用。AVP 调节睾丸 LH 受体，AVP 与催产素都能调节类固醇合成。

5）抑制素（Inhibin）和激活素（Activin）　这两种激素主要由足细胞分泌，除内分泌作用外，还有旁分泌调节作用。抑制素能抑制培养的睾丸细胞 DNA 的合成；激活素能刺激培养的足细胞和生殖细胞的 DNA 合成。

6）生长因子　在 FSH、睾酮等激素的作用下，足细胞、曲精细管周肌细胞和间质细胞合成和分泌大量特异性或非特异性蛋白或生长因子，对精子发生起旁分泌调节作用。

（二）精子在附睾内的成熟

精子在睾丸曲精细管生成后，不具有运动与受精的能力，而是在附睾运行过程中逐步获得运动与受精的能力，这个过程称为精子的功能成熟。精子只有在附睾的微环境中才能完全成熟。一般认为，在附睾中精子运动能力与受精能力的获得是同时的。但有运动能力的精子未必一定具有受精能力。精子受精能力的消失比运动能力的消失要快。

附睾是精子贮存与成熟的器官，具有吸收、浓缩及分泌功能，同时具有稳定的特殊内环境。睾丸产生的睾丸液及附睾分泌物形成的附睾液，构成了精子成熟的环境。由于附睾的吸收与分泌作用，使睾丸液的成分不断改变，所以附睾各部分中液体的性质各不相同。根据各段附睾液的理化性质分析，表明由附睾头向尾移行时，具有规律性的变化。

睾丸网液由曲精细管到附睾 pH 下降，这说明附睾上皮有酸化功能，对精子的成熟起一定的作用。附睾各部分的渗透压相差很大，以附睾尾部的渗透压最高，这是由附睾分泌的大分子物质造成的。高渗环境可使精子进一步脱水，并处于休眠状态。由附睾头到附睾尾的睾丸网液中，离子成分也有所不同，Na^+逐渐下降，Cl^-明显下降，K^+有上升趋势，磷的含量明显增加。由于离子浓度的改变，从而影响到精子膜及其代谢功能。

附睾上皮能分泌多种蛋白质和酶进入附睾液，有可能与精子的成熟、运动有关。附睾液中雄激素含量很高，特别是附睾体部雄激素含量最高，精子在此逐渐成熟，到达附睾尾部时，精子已经成熟，此处雄激素含量已下降，仅用于维持精子的基本代谢活动。这些雄激素至少对促进精子成熟并获得受精能力是必要的。

1. 精子在附睾内的运行 最初形成的精子基本上是不运动的，它们运出睾丸不是靠本身的活动力，而是靠不断分泌和流动的精细管液及睾丸网液被带入附睾内。精子在附睾内的运行，除靠睾丸液的流动外，同时也需要附睾上皮的纤毛运动和附睾管壁的收缩。牦牛的精子在附睾内需运行 7d，射精次数的增加可使运行时间缩短 10%～20%。

2. 精子在附睾内的成熟

（1）精子在附睾内的成熟过程 精子在附睾内的成熟过程包括前进运动能力的获得、固着于透明带的能力和受精能力的获得，同时还在精子表面覆盖包被蛋白。

1）前进运动能力的获得 由于附睾液内肉毒碱的诱导，精子内 cAMP 含量升高，前向运动蛋白与受体结合，使精子具有了前进运动能力。附睾尾部的精子尽管具有这种能力，但因附睾液内制动蛋白的作用，精子在附睾内是不动的，只有用适当的介质稀释后才显出正常的前进运动状态。

2）精子与透明带糖蛋白结合能力的获得 在附睾内，精子膜上具有了黏附性，可能与精子黏附素有关，从而有了与透明带糖蛋白结合的能力。

3）精子受精能力的获得 精子除了获得上述两种能力外，还发生一些其他的变化，最终使精子具备了受精的能力。这时精子的受精能力只是一种潜能，因为在其进入卵子以前，还必须在母牦牛生殖道内发生获能作用。

（2）精子在成熟过程中的变化 精子在附睾内成熟，须经历一系列的复杂变化，如外形及大小的变化、膜通透性的改变、运动能力与方式的变化、代谢方式的改变、精子结构的改变、精子膜抗原性的变化，特别重要的变化是获得了受精能力。

1）精子成熟过程中的结构变化　细胞质小滴由颈部移向远端，最后脱离；顶体面积减少，带有一个锥形介质，与核的长轴呈 40°角；DNA 与核蛋白结合越来越紧密，精子核的 Feulgen 染色不断减弱；精子体内的硫氢键逐步氧化成二硫键（HS→SS），使精子核及精子尾部结构更加稳定。

2）膜的变化　包括脂类、蛋白质、酶类、离子、电荷及糖类等多种组分的变化，尤其是脂类和蛋白的变化十分明显。

3）代谢的变化　代谢过程中糖酵解增强，由于对磷脂的利用，使磷脂含量下降，合成活性下降，蛋白质含量下降。

4）运动方式的变化　精子伴随着其成分与代谢方式的改变，运动方式也发生了变化，精子获得直线前进运动的能力，这种运动方式是精子具有受精能力的重要指标。

精子的成熟受雄激素控制。雄激素通过调节附睾上皮细胞分泌甘油磷酰胆碱、肉毒碱及唾液酸等影响精子的成熟与贮存。

3. 精子在附睾内的生存能力　附睾可贮存大量精子，特别是尾部容量大，可贮存总精子数的 70%，输精管仅占 2%。附睾内温度低于体温 4～7℃，呈弱酸性（pH 6.2～6.8），并且含有某些制动因子。这一特殊内环境对精子运动有抑制作用。精子在附睾内的贮存时间一般为 30～60d。

在附睾尾部的精子能生活很久，若把牛的附睾结扎，其中的精子能保持受精能力达 60d，精子在附睾中不活动或微动，处于休眠状态，其代谢基质主要是利用其自身的磷脂质，而不是糖类。精子在此贮存过久，最后变性或被吸收，也可能不经交配而流失。

（三）精子的结构和化学组成

牦牛的精子是一种高度分化的细胞，其形态和结构分为头、颈、尾三部分（图 2－10），是具有活动性、含有遗传物质的雄性细胞，其表面有脂蛋白性质的脂膜。在电镜下，尾部又可区分为中段、主段和末段三部分。牛精子总长为 57.4～90.0μm，头长 8.0～9.2μm，中段长 14.8μm，主段和末段长 45.0～50.0μm。

1. 头部　精子头部主要由细胞核、顶体、核后帽、赤道节（核环）及核膜等组成（图 2－11）。细胞核主要由 DNA 与碱性核蛋白相结合成的染色质组成。核的前面覆盖有顶体，后面有核后帽，两者交叠处为赤道节。顶体为双层囊膜，内含中性蛋白酶、透明质酸酶、穿透酶等与受精有关的酶类。顶体是头部不稳定的部分，易变性脱落，完整的顶体是精子具有受精能力的前提。精子头部一般呈扁卵圆形。

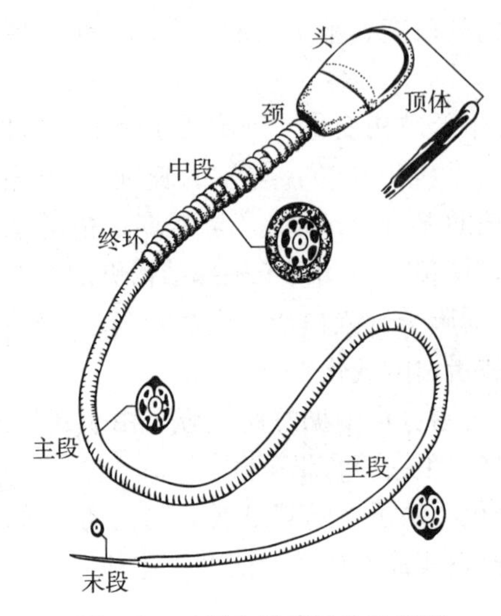

图 2-10　牦牛精子结构示意图

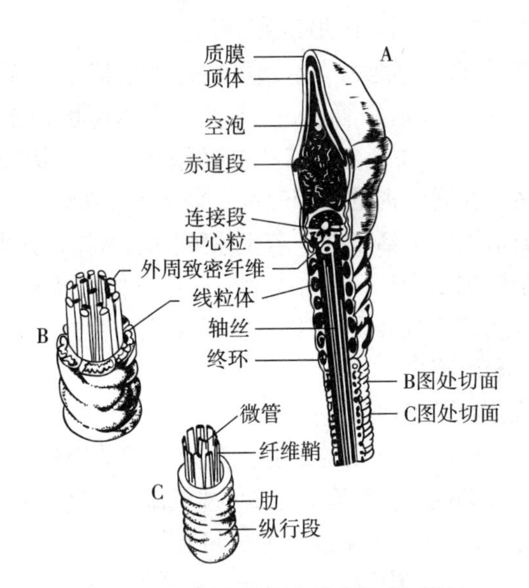

图 2-11　牦牛精子立体结构模式图
A. 精子前部结构图　B. 连接段　C. 尾部

2. 颈部　颈部位于头与尾之间，起连接作用，又称为连接段。颈部很短。精子头部后极上有一浅窝称为植入窝。颈部前端有一凸起称为基板，与植入窝相吻合连接。基板后为中心小体发生而来的近端中心粒，由环状排列的 9 根微管所构成，长轴垂直于尾部。纵列的远端中心粒大部分退化，近端中心粒在鞭毛发生时使轴丝微管集合，是鞭毛运动的启动处。颈部的中轴可见一对微管，是轴丝中央微管的直接延续，头端与近端中心粒相连，尾端延伸至精子尾的最末端。精子颈部长约 0.5μm，脆弱易断。

3. 尾部　精子尾部位于精子颈部之后，是精子的运动器官，长 60～65μm，分为中段、主段及末段三部分（图 2-10），是由精细胞中心小体发生的轴丝及纤丝组成。

（1）中段　前接颈部后达终环，长 14.8μm，是尾部较粗部分。中段结构为 2+9+9 结构，即中心为两条中心轴丝，中心轴丝被 9 条二联体丝包围，外围有 9 条粗大的纵行纤维束（外周致密纤维）包围。在纤维束外围有大量由线粒体呈螺旋状排列而成的线粒体鞘，各个线粒体端端相连，牛的螺旋圈数为 70 圈（图 2-11）。

线粒体鞘内含有与精子代谢有关的各种酶与能源，是精子能量代谢的中心。紧接线粒体鞘最后一圈的尾侧，有一致密环形板状结构，称为终环，是由局部细胞膜反转而成，主要是纤维物质，类似于纤维鞘，细胞膜牢固地附着于此环上，防止精子运动时线粒体鞘向尾部移动，也是中段与主段的分界标志。

（2）主段　精子尾部的主要组成成分，上起终环，下接末段，长 40～45μm。其结构为 2+9 结构，中心为两条中心轴丝，9 条外围纤丝与内圈相应的纤丝合并而消失。中段的线粒体鞘在主段上消失，最外层为高度特化的纤维鞘。

（3）末段　纤维鞘及致密纤维终止以后的精子尾部称为末段，长 3～5μm，只有两条中央的中心轴丝及外周的细胞膜构成，其余的轴丝呈退行性变化，逐渐消失。

（四）精子的生物学特性

1. 精子的代谢特性　精子为维持其生命和运动，必须利用其自身及精清中的营养物进行复杂的代谢过程。这种新陈代谢主要表现在糖酵解、呼吸，以及脂类和蛋白化合物的合成和分解。

（1）糖酵解作用　糖类是维持精子生命力的必要能源，但精子本身含量很少。精子必须依靠精清中的外源基质为原料，通过糖酵解的过程，为精子提供能量来源，维持其活动力和生命。无论在有氧还是无氧条件下，精子都能利用精清中的葡萄糖、果糖和甘露糖。在无氧条件下，精子进行糖酵解产生丙酮酸或乳酸，最终分解为二氧化碳和水，并释放能量。精子代谢的主要物质是果糖，所以也称为果糖酵解。正常牛精液的果糖酵解指数为 1.74mg。

（2）呼吸作用　精子的呼吸与糖酵解密切相关，但通过呼吸作用所能获得的能量要比通过糖酵解获得的能量多得多，大约为酵解的 24 倍，同时也因此而消耗大量的代谢基质，使得精子在短时间内衰竭死亡。精子的呼吸主要在尾部进行。精子的呼吸作用受多种因素的影响，如降低温度、隔绝空气及充入二氧化碳等都可抑制呼吸作用，减少能量的消耗，以延长精子的存活时间。精子呼吸的耗氧量通常按 10^9 个精子在 37℃条件下 1h 所消耗的氧量计算。一般活力强的精子耗氧量高。正常牛精子的耗氧量为 21μL。

（3）脂类代谢　精子内源性的磷脂可以在有氧条件下被氧化，以支持精子的呼吸和生活力。精子也可以利用精清中的磷脂，磷脂氧化分解为脂肪酸，脂肪酸进一步氧化，释放出能量。但是，精子的代谢以糖类代谢为主，当糖类代谢基质耗竭时，脂类的代谢就显得非常重要。脂类代谢产物甘油具有促进精子耗氧和产生乳酸的作用，甘油本身也可被精子氧化代谢。精子也能利用一些低级的脂肪酸，如醋酸。

（4）蛋白质代谢　由于氨基酸氧化酶的脱氨作用，精子能使一部分氨基和氨基酸氧化。但是，精子中蛋白质的分解意味着精子品质已变性。在有氧时，牛的精子能使某些氨基酸氧化成氨和过氧化氢，这对精子有毒性作用。精液腐败时就出现这种变化。所以，正常的精子生活力的维持和运动是不需要从蛋白质成分中获取能量的。

2. 精子的运动特性

（1）精子的运动动力来源　精子的运动靠的是尾部纵向纤维的收缩所产生的动力游动，使精子具有自行推进的能力。尾部轴丝外围的 9 条粗纤维的收缩是摆动的主要原动力，内侧较细的纤维配合外侧粗纤维将这种收缩有节律地从颈部开始，沿着尾部的纵长传开。由于尾部的摆动，使精子向前泳动。

（2）精子的运动形式　在光学显微镜下可以观察到精子有以下一些活动方式：直线运动、摆动、转圈运动。在精子的活动方式中，只有直线运动才是正常的运动方式。

（3）运动的趋向性　精子在液体状态或母牛的生殖道内有其独特的运动形式。向流性：在流动的液体中，精子表现出向逆流方向游动，并随液体流速加快而运动加快，在母牛生殖道管腔中的精子，能沿管壁逆流而上。向触性：在精液或稀释液中有异物存在时，如上皮细胞、空气泡、卵黄球等，精子有向异物边缘运动的趋向，表现其头部钉住异物做摆动运动。向化性：精子有趋向某些化学物质的特性，在母牛生殖道内的卵细胞可能分泌某些化学物质，能吸引精子向其方向运动。

（4）运动速度　哺乳动物的精子在 37～38℃的温度条件下运动速度快，温度低于 10℃就基本停止活动。精子运动的速度，因动物种类有差异。通过显微摄影装置连续摄影分析，牛精子的运动速度为 97～113μm/s，尾部颤动 20 次左右。

3. 精子的凝集性　凝集反应一般是血清学或免疫学上的现象。精子在溶液内失去活力，多数情况下是精子发生凝集。引起精子凝集的原因，其一是理化学凝集，其二是免疫学凝集。

（1）精子的理化学凝集　引起精子理化学凝集可能因简单的稀释、精子的洗涤、冷休克、pH、渗透压的变化、金属盐类处理及某些有机化合物的杀精子作用所致。精子发生凝集时通常是头对头或尾对尾凝集在一起，造成精子的异常，使精液品质下降。还有很多种化学物质也能引起精子凝集，如一定浓度的酸碱离子、铝盐、铅盐等能使精子凝集；而柠檬酸钠有抗凝集作用。

（2）精子的免疫学凝集　精子具有抗原性，可诱导机体产生抗精子抗体，在有补体存在的情况下，这种抗精子抗体可抑制精子运动而使精子发生凝集。另外，精清也具有抗原性，精液稀释液中的卵黄也是一种抗原。精子或精液通过交配进入母体内，可能产生相应的抗体，使精子发生运动障碍和凝集，引起免疫性不孕。

二、牦牛的精液

（一）精液的化学组成

精液是精子和副性腺液体的混合，由精子和精清两部分组成，即精子悬浮于液态或半胶状液体样的精清中。副性腺分泌物为精清的主要组成成分，它使精液具有一定的容量，是精子在雌性生殖道内的运载工具，有利于精子受精。各种动物精液中化学成分基本相似，但化学成分的种类或数量略有差异。

1. 核酸（DNA）　DNA 是构成精子头部核蛋白的主要成分，几乎全部存在于核内，它是雄性动物遗传信息的携带者。DNA 的含量通常以 1 亿精子所含的重量表示，以 mg 计算。牛为 2.8～3.9mg。

2. 蛋白质　精液中的蛋白质主要存在于精子上，包括核蛋白质、顶体复合蛋白质、尾部收缩性蛋白质以及精清中的少量蛋白质。

（1）核蛋白质　核蛋白质在精子头部的核中与 DNA 结合构成碱性核蛋白，已知的有组蛋白、鱼精蛋白等。

（2）顶体复合蛋白质　在顶体内有磷脂质与糖蛋白质的结合物和含糖蛋白质，在糖蛋白质中主要有谷氨酰胺酸等 18 种氨基酸和甘露糖、半乳糖、岩藻糖、葡萄糖、唾液酸等 6 种糖组成，从牛精子顶体中提取的含脂糖蛋白，具有蛋白分解酶及透明质酸酶的活性。

（3）尾部收缩性蛋白质　在精子的尾部存在有使精子尾部运动收缩的蛋白质，称为肌动球蛋白。

（4）精清中的蛋白质　在精清中含有各种酶，以蛋白质的形式存在，主要来源于副性腺分泌液，除此之外还有在精子老化过程中从精子移入精液中的透明质酸酶和细胞色素等，特别是细胞质滴中的蛋白酶更易从精子中渗出。

精液中的蛋白质，在精液被射出后变化很快，非蛋白氮及氨基酸增加，最后形成游离氨。

3. 酶 在精液中有多种酶，这些酶与精子的活动、代谢及受精有密切的关系。大致可分为以下 3 类。

（1）水解酶 包含脱氧核糖核酸酶、透明质酸酶、磷酸酶、糖苷酶、淀粉酶等。

（2）氧化还原酶 包含乳酸脱氢酶、过氧化氢酶、细胞色素等。

（3）转氨酶 包含谷草转氨酶、谷丙转氨酶、甘油激酶等。

4. 氨基酸 在精液中有 10 多种游离氨基酸，影响着精子的生存时间。精子在有氧代谢时能利用精液中的氨基酸作为基质合成蛋白质。

5. 脂质 精液中的脂类物质主要是磷脂，在精子中大量存在，大多以脂蛋白和磷脂的结合态而存在。前列腺是精清中磷脂的主要来源，其中以卵磷脂更有助于延长精子的存活时间，对精子的抗冻保护作用比缩醛磷脂更重要。精液的脂质组成，因动物种类而有差异。牛精子中脂质占全干重的 12%，其中，磷脂和游离脂肪分别占 73%和 74.7%。精清中脂质的含量比精子中少，牛精清中脂质总量占全干重的 1.35%，而且大多数是磷脂质。

6. 糖类 糖是精液中的重要成分，是精子活动的重要能量来源。精子只含有极少量的中性糖以及与蛋白质结合的糖蛋白，并进一步构成脂糖蛋白，它具有透明质酸酶的活性，只限于顶体内。精液中的主要糖类有果糖、葡萄糖、山梨醇、肌醇、唾液酸及多糖类等。果糖是精囊腺分泌的六碳糖，牛精液中含量较多，就同一个体也因季节、年龄、营养等因素有变化，是精子的主要能源物质。

7. 有机酸 哺乳动物精液中含有多种有机酸及有关物质。主要有柠檬酸、抗坏血酸、乳酸。此外，还有少量的甲酸、草酸、苹果酸、琥珀酸等。精液中还有前列腺素，是一种不饱和脂肪酸，在母牛生殖道内有刺激子宫肌收缩的作用。

8. 无机成分 精液中的无机离子主要有 Na^+、K^+、Mg^{2+}、Ca^{2+}、Cl^-、PO_4^{3-}，阳离子以 K^+ 和 Na^+ 为主。精子内钾的浓度比精清的高，精清中钙和钠的浓度比精子中高。在睾丸液、附睾各段分泌物和射出精液中，其浓度也有差异。用含钾和不含钾的溶液反复冲洗牛的精子证明，在含钾的溶液中，精子的活力高，但钠浓度过高会大大减低其活力；在不含钾的溶液中，精子很快不能活动。钠常和柠檬酸结合，这与精液渗透压的维持有关。在阴离子中以 Cl^- 和 PO_4^{3-} 较多，尚有少量的 HCO_3^-，这些阴离子有助于维持精子存在环境的 pH，具有缓冲作用。磷在精液中的含量很不稳定，但对精子的代谢具有重要作用。

9. 维生素 精液中维生素含量和种类与饲料有关。常见的有核黄素、抗坏血酸和烟酸等。这些维生素的存在有利于提高精子的活力和密度。

（二）精清的来源及化学组成

精清是由睾丸液、附睾液、副性腺分泌物组成的混合液体，由于来源不同，成分各异，因而对精子的影响也有不同。但它们共同的特点是具有润滑公牦牛生殖道、营养和保护精子的作用，也是运送精子的载体。

1. 睾丸液 是伴随精子最早的液体成分。尽管睾丸液分泌量很大，但射出的精液中睾丸液所占的成分却很少，这是因为附睾有很强的浓缩能力。

睾丸液由足细胞分泌。足细胞可以从曲精细管周围组织中主动运送液体到精细管腔。由于血-睾屏障，使得睾丸液的成分不同于流向睾丸的血液和淋巴液。正常的睾丸液不含葡萄糖，而含大量肌醇。肌醇被附睾吸收与磷脂结合可成为精子的一种能源。睾丸液的总蛋白含量少于血浆，性质亦不相同。

睾丸液中的氨基酸，如谷氨酸、丙氨酸、甘氨酸、天冬氨酸，可能是在精细管中合成。但天冬氨酸、甘氨酸及谷氨酰胺参与嘌呤和嘧啶的合成，并且这些氨基酸在睾丸液中所保持的高浓度对在曲精细管内合成核酸特别有利。

2. 附睾液 在精子成熟和贮存中起重要作用。附睾的前半部分有强烈的吸收水分作用，而本身的分泌量又很小，所以精子在附睾尾部的浓度非常大。甘油磷酰胆碱和肉毒碱是附睾液中浓度很高的成分，这两种成分均受激素的控制，对精子成熟起重要作用。附睾液中的糖蛋白不但有润滑剂的作用，而且与唾液酸一起改变精子表面的活性结构。附睾液中的乳酸浓度很高，而果糖、葡萄糖和乙酸盐则很少。

3. 前列腺分泌物 前列腺的分泌形式是顶浆分泌，即部分细胞质随分泌物被分泌排出，这种类型分泌出的前列腺液含有丰富的酶，如酵解酶、核酸酶、核苷酸酶及溶酶体酶（包括蛋白酶、磷酸酯酶、糖苷酶）等。

4. 精囊腺分泌物 与前列腺分泌物比较，精囊腺分泌物常呈碱性，含干物质较多，并有较多的钾、碳酸氢盐、酸性可溶性的磷酸盐和蛋白质。精囊腺分泌物的一个特点是具有含量很高的还原物质，包括糖和抗坏血酸。正常的精囊腺分泌物常呈淡黄色，但有时（如公牦牛）由于核黄素存在而颜色加深。牛精液中的大量糖是由精囊腺所分泌，果糖的化学测定可以作为一种指示剂，表示精囊腺供应给精液的相应部分。

5. 尿道球腺和输精管壶腹 公牦牛爬跨前，从包皮“流滴”出来的液体就是尿道球腺的分泌物，其功能是冲洗尿道。牦牛的输精管末段管壁中有腺体，使管壁变厚形成输精管的壶腹。牦牛在求偶和交配前刺激时，由于输精管的蠕动，将精子从附睾尾输送到壶腹。公牦牛壶腹分泌果糖。

（三）精液的理化特性

精液的外观、气味、精液量、精子密度、比重、渗透压及精液 pH 等为精液的一般理化性状。

1. 外观性状 牛的精液一般为乳白色或灰白色，密度越大乳白色越深；密度越稀，颜色越淡，但亦有少数牛的精液呈淡黄色，这与所用的饲料及公牛的遗传性有关。如果精液的色泽异常，表明生殖器官可能发生病变。例如，精液呈淡绿色是混有脓液，呈淡红色是混有血液，呈黄色是混有尿液等。诸如此类色泽的精液，应及时寻找发生精液色泽异常的原因。

2. 精液量 牛的射精量相对较少，密度大，刚采出的精液呈现云雾状运动，这是精子强烈运动的结果。精液混浊度越大，云雾状越显著，越呈乳白色，表现精子密度和活率也越高，是精液质量良好的表现。就同一品种或同一个体而言，精液量也会因遗传、营养、气候、采精频率等不同而有所差异。牦牛的精液量为 2～6mL。

3. 精子密度 又称精子浓度，是指每毫升精液中所含的精子数。精子密度也因年龄、种类等不同而有差异。精子密度为 8 亿～15 亿/mL，一次射出精子数为 30 亿～60 亿。

4. pH 副性腺分泌液主要决定精液的 pH。新采出的牛精液偏酸性。精子密度大和果糖含量高的精液，因糖酵解使乳酸累积，会使 pH 下降。牛精液的 pH 为 6.4～7.4，精子生存的最低 pH 为 5.5，最高 pH 为 10。pH 超过正常范围对精子有影响。

5. 渗透压 精液的渗透压以冰点下降度（Δ）表示，它的正常范围为 −0.65～−0.55℃。由于 Δ1.86℃ 相当于 22.4 个大气压，一般精液的 Δ≈−0.60℃，相当于 7～8 个大气压（37℃条件）。由此可见，精液并不是在 0℃时才结冰的。牛精液的渗透压为 0.54～0.73℃。

6. 比重 精液的比重决定于精子的密度，精子密度大的，比重大；精子密度小的，比重小。若将采出的精液放置一段时间，精子及某些化学物质就会沉降在下面，这说明精液的比重比水大。牛精液的比重为 1.051～1.053。

7. 黏度 精液的黏度与精子密度有关，同时黏度还与精清中所含的黏蛋白唾液酸的多少有关。例如，每微升牛精液有精子 8 万个时，其黏度是 1.76；有精子 226 万个时，黏度增加到 10.52。黏度以蒸馏水在 20℃作为一个单位标准，用厘泊表示。牛精液的黏度为 2.2～6.0 厘泊。

8. 导电性 精液中含有各种盐类或离子，其含量较大，精液的导电性也就较强，因此可利用精液导电性的高低，测定其所含电解质的多少及其性质。

9. 光学特性 因精液中有精子和各种化学物质，对光线的吸收和透过性不同，精子密度大的透光性就差，精子密度小透光性就强。因此，可利用这一光学特性，采用分光光度计进行光电比色，测定精液中的精子密度。

（四）外界因素对精子生存的影响

1. 温度的影响 精子维持正常代谢和运动的温度是38℃左右。精子在体外生存，一般较适应于低温的环境。因在低温时精子的代谢活动受到抑制，当温度恢复时，仍能保持活动力，继续进行代谢，这正是精液冷冻和低温保存的主要理论依据。但在低温下保存精液时，须对精液进行防冷、防冻处理和缓慢降温，使精子逐渐适应低温的环境。反之，如果急剧地将新鲜精液由30℃以上降温至10℃以下时，精子会因遭受冷打击而不可逆的丧失生活力，这种现象称为冷休克。

精子对高温的耐受能力较差，体外保存时应避免高温。高温下的精子代谢和活动力增强，消耗能量很快，能在短时间内死亡。精子能耐受的最高温度约在45℃。

2. 光照和辐射的影响 因日光中的红外线能直接使精液温度升高，而紫外线对精子的影响尚决定于它的剂量强度。试验证明，波长366nm的紫外线比波长254nm更能抑制精子的活动力，而以波长440nm的光所产生的影响最大。荧光灯的光照虽不及日光对精子的损害大，但在白色荧光灯下和在暗处保存牛精液相比较，结果死精子随光照强度而大为增加，精子活动力和代谢率则降低。包括X线在内的辐射，无论对精子和性腺，都对细胞染色质有着严重的伤害性，但也决定于试验所用的剂量。

3. pH的影响 牛精子适宜的pH范围是6.2～7.0。精液的pH可因精子的代谢和其他因素的影响而有所变化。当精液的pH降低时，精子的代谢和活动力都减弱；反之，因pH偏高，精子代谢和呼吸增强，运动活泼，以至容易耗费能量，存活时间不长。因此，保存精液以pH偏低为有利。为使精液能在室温环境保存多日，精液可用CO_2进行饱和，或使pH降到6.35，这相当于使精子处于附睾内状态，这与低温抑制其活动相似。

4. 渗透压的影响 渗透压对精子的影响与pH有相当的重要性，二者的相互关系尤为密切。精子适宜于在等渗的环境中生存（328mOsm），如果精清部分的盐类浓度较高，渗透压必高，易使精子本身的水分脱出出现皱缩；反之，低渗透压易使精子膨胀。但精子对不同的渗透压有逐渐适应的性能，这是通过细胞膜使精子内外的渗透压缓缓地趋于相等的结果。但这种调节有其一定的限度，并且和液体中的电解质有很大关系。

5. 电解质的影响 细胞膜对电解质的通透性比非电解质（糖类）的弱，所以电解质对渗透压的破坏性大，而且在一定浓度时能刺激并损害精子。在电解质和非电解质的比率较小的稀释液中，精子可维持较长的存活时间。但含有一定量的电解质对精子的正常刺激和代谢是必要的，因它能在精液中起到缓冲的作用。特别是一些弱酸性的盐类，如碳酸盐、柠檬酸盐、乳酸盐及磷酸盐等溶液，具有较好缓冲性能，对维持精液相对稳定的 pH 是必要的。

阴离子对精子的损害力大于阳离子，主要是由于阴离子能除去精子表面的脂类，易使精子凝集。这些离子对精子的影响主要是对精子的代谢和活动能力所起的刺激或抑制作用。

6. 精液的稀释和浓缩 经过适当的稀释液稀释以降低精子密度，其耗氧率必增加，糖酵解也受到影响，但尚须看稀释液中的缓冲剂能否使精子内外的 pH 和渗透压趋于平衡，是否含有可逆的酸抑制成分和防止能量消耗的其他因素。因为由于稀释倍数的增加而引起精子代谢和活动力的增进，可视为精液中有些抑制代谢的物质被冲淡。但任何稀释液用到过度的稀释倍数，精子的活力和受精力必大为降低。因此，每种稀释液应有适当的稀释倍数和范围，特别是含有单纯或多种电解质的稀释液，其不良影响更严重，不能做高倍稀释。

7. 气相 氧对精子的呼吸是必不可少的。精子在有氧的环境中，能量的消耗增加，CO_2 积累增多，CO_2 的积累能抑制精子的活动。在 100% CO_2 的气相条件下，精子的直线运动停止。若用氮或氧代替 CO_2，精子的运动可以得到恢复。另外，25%以上的 CO_2 可抑制牛精子的呼吸和分解糖的能力。

8. 常用药品的影响 向精液或稀释液中加抗生素、磺胺类药物，能抑制精液中病原微生物的繁殖，从而延长精子的存活时间。在稀释液中加入甘油后冷冻精液，对精子具有防冻保护作用，可以提高精子复苏率。精子的有氧代谢还受激素的影响，胰岛素能促进糖酵解，甲状腺素能促进牛精子氧的消耗、果糖及葡萄糖的分解。一切消毒药品均会杀死精子，吸烟所产生的烟雾，对精子有很强的毒害作用。在精液处理场所，应严加防范。

三、牦牛的卵子

牦牛的生命源于精、卵细胞的结合。卵子是受精的物质基础，在卵巢上的卵泡中逐渐发育成熟。卵泡发生除受到促性腺激素和类固醇的作用以外，还受到卵巢内大量的激素或非激素样调节因子的影响。了解卵泡发生过程及其调控机制，对于充分利用卵巢卵母细胞以及更有效地利用超排技术非常重要。研究卵子发生基本过程及其与卵泡发育的关系，是充分挖掘母牦牛繁殖潜力、提高繁殖受胎率的前提。

（一）卵子的形态与结构

排卵时的卵母细胞大多是次级卵母细胞，在受精时完成第二次分裂，形成卵细胞和极体。卵细胞又称为卵子。

1. 卵子的形态和大小　牦牛的卵子为圆球形，凡是椭圆、扁圆、有大型极体或卵黄内有大空泡的，特别大（大于 200μm）或特别小（小于 80μm）的都属于畸形卵子。这些畸形卵子的出现，可能是卵母细胞成熟过程不正常或不完整所致，也可能是由遗传因素或环境性应激等引起。畸形卵子的发生随母牛年龄而增长，同时不同品种发生率也不同。卵子比一般细胞大得多，这主要是因为卵子含有较多的细胞质，细胞质中含有卵黄。牦牛的卵子直径一般小于 185μm，不含透明带的卵子直径为 70～140μm。

2. 卵子的结构　卵子的结构主要包括放射冠（Corona radiata）、透明带（Zona pellucida，ZP）、卵黄（Yolk/vitelline）和卵黄膜（Yolk/vitelline membrane）（图 2－12）。

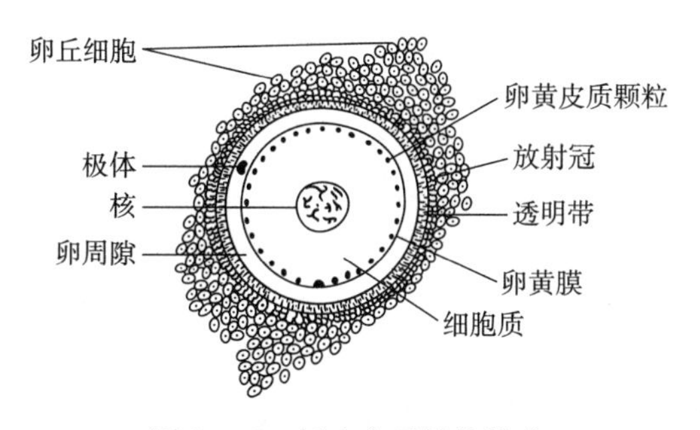

图 2－12　牦牛卵子结构模式

（1）放射冠　紧贴卵母细胞透明带的一层卵丘细胞呈放射状排列，称为放射冠。放射冠细胞的原生质形成突起伸进透明带，并与卵母细胞的微绒毛相交织。排卵后数小时，由于输卵管黏膜分泌纤维分解酶使放射冠细胞剥落，引起卵子裸露。卵丘细胞能分泌糖蛋白，形成一种黏性物质，将卵母细胞及其放射冠包围起来，在排卵时这种黏稠物质散布于卵巢表面，有利于输卵管伞拾捡卵母细胞。

（2）透明带　透明带是一层均质且明显的半透明膜。一般认为它是由卵泡细胞和卵母细胞分泌物形成的细胞间质。透明带可以被蛋白分解酶，如胰蛋白酶和胰凝乳蛋白酶所溶解。在电镜下观察可见卵母细胞的微绒毛和放射冠细胞的突起伸入透明带，特别是后者，有一部分可贯穿整个透明带，以供给卵母细胞营养物质。随着卵母细胞的成熟，透明带内小突起退化，排卵后微绒毛缩回，卵母细胞和卵丘细胞分离。在卵黄膜和透明带之间形成卵周隙，卵母细胞成熟分裂产生的极体即存在于卵周隙中。

透明带由中性至弱碱性的糖蛋白形成，表面有丰富的糖残基，受精时成为精子受体，具有多精入卵阻拒作用；透明带富有弹性，以适应受精卵分裂从桑葚胚向囊胚阶段发育所产生的压力。透明带的厚度因动物种类而异，一般在5～15μm。

（3）卵黄膜　是卵母细胞的皮质分化物，它具有与体细胞的原生质膜基本相同的结构和性质。卵黄膜上有微绒毛，它在排卵后减少或消失。透明带和卵黄膜是卵子明显的两层被膜，它们具有保护卵子完成正常受精过程，使卵子有选择性地吸收无机离子和代谢产物，对精子具有选择作用等功能。

（4）卵黄　卵黄内含 RNA、蛋白质、脂质、糖原等。排卵时卵黄占据透明带内大部分容积，受精后卵黄收缩，并在透明带与卵黄膜之间形成一个卵黄周隙，成熟分裂过程中卵母细胞排出的极体就存在于此。由于卵黄和脂肪小滴的含量不同所致卵子显示不同颜色。牦牛的卵子因含脂肪小滴少，故颜色较浅，容易看到核的变化。卵黄内还含有线粒体、高尔基体，同时还含有色素内容物。线粒体是颗粒状或棒状并集中于高尔基体附近。皮质颗粒是卵黄膜里面存在的直径0.2～0.5μm的单层小泡，当卵子成熟时，皮质颗粒主要分布在卵黄膜附近区域，当精子触及卵黄膜时，皮质颗粒的内容物释放到卵周隙中，引起卵黄膜和透明带反应，阻止多精入卵。

（5）细胞核　卵子的核位置不在中心，有明显的核膜，核内有一个或多个染色质核仁，所含的 DNA 量很少，而在核周围的细胞质中出现 DNA 带。初级卵母细胞具有大而圆的核，染色质分散在核质中，还有1～2个高密度的纽扣状核仁，核膜上有许多核孔。次级卵母细胞的核仁较小，为圆形，核质为细小颗粒均匀分布，核孔比初级卵母细胞明显，呈有规则排列。

（二）卵子的发生

母牦牛生殖细胞的分化和成熟的过程称为卵子发生（Ovogenesis）。卵子发生过程包括卵原细胞（Oogonium）的增殖、卵母细胞（Oocyte）的生长和卵母细胞的成熟三个阶段（图2-13）。

1. 卵原细胞的增殖　在胚胎期性别分化后，母牦牛胎儿的原始生殖细胞便分化为卵原细胞。卵原细胞在细胞质和细胞膜内具有碱性磷酸酶的活性。卵原细胞通过有丝分裂增殖，细胞个数呈几何级数增加，这个时期称为增殖期，或称为有丝分裂期。牦牛的卵原细胞增殖在胚胎期的45～110d结束。卵原细胞增殖结束后，发育为初级卵母细胞，并进入成熟分裂前期，短时间后便被卵泡细胞包围而形成原始卵泡。原始卵泡出现后，有的卵母细胞便开始在发育过程中逐渐退化，所以卵母细胞数量逐渐减少，最后能达到发育成熟直至排卵的数量只是极少数。例如，一头母牛出生时有6万～10万个卵母细胞，一生中有15年的繁殖能力，如发情而不配种，每3周发情排卵一次，总共排卵数才256个，排卵仅占0.2%～0.4%。实际上在自然繁殖情况下，由于妊娠等因素

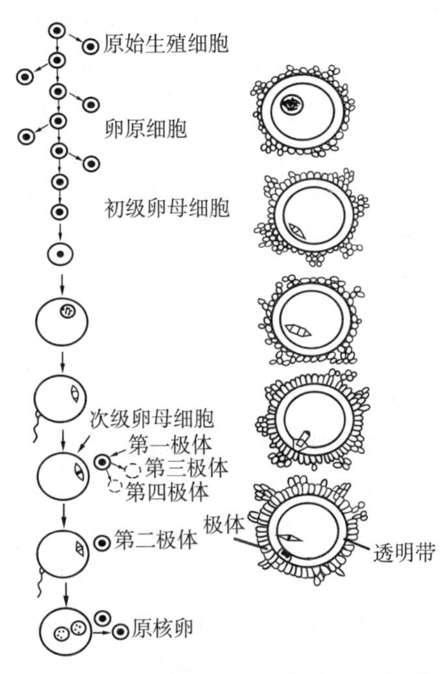

图 2-13　卵子发生过程各阶段示意图

排卵数还要少。由此可见，提高牛的排卵率有很大的潜力。目前，采用超数排卵、诱发排卵等技术，对于提高良种母牦牛的繁殖能力有重要意义。

2. 卵母细胞的生长　卵母细胞经有丝分裂增殖后，在胎儿期或出生后不久已变成初级卵母细胞。初级卵母细胞生长具有以下特征：在卵母细胞与卵泡细胞间逐渐形成透明带；在卵母细胞生长的同时，围绕卵母细胞的卵泡细胞由扁平变成立方形，单层变成多层；卵母细胞在卵泡细胞提供的营养物质的支持下，大量地积聚卵黄物质而迅速长大，在较短的时间便达到排卵时特有大小的60%～90%；初级卵母细胞发育到成熟分裂前期便处于停滞状态，直至初情期前夕或临近发情时，其中的1个或2个才恢复成熟分裂过程。卵母细胞的生长与卵泡发育密切相关。

3. 卵母细胞的成熟　卵母细胞的成熟是经过两次成熟分裂完成的。卵泡中的卵母细胞，是一个初级卵母细胞，在排卵前不久完成第一次成熟分裂，变成次级卵母细胞，受精时才完成第二次成熟分裂。第一次成熟分裂分为前期、中期、后期和末期。而前期也和精子发生一样，根据其染色体变化情况分为细线期、偶线期、粗线期、双线期及终变期。初级卵母细胞发育至成熟分裂前期的双线期或核网期便进入停滞状态，当母牛发育到一定年龄，伴随着卵泡的增长，在生殖激素的支配下，恢复成熟分裂过程。初级卵母细胞进行第一次成熟分裂时，卵母细胞的核向卵黄膜移动，核仁和核膜消失，染色体聚集成致密状态，然后中心体分裂为两个中心小粒，并在其周围出现星体（在卵母细胞两极的放射团），这些星体分开，形成一个纺锤体，成对的染色体游离在细胞质中，并排列在纺锤体的赤道上。第一次成熟分裂的后期很短暂。第一次成熟分裂的末期，纺锤体旋转，有一半的染色质及少量的细胞质排出，称为第一极体，而含有大部分细胞质的卵母细胞则称为次级卵母细胞，由于第一成熟分裂变成两个细胞（次级卵母细胞和第一极体），因此，每个子细胞所含有的染色体数仅为初级卵母细胞的一半。

（1）卵母细胞核的成熟　卵母细胞从核网期的减数分裂停滞状态中恢复，表现为核崩解，即生发泡破裂。

在动物体内，卵母细胞与其周围的卵泡细胞紧密联系。卵泡颗粒细胞和膜细胞分泌卵母细胞成熟抑制因子，使卵母细胞减数分裂停留在核网期。后来发现，次黄嘌呤、环腺苷酸等均可抑制卵母细胞的减数分裂。

LH 能促使卵母细胞的减数分裂恢复和成熟。LH 可刺激卵丘细胞 2 个独立的信号系统。一方面，LH 引起卵丘膨胀，细胞间的间隙连接解体，阻止 OMI 到达卵母细胞；另一方面，LH 激活磷脂酶 C，磷脂酶 C 水解磷脂肌醇，产生三磷酸肌醇，三磷酸肌醇可使细胞内贮存的 Ca^{2+} 释放，Ca^{2+} 使腺苷酸环化酶活性抑制。LH 的双重作用通过相同的受体发挥效应，即卵丘细胞 LH 受体激活后，能够同时刺激腺苷酸环化酶和磷脂酶 C 活性，导致 cAMP 短暂上升和 Ca^{2+} 释放，Ca^{2+} 内流引起腺苷酸环化酶抑制，使 cAMP 产生受到抑制，卵丘细胞 Ca^{2+} 和 IP3 都可转运到卵母细胞，引起卵母细胞 Ca^{2+} 浓度增加，从而参与 MPF 的激活；LH 另一可能途径是促进卵丘细胞合成孕酮，孕酮再作用于卵母细胞，参与 MPF 的激活。FSH 也能以类似的机制引起卵母细胞内贮存 Ca^{2+} 从内质网释放到胞浆中。

（2）卵母细胞质的成熟　包括细胞器从生发泡期向第二次成熟分裂期状态分布。在卵母细胞生长期间，许多细胞器发生核极化，即分布在核的周围。在成熟过程中，又发生细胞器的再定位。皮质颗粒迁移到皮质区。线粒体向胞质中央区扩散，成熟卵母细胞的线粒体分散在整个胞质中，高尔基体先是分布在核周围，以后向周围细胞质迁移，并分散迁移到质膜下，数量也增加，结构趋于典型。卵母细胞成熟时，高尔基复合体消失。随着卵母细胞发育的进行，粗面内质网数量逐渐增多，到卵母细胞达最大体积时，粗面内质网最发达，然后逐渐减少，卵母细胞成熟时，粗面内质网消失；但滑面内质网则增多，其形态不规则，囊池膨大，与线粒体紧密联系。

（3）卵母细胞的分子成熟　卵母细胞成熟的第三个方面包括 mRNA 的积

累，即分子成熟，这是生发泡期积累的控制核质进程的母源性信息。充分生长的卵泡中卵母细胞积累了足够量的mRNA，作为母源性的mRNA，对早期胚胎发育十分重要。在卵母细胞发育成熟开始后几小时内，转录停止。

牦牛的卵子是在完成第一次成熟分裂释放出第一极体后排卵的，即成熟卵泡破裂时，释放出的是次级卵母细胞。排卵后在精子穿过透明带触及卵黄膜时，才激活了处于发育停滞的次级卵母细胞，恢复成熟分裂过程，释放出第二极体，这时第二极体成熟分裂才算完成。

4. 卵母细胞成熟调控　卵母细胞的生长发育、成熟分裂的恢复乃至最后成熟的调控机制是十分复杂的，激素、生长因子都参与了调控。

卵子发生过程，卵母细胞的发育停滞在减数分裂Ⅰ的双线期，必须在LH峰的作用才恢复减数分裂。CAMP、卵母细胞成熟抑制因子（OMI）及嘌呤在分子水平上参与卵母细胞的成熟抑制。卵母细胞减数分裂的启动，可能通过4个途径：通过修饰或抑制颗粒细胞中抑制物（如OMI）的活性；通过切断颗粒细胞和卵丘细胞的联系；通过抑制卵丘细胞加工、合成活性抑制物（如OMI）的能力；通过改变卵丘细胞和卵母细胞之间的联系。

LH能促进卵母细胞减数分裂的恢复。MPF的活性随细胞周期而变化，由G2期进入M期时活性迅速上升，在M期的中后期迅速下降。MPF有导致卵母细胞恢复减数分裂直至成熟的作用。

细胞分裂抑制因子或称细胞静止因子能够维持MPF的活性，从而使细胞停滞在M期的中期。

多肽生长因子在卵母细胞的成熟、受精与胚胎发育过程中起着重要作用。表皮生长因子（EGF）能刺激卵母细胞的成熟，胰岛素样生长因子（IGF-Ⅰ）对卵母细胞的成熟也有显著作用。此外，胰岛素、IGF-Ⅱ在卵母细胞的成熟中也起作用。

（三）卵子发生与精子发生的比较

卵子发生和精子发生统称为配子发生，都是由原始生殖细胞分化产生配子的过程。卵子发生产生卵子，精子发生产生精子，卵子和精子为同源细胞，其发育也有一些共同的特征。

1. 两者都涉及减数分裂　经过减数分裂，不但染色体数目减半，而且同源染色体间发生了交换重组，因而成熟的卵子和精子都是单倍体，当精核和卵核在受精融合后，一个物种正常的二倍体的染色体倍数恢复。

2. 两者都涉及形态学变化以利受精　精细胞的形态变化包括其大小减小，形成头尾分明的可自主运动的精子；卵子的形态变化包括其大小剧增、营养积聚、外壳保护层形成，以及皮质颗粒组装和控制胚胎发育胞质决定子的重新分布等。

3. 卵子和精子在受精未发生之前，都不能过长时间存活 精子发生和卵子发生的减数分裂事件基本相似，但也存在一定的差异。在精子发生过程中，从初级精母细胞到次级精母细胞为均等分裂，由1个初级精母细胞变成2个次级精母细胞；而在相应的卵子发生过程中，是不均等分裂，只形成1个次级卵母细胞，分裂的另一组染色体被排出卵母细胞，被称为第一极体。随后，2个次级精母细胞进行第二次减数分裂，形成4个精细胞，精细胞再经过变态，形成4个精子；而次级卵母细胞经过第二次减数分裂时，依然不均等分裂，分裂的第二极体被排出卵母细胞。因此，从理论上讲，一个精原细胞经过精子发生过程能形成64个精子，而1个卵原细胞经过卵子发生仅能产生1个卵子。

卵子发生耗时较长，卵子成熟是渐进的，卵母细胞的减数分裂较为复杂，在其分裂过程中，要出现多次停滞。与卵子发生过程的时间相比，精子成熟是快速的、连续的。精细胞的变形发生在减数分裂完成后由精细胞变态成为精子的过程中。

作为性细胞的卵子和精子比较，二者虽然均经过有丝分裂增殖，经减数分裂（二次成熟分裂）最后成为单倍体的配子，但是它们存在着许多的不同点：

（1）不同卵母细胞的发育被包围在卵泡细胞中进行，精母细胞的发育在精细管中足细胞间的联腔小室中发生的。

（2）精原细胞通过有丝分裂增殖发生的时间，不是在胚胎期，而是在出生后的初情期前夕；而卵原细胞分裂增殖发生在胚胎期。

（3）精子从精原细胞发育成成熟的精子也要经过一个精细管上皮周期，但是精子发生过程是连续不断的，而卵子发生过程却是不连续的。在胚胎期发育至第一次成熟分裂前期的双线期就停止了分裂，直到初情期到来，其中的一个或几个才恢复分裂过程，而其余的仍处于发育停滞状态。

（4）一个初级卵母细胞经过减数分裂最终只能形成1个单倍体的卵子；而一个初级精母细胞则能形成4个精子。

（5）完成成熟分裂的卵母细胞无须变态的过程，仍保持卵圆球形；精细胞则必须经过变态过程成为蝌蚪形。

（6）排卵时，卵子尚未完成第二次成熟分裂，精子释放时已经完成第二次成熟分裂和变态过程。

卵子发生和精子发生所共同特有的减数分裂不仅在于形成了生物繁衍的生殖细胞精子和卵子，其更为重要的生物学意义在于分裂过程出现了精妙的调控机制，使同源染色体发生了配对和联会。同源染色体的配对，保证了遗传物质传递过程的稳定；同源染色体的联会和交换，增加了配子的变异程度。因此，减数分裂不但保持了物种遗传的稳定性，也创造了物种内的变异性。此外，由于个体间和种群间的两性交流，由于经过减数分裂产生的不同单倍体精子和不同单倍体卵子的融合，更扩大了遗传物质的重组机会，构成了物种遗传多样性的基础。

（四）卵子的老化与异常

母牦牛排出的卵子本身缺乏运动能力，其在输卵管内的运行主要依靠输卵管平滑肌的收缩和输卵管上皮纤毛摆动。卵子到达受精部位后，若在受精寿命以内没有受精，就发生老化而失去受精能力。

卵子老化后形态结构会发生变化，畸形的卵子表现为卵质收缩，卵周隙扩大，卵周隙内出现内容物。随着老化的进展，形态异常，透明带破裂，卵质碎裂。在超微结构上，卵子的老化表现为纺锤体内移，造成第二极体停滞，皮质颗粒内移和碎裂，胞质空泡化，细胞器退化、溶解，质膜异常，微绒毛排列紊乱或消失，透明带硬化或破裂等。

四、牦牛的卵泡发生

（一）卵泡发育的阶段划分和结构特点

1. 卵泡发育过程　牦牛在出生前卵巢内就含有大量的原始卵泡，但出生后随着年龄的增长，数量不断减少，在发育过程中大多数卵泡中途闭锁，只有少数卵泡能发育成熟而排卵。在发情周期中，牦牛实际发育的卵泡多于能达到成熟排卵的卵泡。

卵泡发育过程中，根据形态结构的变化，一般将其分为原始卵泡、初级卵泡、次级卵泡、三级卵泡和成熟卵泡。把初级卵泡至三级卵泡统称为生长卵泡，又根据卵泡是否出现泡腔，分为无腔卵泡（腔前卵泡）和有腔卵泡，三级卵泡和成熟卵泡称为有腔卵泡，其余卵泡称为无腔卵泡。晚期的三级卵泡发育成为成熟卵泡或排卵前卵泡或葛拉夫氏卵泡（图 2－14）。

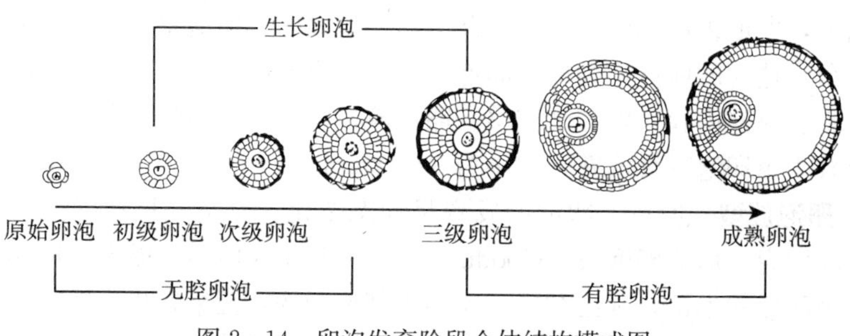

图 2－14　卵泡发育阶段个体结构模式图

2. 卵泡发育各阶段的结构特点

（1）原始卵泡　是卵泡发育的起始阶段，位于卵巢皮质外周体积最小的卵泡，由一层扁平或多角形的体细胞（前颗粒细胞）包围着停留在核网期的卵母细胞构成。原始卵泡可分为静止的原始卵泡和启动发育的原始卵泡。启动发育的原始卵泡卵母细胞开始生长，前颗粒卵泡由扁平变为立方形颗粒卵泡。原始卵泡无卵泡腔、卵泡膜。大量原始卵泡形成卵巢上的卵泡贮库。

（2）初级卵泡　排列在卵巢皮质区外围，是由卵母细胞和周围单层柱状卵泡细胞组成的卵泡，由原始卵泡发育而来。无卵泡膜和卵泡腔，有不少初级卵泡在发育过程中退化消失。

（3）次级卵泡　由初级卵泡发育而来。卵泡在发育过程中移向卵巢皮质中央，所以初级卵泡往往位于卵巢皮质深部。此时卵泡细胞增殖，卵泡细胞形成多层圆柱状细胞包围在卵母细胞周围。卵泡细胞体积较小，称为颗粒细胞。随着卵泡的生长，整个卵泡的体积增大，与此同时，卵母细胞和卵泡细胞共同分泌出一层由黏多糖构成的透明带，聚积在卵泡细胞与卵黄膜之间。在颗粒细胞增生的同时，从卵巢基质细胞和前颗粒细胞中分化出卵泡膜细胞，形成卵泡膜。此时，卵泡腔仍未形成。

（4）三级卵泡　次级卵泡进一步发育成为三级卵泡。在这一时期，卵泡细胞分泌的液体进入卵泡细胞和卵母细胞之间的间隙，形成许多不规则的腔隙，随着卵泡液的分泌，各小腔隙逐渐合并形成卵泡腔。随着卵泡液的增多，卵泡腔液逐渐扩大将卵母细胞挤向一边，卵母细胞包裹在一团颗粒细胞中，形成突出在卵泡腔内的半岛，称为卵丘。其余颗粒细胞紧贴于卵泡腔的周围，形成颗粒细胞层。在颗粒细胞外周的卵泡膜有两层，其中卵泡内膜为具有内分泌功能的上皮细胞，并分布有许多血管，内膜细胞参与雌激素的合成；卵泡外膜由纤维细胞构成，分布有神经。卵黄膜外的透明带周围有排列成放射状的柱状细胞层，形成放射冠，放射冠细胞有微绒毛伸入透明带内。

（5）成熟卵泡　又称葛拉夫氏卵泡。三级卵泡继续生长，卵泡液增多，卵泡腔增大，卵泡扩展到整个皮质部并突出卵巢表面，卵泡壁变薄，卵泡发育到最大体积。这时的卵泡称为成熟卵泡。发育成熟的卵泡结构，由外向内分别是卵泡外膜、卵泡内膜、颗粒细胞层、卵泡液、卵丘、透明带、卵母细胞。牦牛一般只有 1 个卵泡发育成熟，大小为 8～18mm。

3. 卵泡波型　卵巢上卵泡的发育呈动态变化，总是一批批卵泡间隔一定时间启动发育，形成卵泡波。Goodman 和 Hodgen（1983）提出了描述卵泡发生波三个阶段的术语，现已被广泛应用于其他动物：征集，指生长卵泡池中一群小卵泡开始迅速生长；选择，指只有部分被征集的卵泡继续发育，以至最终确立优势卵泡的过程，选择卵泡的数量有种间差异；优势化，指优势卵泡迅速发育而其他同时被征集的卵泡的生长和发育被抑制。

牛卵泡发育波的特点是：从较小卵泡的池中同时出现中等大小（直径＞4mm）的生长卵泡，其中一个优势卵泡迅速出现（直径＞7～9mm）并继续发育，其他的则退化、闭锁。优势卵泡的最大直径通常达到15mm，并保持数天的优势，直到退化闭锁，5d内被下一个卵泡波的优势卵泡取代。如果在优势化的早期或生长期内卵巢上黄体退化，优势卵泡就继续发育到排卵前大小（18mm），最终激发导致排卵的激素级联事件。通常牛的优势卵泡发育到排卵大小需5～7d。牛每个发情周期的卵泡波数通常为2个或3个，偶尔有4个，与遗传和环境因素有关。

初情期前、妊娠期的大部分时间、产后期、发情周期及季节性繁殖动物的非繁殖季节内，都存在卵泡波。

总之，卵泡发生的关键现象之一是卵泡优势化。每个卵泡波中优势卵泡的生长都伴随着小卵泡和中等大小卵泡数量和生长的显著下降，只有大卵泡退化或被破坏时，小卵泡才生长。卵巢上99%以上卵泡的命运都是闭锁退化。卵泡发育的多数阶段都发生闭锁。未选择卵泡的去除可能是一种进化机制，可确保含有最健康卵母细胞的卵泡排卵，并能确保物种子宫容量允许的适量排卵数。

（二）卵泡发育过程中的内在变化

1. 颗粒细胞的变化 原始卵泡的外周被一层扁平的卵泡上皮细胞包围着，当原始卵泡发育到初级卵泡时，扁平的上皮细胞变成单层柱状的上皮细胞，单层柱状的上皮细胞逐渐形成多层圆柱状细胞，细胞体积变小，就成为颗粒细胞。随着卵泡的生长，整个卵泡的体积也增大。然后颗粒细胞层进一步增加，并出现分离，形成许多不规则的腔隙，充满由卵泡细胞分泌的卵泡液，各小腔隙逐渐合并形成新月形的卵泡腔。由于卵泡液的增多，卵泡腔逐渐扩大，卵母细胞被挤向一边，并被包围在一团颗粒细胞中，形成半岛突出在卵泡腔内，称为卵丘。排卵后颗粒细胞在LH作用下增生肥大，并吸收类脂物质-黄素而变成黄体细胞，构成黄体的主体。

2. 激素的变化 在卵泡发育过程中，垂体分泌的促性腺激素起着重要作用，它可以促进卵泡细胞的生长、卵母细胞的增殖和卵泡腔的形成。卵泡生长的最初阶段，即生长到四层颗粒细胞之前，一般并不依赖垂体激素，只是在这之后才依靠垂体激素，故这个时期称为垂体激素依靠期。在牦牛发情周期中，卵巢有大量的卵泡发育，但是最终发育成熟排卵的只是少数，甚至只有一个，其他发育到一定阶段便闭锁退化。由此可见，不同卵泡对促性腺激素的反应性也不同，其反应性的大小与卵泡细胞上的激素受体的种类和数量有关，而受体的种类和数量又和卵泡细胞和卵泡膜细胞的分化发育阶段有关。FSH 受体位于颗粒细胞，在所有发育阶段的卵泡颗粒细胞上都有 FSH 受体，而 LH 受体在卵泡早期发育阶段只有卵泡被膜细胞和间隙细胞才有。排卵前卵泡发育很大时，颗粒细胞也有。卵泡细胞上激素受体的数量影响着卵泡对激素的反应性，而激素的数量又影响着受体产生的数量。

3. 透明带的出现 在次级卵泡阶段时，由于卵泡的不断生长，整个卵泡的体积在增大。此时，卵母细胞和颗粒细胞共同分泌出一层由黏多糖构成的透明带聚积在颗粒细胞与卵黄膜之间，厚 3～5μm。

4. 卵泡腔的变化 在原始卵泡、初级卵泡和次级卵泡都没有出现卵泡腔，当发育到三级卵泡时，由于颗粒细胞的分离，形成许多不规则的腔隙。由于卵泡细胞液体分泌的增多，腔隙不断扩大，从而形成了卵泡腔，到成熟卵泡时，腔室进一步扩大，卵泡壁变得很薄。

5. 卵泡膜 在原始卵泡期没有出现卵泡膜。发育到初级卵泡时卵泡周围出现一层基底膜，到了三级卵泡，在卵泡腔出现时颗粒细胞紧贴于基底膜的周围，形成颗粒层。在颗粒层的外周形成卵泡膜。卵泡膜有两层，外膜由纤维细胞构成，内膜为上皮细胞，并分布有许多血管。内膜细胞具有分泌类固醇激素的能力。

（三）卵泡发生的调控机制

牦牛卵巢功能受系统的（内分泌）和局部的（旁分泌和自分泌）机制调节。系统调节的激素包括垂体促性腺激素和性腺类固醇激素。旁分泌和自分泌因子包括多种生长因子及一些未知的蛋白（或肽）。

1. 卵泡发育的内分泌调控 FSH 刺激卵泡颗粒细胞的增生（有丝分裂），及促进颗粒细胞芳香化酶活性，增加雌二醇（E_2）的合成和分泌。E_2 又可以增强 FSH 对颗粒细胞的促有丝分裂作用。FSH 还刺激卵泡液的形成。因此，在卵泡腔的形成中 FSH 起重要作用。FSH 和 E_2 可诱导卵泡内膜细胞 LH 受体增加，使卵泡对 LH 的敏感性增强。在卵泡生长期间，FSH 受体数目保持不变，而 LH 受体随卵泡生长而增加。LH 促进卵泡内膜合成 E_2 前体雄烯二酮，因而与 FSH 共同促进 E_2 的合成。牛的卵泡内膜细胞只合成雄激素，后者转移到颗粒细胞转化成 E_2。LH 对卵泡的最后成熟排卵和颗粒细胞黄体化起重要作用。

（1）细胞征集的内分泌调控机制 在卵泡征集期间，一群小卵泡对促性腺激素变得敏感并依赖于促性腺激素继续生长。引起卵泡征集的主要激素是 FSH。虽然也需要基础水平的 LH，但 LH 脉冲在征集中没有起作用。

（2）卵泡选择和优势化的内分泌调控机制 选择和优势化机理可能是征集的卵泡群中几个最大的较成熟卵泡中的卵泡干扰较小，而较不成熟的卵泡得不到适量的促性腺激素支持。有两条可能的途径能达到这一目的。一是被动途径，即最大的卵泡产生较多的 E_2 和抑制素（INH），反馈抑制 FSH 分泌，使 FSH 的浓度降低到维持其他较小卵泡所需的阈值以下，从而间接抑制较小卵泡的生长。而大卵泡本身一方面对促性腺激素的敏感性增强，另一方面，大卵泡将其依赖性逐渐由 FSH 转向 LH。在卵泡内高浓度的 E_2 与 FSH 共同作用下，增加颗粒细胞上 FSH 和 LH 受体，从而使促性腺激素对这些大卵泡的作用更强，维持优势卵泡的发育。另一条干扰小卵泡发育的途径是主动途径，优势卵泡可能产生一些尚未鉴明的"优势化因子"，直接抑制次要卵泡发育。这些因子是系统的，而不是局部的。因为优势卵泡的生长和发育总是伴随两侧卵巢上次要卵泡数量和生长的降低。

优势化的卵泡最后能否排卵，取决于 LH 脉冲模式。在有功能性黄体存在时，由于缺乏适当的 LH 脉冲模式以刺激 E_2 产生，导致 E_2 产量不够，不能引起 LH 排卵前峰，这些优势卵泡最终闭锁。而黄体退化时，LH 脉冲频率增加，足以刺激卵泡产生够量的 E_2 及最终成熟，因而这些优势卵泡能够排卵。

2. 卵泡发生的旁分泌和自分泌调控（卵泡内调控） 在整个卵子发生期间，卵母细胞通过间隙连接与周围颗粒细胞相连。颗粒细胞之间也互相连接，间隙连接是一种高度特化的膜结构，这种连接使小分子代谢物和调节物得以在颗粒细胞和卵母细胞之间转移。颗粒细胞一方面可以为卵母细胞提供营养，另一方面通过分泌一些生长因子调节卵母细胞的生长、成熟和受精。反过来，卵母细胞也可以分泌一些特异性的因子调节颗粒细胞的增生、分化及其功能。因此，卵母细胞和颗粒细胞之间形成复杂的旁分泌、自分泌调节系统，如果卵母细胞与颗粒细胞之间的对话被削弱，卵泡发育就停止。

（1）早期卵泡生长的调控 早期卵泡的生长主要依赖于卵巢局部因子。已知有生长刺激和生长抑制两大类因子参与原始卵泡生长启动的调节。PRB、WT1、卵泡抑素等为生长抑制因子，对于维持原始卵泡的静止状态有重要作用。而激活素、KL/SCF、c-kit、GDF-9、EGF、FGF、TGFβ 等对原始卵泡生长起刺激因子作用。总之，原始卵泡是启动生长还是停留在静止状态，取决于卵母细胞及其周围的体细胞分泌的生长刺激因子和生长抑制因子的相互作用。

（2）卵泡选择和优势化的旁分泌和自分泌调控 卵泡生长较后阶段的主要调节者是促性腺激素内分泌机制。但是，选择和优势化不能完全用下丘脑-垂体-卵巢轴反馈系统解释。卵泡发生期间生长因子表达的时间和空间模式存在很大种间差异。已研究的生长因子包括 IGF 系统、TGFβ 超家族、FGF、EGF/TGFα、细胞因子和血管生成因子等。

3. 卵泡选择和优势化机制的综合模式 卵泡的选择和优势卵泡的发育由系统的（内分泌）和局部的（旁分泌、自分泌）机制紧密协作进行调控。当 FSH 浓度增加并越过调节进一步生长的卵泡数的 FSH 阈值时，发生卵泡选择。在选择过程中颗粒细胞的分化导致循环血中雌二醇浓度上升，也可能还有生物活性抑制素的上升，抑制腺垂体 FSH 释放。选择出的卵泡将其对 FSH 的依赖转向 LH。因此，控制优势卵泡启动的机制发生在一种 FSH 支持正在降低的环境中，并依赖于卵巢内机制，这种机制调节卵泡生长因子的生物活性或生物可获得性，也调节优势卵泡的血管化。

（四）卵泡闭锁和退化

哺乳动物卵巢上有很多原始卵泡，但只有少数卵泡能够发育成熟和排卵，绝大多数的命运是闭锁和退化。退化的卵泡数出生前比出生后多，初情期前比初情期后多，因此卵泡的绝对数随着年龄的增长而减少。在卵泡发育的多数阶段都可以发生闭锁。

卵泡的闭锁在形态学上发生一系列变化，主要表现颗粒细胞核固缩，颗粒细胞层分散开，卵母细胞染色质浓缩，核膜皱褶，透明带增厚，细胞质碎裂。最终，闭锁的卵泡被周围的纤维细胞包围，通过吞噬作用最后消失而变成痕迹。引起卵泡闭锁的可能原因有外周血 FSH 浓度下降；颗粒细胞对 FSH 的反应降低；优势卵泡分泌特异性因子抑制次要卵泡的生长。

卵泡闭锁的基本机制是细胞的程序性死亡，这是一种主动的、先天性的、选择性的细胞死亡过程。卵泡的闭锁是从颗粒细胞的凋亡开始的。以后卵泡内膜细胞也凋亡。但有证据表明，胎儿卵巢中卵泡消失主要是卵母细胞凋亡，而成年卵巢生长卵泡主要由颗粒细胞凋亡决定，从次级卵泡和有腔卵泡检测到颗粒细胞凋亡，而凋亡调节蛋白 bcl－2 和 bax 从初级卵泡以后就有表达。bcl－2 参与细胞死亡，bax 参与细胞存活。

（五）排卵

卵泡发育成熟后，排出卵子的过程即为排卵。一次发情中两侧卵巢排出的卵子数称为排卵率。牛每次排卵数一般为 1 个，极少数情况下可排 2 个。在外源性促性腺激素的作用下，排卵数可大大增加（即超数排卵）。排卵的机理十分复杂，目前认为主要由促性腺激素、类固醇激素、PG、生长因子、细胞因子和蛋白分解酶在排卵过程中，不同时间阶段共同作用下，产生的复杂生理过程。

1. 排卵类型 哺乳动物的排卵分为两种类型，即自发性排卵和诱发性排卵。自发排卵指卵泡发育成熟后不需要外界刺激即可自行破裂排出卵子并自动形成黄体。牦牛属于周期性自发性排卵动物，当卵泡发育成熟后自行破裂排卵并自动形成黄体。在发情周期中黄体的功能可以维持一定时间，牦牛属于该种类型。

无论是自发性还是诱发性排卵都与LH作用有关，但其作用途径有所不同。自发性排卵的动物，LH排卵峰是发情周期中自然产生的。而诱发性排卵必须经过交配刺激，引起神经-内分泌反射而产生LH排卵峰，促进卵泡成熟和排卵。

2. 排卵过程 排卵前，卵泡经历着三大变化：卵母细胞质和细胞核成熟；卵丘细胞聚合松散，颗粒细胞各自分离；卵泡膜变薄，最终破裂。

（1）排卵前卵泡各种细胞的变化

1）卵丘细胞 在成熟卵泡的卵丘细胞中出现空腔时，卵丘细胞和颗粒膜细胞层的联系松弛，卵丘细胞逐渐分离，只有靠近透明带的卵泡细胞得以保留，围绕卵母细胞而形成放射冠。卵丘细胞分泌较多的糖蛋白，形成一种黏性物质，将卵母细胞及其放射冠包围起来，卵泡破裂后，这种黏性物质散布于卵巢表面，有利于输卵管伞接收卵母细胞。

2）颗粒层细胞 排卵前卵泡壁的颗粒细胞开始脂肪变性。卵泡液渗入卵丘细胞之间，使卵丘细胞与颗粒细胞层逐渐分离。颗粒细胞分泌多种蛋白酶进入卵泡液中。在卵泡顶部处颗粒细胞完全消失。约在排卵前2h颗粒细胞长出突起，穿过基底层，为排卵后黄体发育时卵泡膜细胞和血管侵入颗粒细胞层做准备。卵泡细胞纤溶酶原激活物分泌增加，纤溶蛋白酶活性也增加。

3）卵泡膜细胞 在排卵前数小时，卵泡膜发生侵入性水肿及胶原纤维分离，引起卵泡外膜细胞聚合变松。在接近排卵时，卵泡膜的上皮细胞发生退行性变化，并释放出纤维蛋白分解酶，同时使其活性提高。此酶对卵泡膜有分解作用，可使卵泡壁变薄并破裂。

（2）排卵前卵泡形态与结构变化 随着卵泡的发育和成熟，卵泡液不断增加，卵泡容积增大并凸出于卵巢表面。突出的卵泡壁扩张，细胞质分解，卵泡膜血管分布增加、充血，毛细血管通透性增强，血液成分向卵泡腔渗出。随着卵泡液的增加，卵泡外膜的胶原纤维分解，卵泡壁变柔软，富有弹性。突出卵巢表面的卵泡壁中心呈透明的无血管区。排卵前卵泡外膜分离，内膜通过破裂口而突出，形成一个乳头状的小突起，称为排卵点。排卵点膨胀破裂，卵泡液把卵母细胞及其周围的放射冠细胞冲出，被输卵管伞接纳。

（3）排卵部位 牛的排卵部位除卵巢门外，在卵巢表面的任何部位都可发生排卵。不管卵巢上有无前次黄体，牛的排卵在两个卵巢可随机发生。很多哺乳动物一般都是两个交替排卵，但它们的排卵率并不完全相同，如牛右侧卵巢排卵率为60%，产后的第一次排卵多发生在孕角对侧的卵巢上。

3. 排卵机理 排卵不是单一因素，而是多种因素作用的结果，既有激素作用下的酶性溶解，又有神经肌肉机制的作用。同时，排卵也是一个多基因、多步骤的复杂过程，许多研究表明排卵是由激素及卵泡局部活性物质参与调节。

（1）促性腺激素的作用 排卵前数小时至十几小时，在雌激素正反馈作用下LH分泌增加，出现LH排卵前峰。LH排卵峰激发排卵卵泡的一系列细胞和分子级联事件。在LH峰之后，颗粒细胞、卵丘细胞变松散，颗粒细胞与卵母细胞的间隙连接解体，解除了使卵母细胞维持在停止状态的因子，或者诱导颗粒细胞产生诱导成熟信号，卵母细胞恢复成熟分裂，进行核成熟。LH峰之后还诱导卵泡类固醇激素、前列腺素合成分泌及一些生长因子和蛋白酶合成增加，引发卵泡破裂排卵。

（2）类固醇激素的作用 在LH排卵前峰之后，卵泡细胞即开始了黄体化进程，孕酮的合成和分泌增加。孕酮在排卵过程的起始阶段是必需的，一方面可以通过调控排卵卵泡的组织重构和抗闭锁作用，维持卵泡健康。另一方面，孕酮加速排卵的作用似乎与刺激前列腺素和纤溶酶原激活物（PA）系统有关。排卵前卵泡雌二醇合成也增加。雌二醇的增加促进卵泡细胞促性腺激素受体、孕激素受体增多，增加排卵轴系对孕酮等因子的敏感性。雌二醇还是排卵前LH峰的激发者。

（3）PG的作用 排卵前卵泡PGE_2和$PGE_{2\alpha}$均增加。PGE_2可促进PA的产生，增强纤溶蛋白酶的活性，使卵泡膜细胞破裂；$PGE_{2\alpha}$既可增加PA产量，也可使卵泡顶端上皮细胞的溶酶体破坏，溶酶体释放出蛋白分解酶使上皮细胞脱落，卵泡顶端形成排卵点。卵泡前列腺素还能使外膜组织的平滑肌细胞收缩，促进卵泡破裂。

（4）生长因子和细胞因子的作用 多种生长因子和细胞因子参与排卵过程的调节。如神经生长因子及其受体、肿瘤坏死因子α、细胞因子等。

（5）蛋白分解酶的作用 排卵前卵泡顶端胶原分解和细胞死亡（凋亡和炎性坏死）是即将破裂的标志。在促性腺激素刺激下，围绕排卵前卵泡的卵巢表面上皮细胞分泌尿激酶性纤溶蛋白酶原激活因子，使局部合成组织性纤溶蛋白酶，后者活化胶原酶并促进卵泡膜内皮组织分泌TNF_α。胶原酶和TNF_α促进胶原溶解。另两类蛋白酶是L型组织蛋白酶和含血小板反应蛋白样基序的分解素和金属蛋白酶。

总之，一般认为排卵的机制是由于E_2引起LH排卵峰，LH峰引发卵泡内一系列细胞和分子级联事件，包括前列腺素和类固醇合成和释放的增加，某些生长因子和蛋白酶活性的增强促进排卵前卵泡顶端细胞和血管破解以及细胞死亡，最终导致卵泡壁破裂释放出卵子和卵泡液。另外，孕酮对经 E_2 致敏的下丘脑和垂体的正反馈作用是导致排卵的生理机制的可能因素。

（六）黄体的形成和退化

排卵后，在破裂的卵泡处形成黄体（Corpus luteum，CL），黄体分泌孕酮，使生殖道向有利于妊娠的方向发展，并维持妊娠。如未妊娠，在维持一定时间的功能性后黄体开始退化，开始下一个发情周期。

1. 黄体的形成 卵子排出后，正在黄体化的颗粒细胞层堆积在破裂的卵泡腔中，其中含有卵泡液和血液成分，卵泡膜细胞也加入其中并显著增殖，加上血管组织和结缔组织侵入，形成初始化的黄体。侵入的结缔组织呈放射状排列，将较大的血管引入黄体。然后大量的毛细血管分支使黄体血管化，卵泡膜细胞分散成单个或小群。颗粒细胞大量增生，比排卵前体积增加 8 倍。

2. 黄体的组成 牛黄体存在两种功能特征的细胞群体。卵泡膜细胞变成小黄体细胞，颗粒细胞变成大黄体细胞。但对牛周期性黄体的定量形态学分析表明，大、小黄体细胞的比率有波动，说明小黄体细胞可分化成大黄体细胞。除类固醇合成细胞外，黄体还含有内皮细胞、成纤维细胞、周皮细胞以及来自血液的细胞。

3. 黄体化的功能标志 黄体的主要功能是分泌牛维持正常妊娠所需的孕酮。在牛的卵泡发育中，卵泡膜上存在 P450－17α 酶，而颗粒细胞上不存在。P450－17α 酶复合物是形成雄激素的必需和限速因素。牛 P450－17α 酶的消失被当作黄体化的标志。牛的黄体表达催产素，在大卵泡的颗粒细胞就有表达，排卵后上升，颗粒细胞黄体化期间表达加强。牛黄体中只有大黄体细胞表达催产素。黄体催产素的功能还不清楚，可能参与了黄体内间隙连接的形成。大黄体细胞还能产生松弛素。

4. 控制黄体化的因素 排卵前 LH 峰激发排卵、启动黄体化。卵母细胞对黄体化有抑制作用，候选的抑制分子包括内皮素－1。EGF 抑制黄体化颗粒细胞的类固醇合成能力。胰岛素和 IGF 对颗粒细胞和膜细胞有各种促进作用。IGF－Ⅰ加速黄体化 StAR 期间的出现，增加促性腺激素诱导的 StAR 表达。黏着蛋白如纤连蛋白、整合素、CD9（参与细胞黏附和迁移的糖蛋白）等在黄体化进程中有作用。血管紧张素促血管生成的生长因子对黄体化过程和黄体形成有重要作用。黄体上有雌激素受体，雌激素参与维持黄体孕酮的分泌。

5. 黄体的退化 在发情周期结束时，黄体功能的丧失包括两个过程。首先，孕酮的分泌降低，然后黄体组织消失（即黄体的溶解）。黄体退化启动时，血清中孕酮浓度急剧降低，然后黄体重量降低。黄体退化的形态学变化包括黄体细胞质中脂肪滴积聚，毛细血管退化，初级溶酶体数量增加。随着退化的继续，合成类固醇的黄体细胞越来越少。

黄体并非总是维持正常的期限，有时可能超前退化，即出现所谓短黄体期。在肉牛上对短黄体期研究较多，初情期、产后乏情向周期性转变时期可能出现短黄体期。越来越多的证据表明，子宫超前分泌 $PGF_{2\alpha}$ 导致了黄体提早退化。

如果妊娠，孕子宫向黄体发出孕体存在信号，这些信号包括绒毛膜促性腺激素、抗溶黄体因子、改变垂体前叶激素分泌模式的神经内分泌反射弧，有维持黄体的功能。

第三节　牦牛的受精与早期胚胎发育

一、配子运行

配子的运行是指精子由射精部位到达受精部位，卵子由卵巢排出后到达受精部位的过程。由于精子与卵子的生存期相当短，所以了解精子和卵子在母牛生殖道内运行及保持受精能力的时间在生产实践中具有重要意义。

（一）精子在母牛生殖道内的运行

牦牛精子和卵子受精的部位在输卵管壶腹部。无论自然交配，还是人工授精，精子都必须运行到输卵管壶腹部。牦牛的射精量为 2～6mL，射精部位在阴道，射精到输卵管出现精子的间隔时间为 15min 以上。

1. 射精部位　牦牛属阴道射精型。在自然交配时，公牦牛将精液射入母牦牛生殖道内。牦牛的子宫颈较粗硬，子宫内壁上有纵行而横褶的皱襞，发情时开放的程度较小，交配时公牦牛阴茎不能插入子宫颈，只能将精液射于子宫颈阴道部。牦牛的副性腺不发达，所以射精量小而精子密度大，否则精液就会从阴道流失，从而影响必要数量的精子穿过子宫颈到达受精部位。

2. 精子运行规律

（1）精子在母牦牛生殖道的运行　精子进入母牦牛生殖道内，仅有极少数能到达输卵管壶腹部，绝大多数的精子均在运行过程中损失。在母牦牛生殖道内有的部位的环境有助于精子向生殖道深处运行，有的部位则不利于精子的运行，甚至影响精子的存活时间。

1）精子通过子宫颈　在自然交配时精子存放在阴道内，因此子宫颈是精子进入子宫的第一个生理屏障。死精子和活力差的精子往往不能进入子宫，即使正常的精子亦有相当一部分滞留在阴道内。子宫颈黏膜上的裂隙、沟槽、隐窝和黏液共同形成了一个错综复杂的体系。子宫颈分泌细胞的黏液，具有许多液流学特性，如黏滞性、延展性、流动弹性和可塑性等。这些液流学特性受激素的调节，具有明显的周期性变化。非发情期，黏胶纤维分支形成网状，构成不规则的间隙，黏液很厚，精子不易通过。发情时，网状结构松散，黏胶纤维分支平行排列，间隙大（水样），形成“允许”精子通过的通道，有利于精子通过。影响黏液结构变化的任何因素，如炎症、激素异常分泌等都将影响精子通过。凡不能进入子宫颈的精子，或被白细胞吞噬，或随阴道黏液排出体外。而进入子宫颈的精子，大部分进入子宫颈“隐窝”，形成精子贮库，然后在较长时间内缓慢地释放出来。少部分精子直接送入子宫。精子贮库内精子缓慢释放的作用，可维持受精部位的活精子数。牛在配种后 1～24h，在子宫和输卵管中的精子数逐渐增加。

2）精子通过子宫　进入子宫的精子迅速地通过子宫形成的第二个屏障或第二个精子贮库。更多的精子则迅速输送到子宫输卵管连接处，即宫管连接处，成为阻碍精子输送的第三个屏障，可以控制进入输卵管的精子数。子宫具有清除死的、不活动的或损伤的精子的作用。精子通过宫管连接处主要依靠肌肉的收缩作用，交配期释放的 OXT 和精液中的 PG，可增加子宫收缩活性，从而有助于精子运行。

3）精子在输卵管内的运行　多数动物在交配或人工授精后不久精子即进入输卵管。牛精子在体外最大运行速率是 126cm/h，牛生殖道长约 65cm，到达输卵管壶腹部最快的精子亦需要 30min。这种迅速输送的精子，可能不参与受精。壶峡连接处峡部一侧被看作第三个精子贮库，母牛在交配后有数亿精子进入母牛生殖道，然而在 4～12h 后存放在峡部的精子只有 1 000～10 000 个，而可能进入壶腹的精子数则更少，仅 10～100 个。输卵管中精子数少，不是由于精子输送慢，而是由于宫管连接处和峡部控制精子进入壶腹，还有阴道和子宫颈的作用。精子通过峡部的输送主要靠肌肉收缩完成。

（2）精子运行动力

1）射精力量　射精时尿生殖道的肌肉有节奏的收缩，将精液射出。这是精子运行的最初动力。

2）母牛生殖道的收缩　子宫和输卵管肌肉收缩是精子运动的主要动力，一般呈有间隔的分段波，而不是连续状的蠕动波，因而有助于精子的分批运行。子宫肌肉的收缩是由子宫颈向着子宫角、输卵管方向逆蠕动。交配时这种逆蠕动力量更为强烈，促进子宫内的精子向宫管接合部运行。发情期的生殖道蠕动要比间情期强，精子运行的速度也快。

3）生殖上皮纤毛运动　在发情期内，母牛输卵管、子宫和子宫颈上皮的纤毛运动，引起其分泌的黏液流动运送精子。发情结束后上皮纤毛的运动方向相反，有利于卵子的下行运动，并将未能参与受精的精子排出。

4）精子本身的活力　精子的活力主要依靠精子尾部的鞭毛运动。这种活动只是在精子通过母牛生殖道的关键部位起作用，如穿透子宫颈黏液，进入子宫颈隐窝和子宫内膜腺。此外，受精时精子穿透卵母细胞也必须依靠其尾部鞭毛的运动。但精子本身的运动能力，对于促进精子到达受精部位的作用是次要的。

5）母牛生殖道管腔液体的液流运动　精子随液流而运行，而液流运动又有赖于子宫输卵管的肌肉收缩活动。

（3）精子运行速度　在母牛生殖道内运行的速度要比精子本身的运动速度快得多。牛交配后 15min 内便有精子到达输卵管的壶腹部。但是输精后短时间内在受精部位只发现有少数的精子，而参与受精过程需要多数精子经过比较长的时间才能陆续到达受精部位。

（4）维持受精能力的时间和存活时间　精子在母牛生殖道内对卵子具有受精能力的时间，对于确定配种间隔时间，以保证具有受精能力的精子在受精部位等待卵子的到来，达到受精的目的具有重要作用。

精子的受精能力比其活动能力要丧失得早，所以精子虽能活动，但是它们未必具有受精能力。精子的存活时间和受精能力时间与母牛的发情状况及生殖道健康情况有关。牛精子进入母牛生殖道后保持受精能力的时间约为 28h。

3. 影响精子在母牛生殖道中运行的因素　精子运行除了精子本身的活动之外，还受一系列物理、生理和生物化学作用的影响。

（1）激素的作用　来自母体的 OXT 和来自精液的 PGF 对精子运行具有促进作用。由于交配刺激，通过神经传导引起垂体后叶释放 OXT，作用于母牛生殖道，使生殖道的平滑肌收缩频率增加，因而促进了精子的运行。若在交配或人工授精时粗暴地对待母牛使其受惊吓等，引起 EP 的释放，则会抑制精子运行。精液中富含由精囊腺分泌的 PG，对精子运行也有一定作用。精液内的 PG 被母牛生殖道吸收后，可促进子宫和输卵管的肌肉收缩。此外，雌激素和孕激素的平衡状态，既影响子宫颈、子宫和输卵管上皮的结构，又影响其分泌活动，从而影响精子运送。

（2）生物化学作用　精子进入母牛生殖道中，被生殖道内的分泌液大量稀释，生殖道黏液的 pH 变化可影响精子活力，过酸（pH<5.8）或偏碱均可使精子失去活力，而微碱性能增强精子的活力。卵泡液、输卵管液等能使精子的活力增强。腔液的某些酶如 AKP 酶、肽酶的减少，以及黏蛋白和氯化钠浓度的增加，也能促进精子运行。

（3）免疫学作用　母牛生殖道如果含有抗精子或精清的抗体，可与精液或精子抗原发生特异性免疫反应，引起精子发生凝集反应或失去活力。

（二）卵子在母牛生殖道内的运行

1. 卵子的接纳　排卵时，输卵管伞充分开放、充血，并借助输卵管系膜肌层的收缩作用而紧贴于卵巢表面上，同时卵巢借卵巢固有韧带收缩，使卵巢发生一种环绕其纵轴（一来一去地缓慢活动）往复旋转运动，并使卵巢由卵巢囊移至输卵管伞部表面，便于输卵管接纳排出的卵子，但也不可避免有些卵子掉入腹腔。

2. 卵子在输卵管内的运行规律

（1）卵子运行及运行动力　卵子与精子不同，卵子本身并没有运动能力。被伞部接纳的卵子，借伞部的纤毛颤动，沿伞部的纵行皱襞，通过漏斗口进入壶腹部。由于壶腹部管颈宽大，卵子借助平滑肌的收缩和管内纤毛向子宫方向颤动，卵子比较快地通过壶腹部，到达壶峡连接部。由于峡部的逆蠕动收缩和环行肌的收缩，分泌物向漏斗部移动，且此处纤毛细胞较少，或纤毛细胞的纤毛暂时停止颤动，加上峡部局部水肿，致使峡部管颈闭合，因此卵子在壶峡连接部停留约 2d，才进入峡部。卵子在输卵管中的运行，纤毛颤动起着主要作用，管壁的收缩只起一部分作用。输卵管内的大部分液体向漏斗方向流入腹腔，这种流动非常缓慢，由于纤毛向子宫方向迅速颤动，以致贴近纤毛表面的一部分液体流向子宫，甚至于纤毛颤动的力量克服了液流的力量，卵子在纤毛和液体间旋转移动。当宫管连接部开放时，液体可能倒转方向，经管颈狭窄的峡部，流速加快，从而使卵子借逆流运动的力量，经峡部的后部和宫管连接部进入子宫。

卵子在输卵管内的正常运行，必须有适当水平的雌激素和孕酮。卵巢激素能影响输卵管上皮的结构、超微结构，分泌物的质和量，输卵管肌层的活动，壶峡连接部和宫管连接部的作用，从而影响配子运行的方式和速度。激素水平失常，能加速卵子向子宫运行的速度，或引起壶峡连接部管腔闭合而禁锢卵子，都会使卵子迅速变性或不能附植。去甲肾上腺素神经元的刺激，能使峡部远侧端收缩。

（2）卵子运行的速度及维持受精能力的时间　卵子在输卵管内运行所需时间包括：从伞部到达壶峡连接部的时间，在壶峡连接部停留的时间和通过峡部进入宫管连接部的时间。据估计，牛约需要 80h。但卵子保持受精能力的时间，牛为 8～12h。卵子进入峡部后即迅速开始失去受精能力，而进入子宫后则完全失去受精能力。

所谓卵子的受精能力，不但指卵子受精正常，而且还要保证胚胎正常发育。在卵子即将失去受精能力之前，还有可能发生受精，但这种受精卵通常不能在子宫内附植，即使能附植，胚胎也很难正常发育。牛经交配而不受孕的部分原因，往往是因卵子衰老所引起。

卵子到达受精部位以后，如果没有精子与其受精，则继续运行，此时除卵子已接近衰老外，由于它外面包上一层输卵管分泌物形成一层隔膜，阻碍精子进入，因此使卵子再不易受精。所以在配种实践中，最好在排卵前某一时刻授精，使受精部位能有活力旺盛的精子等待新鲜的卵子，以提高受精率。

二、配子在受精前的准备

（一）精子在受精前的生理变化

1. 精子的获能 刚射出的精子，或由附睾取出的精子，不能立即与卵子受精，而只有在母牛生殖道内度过一段时间，进行某种生理上的准备，经过形态及生理生化发生某些变化之后，才获得受精能力，这种生理现象称为“精子获能”。

2. 精子获能过程中的变化 精子获能过程中，外膜发生一系列的形态、生理和生化等方面的变化。产生这些变化的原因与雌性生殖道内存在获能因子有关。母牛生殖道中的获能因子是由 α 和 β 淀粉酶组成。获能因子除上述物质外，可能还有丙酮酸、乳酸、葡萄糖、重碳酸盐、白蛋白等蛋白复合物。精子获能中所发生的变化有：质膜表面吸附物质的失去或改变；蛋白质特性的变化；失去部分外源凝集素；表面静负电荷的减少；磷酯类的变化；流动性的变化；膜内粒子分布的变化；通透性和渗透性的变化；胆固醇的去除和改变；Zn^{2+} 的去除；对异种球蛋白敏感性的加强；对卵泡液敏感性的加强；对白细胞敏感性的加强；Ca^{2+} 吸收部位的活化；顶体膜分子结构的变化；O_2 的吸收增加；细胞内 cAMP 的变化以及细胞内胆碱缩醛磷脂的变化。

精子获能后，能释放出一系列水解酶，可将包围在卵子周围的细胞和生化大分子物质（蛋白质和黏多糖）溶解出一条通路，便于精子通过。体外研究精子获能作用发现，除以上提到的物质对精子获能有影响外，还有许多物质如钙离子、受精素、葡萄糖醛酸酶、血清和类固醇对获能都有影响。

精清中有几种去能因子或抗受精素的物质（DF），它覆盖在精子质膜的表面，去掉这种 DF 精子才能获得受精能力。DF 是含在精液中、分子量为 11 万～30 万的一种糖蛋白质，易溶于水，生物活性很强，极少量便可使精子去能。它具有抗蛋白质水解作用，用离心、加热、冷冻、透析等方法处理，都不能减弱它的活性。

经过获能的精子可以穿越卵子外层的颗粒细胞层，同透明带相接触，然后进入卵黄周隙，透过卵黄膜进入卵黄。

3. 精子获能机理 获能是除去精子表面的胆固醇、氨基多糖和其他化学成分，同时又与输卵管液中的氨基多糖发生作用的过程。获能因子存在于发情期前后 2d 的输卵管液中。而在黄体期的输卵管液中则没有发现。由此证明获能与母牛体内雌激素与孕酮的比例有关，在雌激素水平上升的发情期里，精子的获能率高于孕酮水平高的黄体期。获能因子是输卵管液中的氨基多糖类。氨基多糖中的肝素可与精子结合，导致精子吸收钙离子，调节环核苷酸的代谢以及诱导细胞质的碱化，使精子获能。

精子获能不仅在同种动物的生殖道分泌物中完成，在不同种动物的生殖道分泌物中亦可完成，还可在体外人工培养液中完成。精子的获能无种间特异性。精子获能具有可逆性，已获能的精子再与精液一起孵育便失去受精能力，称为去能（Decapacitation）。再把已去能的精子放入子宫及输卵管液中孵育又可以再获能。一般认为，在精清内若干化合物能影响精子获能，如蛋白酶抑制剂和去能因子。因此，当精子与精清接触后，精子就不能发生受精作用，而当精子与精清再分离，完全控制在雌性生殖道内的条件下，表面化合物被去除，顶体酶又被活化，精子同样能穿透卵子的各包围层。去能因子是一种不能透析的、遇热相当稳定的物质。去能因子与蛋白酶抑制剂，对受精中顶体反应酶起抑制作用，使核糖体稳定化，并阻止酶释放，因而抑制精子受精。

4. 精子获能的部位和所需时间 获能过程先在子宫内进行，最后在输卵管内完成。子宫和输卵管对精子获能起协同作用。但不同牛种精子获能的部位有差异，牛精子获能主要部位在输卵管，需要 3～6h。

5. 顶体反应 包裹精子头部的质膜、顶体外膜融合和破裂，释放内含物的过程，称为顶体反应。这一反应是精子与卵子融合前必须经历的反应之一，也是精子获能后的必然结果。精子顶体的变化，亦被称之为精子结构上的获能。精子发生顶体反应的速度与物种以及精子周围的环境有关。Ca^{2+} 的存在与否是影响顶体反应的重要因素，从无 Ca^{2+} 的环境中移入含 Ca^{2+} 的环境，精子在 2min 内即可完成顶体反应过程。精子发生顶体反应时，首先是精子头部的质膜从赤道段向前变得疏松，然后质膜和顶体外膜多处发生融合，因而形成许多泡状结构，最后由顶体内膜和顶体基质释放出顶体酶系，主要是透明质酸酶和顶体素。

（二）卵子在受精前的生理变化

牦牛的卵子大都在输卵管壶腹部受精，而不是在输卵管起始部。通常，当皮质颗粒数量达最大时，卵子的受精能力最高。透明带表面露出许多糖残基时，具有识别同源精子并与其发生特异结合的能力。卵子质膜在受精前较不稳定，这些与受精有关的变化，可能在输卵管内进一步形成。

三、受精

受精（Fertilization）是两性配子（精子和卵子）相互作用、结合产生一个新的个体细胞-合子（Zygote）的过程。受精结束便意味着妊娠的开始。妊娠是雌性动物所特有的一种生理现象，是卵子受精结束到胎儿发育成熟后与其附属膜共同排出前的复杂的生理过程。分娩是当胎儿在母体内发育成熟，母牛将胎儿及其附属膜从子宫内排出体外的生理过程。

公、母牛两性配子结合形成合子，合子是新的个体发育的起点。合子在母体内发育为一个具有亲代特性而又与亲代有所不同的新个体。在有计划地进行选种和选配的情况下，使两个具有特殊优良性状个体的配子结合在一起，逐渐达到产生理想个体的目的。

受精过程始于精子与卵子相遇，两性原核合并形成合子时结束。牦牛的卵子是在第一极体排出后才开始受精的，所以当精子进入卵子时，卵子正在进行第二次成熟分裂。一般情况下，卵子由外向内包被有放射冠、透明带和卵黄膜三层，受精时精子依次穿过这三层结构。进入卵子之后，精子核形成雄原核（Male pronucleus，MP），卵子核形成雌原核（Female pronucleus，FP），然后雌、雄原核融合，完成受精。

（一）精子穿越放射冠

卵子从卵巢排出后，进入壶腹部，在透明带外面还包围着一堆颗粒细胞即卵丘细胞，而靠近透明带的卵丘细胞呈放射状排列，故称为放射冠。这是精子入卵的第一道屏障。精子通过顶体反应释放透明质酸酶和放射冠穿透酶溶解卵丘细胞和放射冠细胞间的基质，使精子穿越放射冠与透明带接触。牛的卵丘细胞能产生一种刺激精子活动的物质，对增加精子与卵子的接触起辅助作用。

（二）精子穿越透明带

当精子穿过放射冠与透明带接触后，有一短暂的与透明带附着与结合的过程。以刚暴露的顶体内膜附着于透明带表面，这是精子穿过透明带的先决条件。这种附着只有获能和发生顶体反应的精子才能发生。在附着期间可能经历了前顶体素转变为顶体酶的过程，经短时间的附着后，精子就牢固地结合于透明带上。精子与透明带结合后，顶体素将透明带溶出一条通道，精子借自身的运动穿过透明带。

用抗透明带抗体或胰蛋白溶解酶处理可阻止精子附着；用抗精子抗体处理精子，也能阻止精子附着。精子在附着透明带后5～15min穿过透明带。精子与透明带的附着具有非常明显的种属特异性，异种动物的精子不能附着和穿过透明带。

精子与透明带最初接触部位是头部赤道区和核后帽区。顶体脱落可能发生在精子的头接触透明带前后。精子穿过透明带，通常在卵子表面约呈45°正切线穿过，不过其路径往往是弯曲的，很少发生垂直或水平穿透。

（三）精子进入卵黄膜

精子进入透明带后，到达卵黄周隙。此时精子仍能活动，不过活动时间很短。一旦接触卵黄膜，活动即停止。精子与卵黄膜接触后20min，即与卵黄膜融合在一起。卵黄膜表面的微绒毛抓住精子的头，将精子头部包裹起来，同时卵黄发生旋转，此时精子尾部全部进入卵黄周隙内。随后，两层膜不断向精子尾部融合，将精子“拖入”卵内。在精子头与卵黄膜发生融合的同时，卵子激活，产生一系列反应。

1. 皮质反应（Cortical reaction，CR）　是一种防止卵黄膜再被其他精子穿透的防御性反应。当精子与卵黄膜接触时，在接触点膜电荷发生改变并向周围扩大，整个膜持续去极化数分钟，在卵黄膜下的皮质颗粒（直径0.1～0.5μm）向卵子表面移动。在Ca^{2+}的作用下，皮质颗粒与卵黄膜融合，以胞吐方式将其内容物排入卵黄周隙。皮质反应从精子入卵处开始，迅速向卵黄膜四周和透明带扩散。

皮质反应与顶体反应很相似。皮质颗粒内容物是一种有黏性的透明膜物质，内含黏多糖、类胰蛋白酶以及阻止顶体酶作用的物质。由于这些内容物的释放，从而引起卵黄膜和透明带结构的变化，即产生卵黄膜反应和透明带反应。

2. 卵黄膜反应　由于皮质反应的结果，大部分原来的卵黄膜加入了皮质颗粒膜而发生膜的改组，这种变化称为卵黄膜反应（Vitelline reaction，VR）或卵黄膜封闭作用。此时，皮质颗粒所释放的黏多糖与卵黄膜表面紧密相连，在卵子周围又形成一保护层，称为透明膜，从而改变卵子表面结构，阻止第二个精子入卵，避免产生多精子受精现象。

3. 透明带反应　当精子钻入透明带而触及卵黄膜时，会引起卵子发生一种特殊的变化，使卵子从休眠状态苏醒过来，这种对发育的刺激称为“激活”。同时卵黄膜发生收缩，卵黄能释放某种物质，传布到全卵的表面，扩散到卵黄周隙，它能使透明带起一种变化，使后来的精子不能再进入透明带内。透明带的这种变化，称为透明带反应（Zona reaction，ZR）。这种反应相当迅速与有效，作用是阻止再有精子穿过透明带。其原因是皮质颗粒内容物中的类胰蛋白酶破坏了透明带上的特异性精子受体，从而达到阻止其他精子穿过透明带的作用。

（四）雌雄原核形成

精子入卵后不久，头部开始膨大，核疏松，核膜消失，失去固有的形态。同时卵母细胞减数分裂恢复，释放第二极体。在精核疏松的同时，核内碱性蛋白质以及与精子DNA密切相关的高浓度精氨酸也完全消失，最后在疏松的染色质外又形成新的核膜。它的结构很像一个体细胞核，而不像精子细胞核。这种重新形成的核称为雄原核。精核的疏松似乎由卵细胞中特殊成分即精核扩散因子诱导。据观察，未成熟的牛卵母细胞也不能引起精核扩散，这种扩散因子称为雄原核生长因子。进入卵子的精子尾部最终消失，线粒体解体。

雌原核的形成类似于雄原核。两性原核同时发育，体积不断增大。雌性染色质开始疏松增大的时间比雄性早，所以雌原核比雄原核大。

（五）原核融合

雄原核和雌原核经充分发育，逐渐相向移动。在卵子中央，核仁和核膜消失，两原核紧密接触，然后迅速收缩，染色体重新组合，并准备进行第一次有丝分裂。至此受精最后阶段"配子配合"宣告完成，形成一个称为"合子"的单细胞胚胎。在已测定的哺乳动物中，原核的整个生存期为10～15h。接近第一次分裂时，可以看到两组染色体，它们分别是母本和父本的染色体。精子从进入卵子到第一次卵裂的间隔时间，牛为20～24h。

（六）影响受精的因素

1. 精子活力和受精能力 牦牛一次射出的精子数量很多，但能到达受精部位的精子极有限。此外，由于精子缺乏大量的细胞质和营养物质，又是一种很活跃的细胞，所以离体后的生存时间短暂。有时虽还具有活动能力，但已经丧失了受精能力。因此在体外操作时，任何影响精子生存的因素都将影响其受精能力。

2. 卵子成熟 卵母细胞在成熟过程中都经历一系列的核和质的变化，最后核停留在特殊的细胞阶段，即生发泡时期或第二次成熟分裂中期Ⅱ。卵子生发泡的破裂是卵母细胞成熟的一个主要标志。然而细胞质的成熟与否对卵子的受精力也有重要作用。卵子排出后，若没有受精，就会发生老化，失去受精能力。

3. 受精的外界条件 精、卵要达到受精目的，还要有一定的外界条件。如外界溶液中必须要有一定浓度的Ca^{2+}，如果Ca^{2+}不足或缺乏，精子就不能发生顶体反应。此外，Sr^{2+}、Ba^{2+}、Na^{+}和K^{+}对顶体反应也有十分重要的作用。受精对外界溶液的pH及温度也有一定的要求。

四、早期胚胎的发育

受精的结束标志着合子（即早期胚胎）开始发育，起初发育的特点是：

DNA 的复制非常迅速；仅限于细胞分裂而没有生长，亦即原生质的总量没有增加，甚至还有减少（牛减少 20%）。细胞分裂是在透明带内进行，所以整个体积并未增加。这种并不伴随细胞生长的细胞分裂称为卵裂。卵裂所产生的子细胞称为卵裂球。每个卵裂球都具有发育成为新个体的全能性。

（一）卵裂

在卵裂过程中，第一次卵裂与卵子的对称面并无关系，但是由于卵子在未受精前已具有极性，即动物极和植物极，因而往往从动物极通向植物极穿过雌雄原核所在区域。第二次卵裂同第一次卵裂面呈垂直方向，但也是从动物极开始延伸到植物极。第三次卵裂呈水平方向，在动植物极之间，因此与前两个卵裂面都垂直，由于哺乳动物除原兽类动物外均为少黄卵，所以都为全裂；但又与其他全裂卵有所不同，是属于交替型全裂，即分裂不一定是同时发生，是较大的分裂球先分。因此，在观察时可以看到 3、5、6 或 7 细胞等阶段。因为所有分裂都是一般的有丝分裂，所以每个后代细胞的染色体数目也都是双倍体。在卵裂过程中，要合成大量的 DNA。第四次卵裂，也是从动物极到植物极，胚胎进入 16 细胞期。第五次卵裂与第三次卵裂面平行，而与第一、第二、第四次卵裂面成直角。此时胚胎由 16 细胞变成 32 细胞，形成桑葚胚（Morula）。

不同种类的动物，卵裂的速度不同。同种动物，无论是在胚胎与胚胎之间，还是在一个胚胎内的细胞与细胞之间，卵裂的速度变化也不一样。最初几次卵裂是同期的，因此看到的 2、4 细胞期的胚胎比 3、5 细胞期多得多。之后，8 细胞期占优势。这样经过 4～5 次成功的卵裂之后即不再同期化。由于最初几次卵裂大部分发生在输卵管内，因而输卵管的内环境对胚胎生活力有一定影响，尤其是热应激。胚胎一旦离开输卵管，对环境的敏感性即下降。牛 2 细胞发育时间为 27～42h，4 细胞 44～65h，8 细胞 46～90h，16 细胞 96～120h，桑葚胚 120～144h；8～16 细胞时进入子宫。

（二）囊胚的形成

桑葚胚形成后，卵裂球分泌的液体在细胞间隙积聚，最后在胚胎的中央形成一充满液体的腔，即囊胚腔。随囊胚腔的扩张，细胞的分化日趋明显。小而分裂活跃、富有黏多糖和酸性磷酸酶的细胞聚集在外周，形成胚胎外层，继而成为滋养层，以后将发育成为胚胎的一部分。大而分裂慢、含有 AKP 酶的细胞聚集在囊胚的一侧，称为内细胞团（Inner cell mass，ICM），以后发育成为囊胚。

在卵裂球分化和囊胚形成之后，滋养层细胞高度变薄，变成单层鳞片状上皮层，即滋养胚层，并不断从子宫内环境吸收有机物、无机物和水进入囊胚腔。在胚胎间的液体层积聚是由于 Na^+/K^+ 泵的作用所引起。按照这种理论，

Na^{+}/K^{+}泵输送离子通过桑葚胚外层细胞间的连接进入中间，然后引起水进入桑葚胚内，从而导致囊胚腔的形成。囊胚腔形成便持续扩张，引起囊胚体积增加，扩张囊胚，其体积的大小和扩张的速度与物种有关。

在囊胚期，所有动物的代谢速度都增加。牛囊胚在10d时具有三羧酸循环氧化酶，此时囊胚开始伸长，因而能进入较有效的能量代谢需氧途径。这一时期，位于胚胎外周的滋养层细胞对于胚胎与母体环境的隔离和营养物质的传递起重要作用。

牛的囊胚在排卵后6～12d从透明带中脱出。尽管酶也能引起透明带软化，但以囊胚膨胀和收缩起主要作用。牛排卵后72～84h，进入子宫，7～8d后脱出透明带。囊胚的膨胀对脱出透明带起主要作用，子宫分泌物和囊胚的酶促因子起支持作用。

（三）早期胚胎的细胞分化与决定

在早期胚胎发育中，受精卵是最早的双倍体细胞，具有发育为新个体的全能性。随着胚胎发育的进行，细胞向着不同的方向发育，成为功能各异的细胞，这个过程为细胞分化。细胞分化为一渐进的不可逆转过程，每一步的发生都依赖于前一步骤的发生。当细胞预定要分化为某一组织时，这种细胞已具有预定命运而且具有自我分化的能力，这种细胞为已决定了的细胞，这一过程称为细胞决定。胞质的这种区域性分化，可持续的通过卵裂期，并聚集于8细胞胚胎不同的四个分裂球对中。在胚泡期则聚集于内细胞团及滋养层细胞中，故认为卵裂球可能由卵裂期间遗传下来的细胞质类型决定形成内细胞团或滋养层细胞。

（四）早期胚胎的迁移

不同的动物，早期胚胎在子宫内迁移的现象均不相同。牛排一个卵子，胚胎总是在与黄体同侧子宫角内。若一侧卵巢排两个卵子，其中一侧卵子通过子宫体的只有10%。牛的胚胎常位于子宫角子宫系膜的对侧。胚胎在子宫内的迁移和定位对于维持妊娠起重要作用。

（五）母体内环境对早期胚胎发育的影响

输卵管的环境对保证胚胎发育极为重要。合适的子宫环境是保证胚胎正常发育的必要条件。在母牛妊娠期间，子宫内膜与胚胎之间建立的生化和组织学联系对于确保妊娠的正常建立和维持是非常重要的。胚胎分泌一些特殊化学物质作为信号，主要起抗黄体溶解和诱导子宫内膜产生各种生理生化反应的作用，以确保妊娠的维持。另外，这些特殊的化学物质对母体和胎儿之间的免疫耐受性也有重要意义。子宫内膜能分泌多种化学物质，包括促生长因子和营养素等，以利于胚胎的发育。子宫内膜分泌失调可导致胚胎受损，甚至引起胚胎死亡。

第四节　牦牛的主要生殖激素

一、生殖激素概述

（一）生殖激素的概念与分类

激素是由细胞产生的化学信息，被释放到细胞外，通过扩散或被血液运送到另一类细胞，从而调节这类细胞的代谢活动。动物体内的许多激素都直接或间接地参与生殖活动调节。通常把直接作用于生殖活动，并以调节生殖活动为主要生理机能的激素称为生殖激素。而把那些有间接作用的激素称为“次发性生殖激素”，如生长激素、甲状腺激素等。

牦牛的生殖活动是一个极其复杂的过程，如牦牛初情期的出现、发情周期的变化、卵泡的发育、卵子的发生及排出；牦牛精子的发生及性行为；雌、雄配子在生殖道内的运行；胚胎的附植及在子宫内的发育；牦牛的妊娠、分娩及泌乳活动等，所有这些生理功能都与生殖素的作用有着密切的关系。一旦分泌生殖激素的器官和组织活动功能失去平衡，就会导致生殖激素的作用紊乱，造成母牦牛繁殖功能下降，甚至导致不孕不育的发生。而在牦牛业生产中也可应用生殖激素对牦牛进行处理，以达到人为调控牦牛生殖活动的目的。

从不同的角度可以对生殖激素进行不同的分类，如依据激素来源可以分为天然激素和合成激素；依据激素化学性质可以分为含氮激素、类固醇激素和脂肪酸类激素等。在繁殖研究和实践中，通常依据来源和功能将生殖激素分为主要来自下丘脑的神经激素、垂体促性腺激素和性腺激素三大类。动物胎盘也可以分泌多种激素，有的与垂体促性腺激素类似，另一些与性腺激素类似。

生殖激素对生殖活动的调控作用是非常重要的。体内生殖激素分泌不正常或作用紊乱，常常是造成不育、不孕的重要原因。因此在生产实际中，生殖激素及其人工合成的类似物是调控生殖过程、治疗生殖疾病常用的方法和手段。

（二）生殖激素的作用特点与作用机理

1. 生殖激素的作用特点

（1）激素的信息传递作用　体内某种激素的含量体现了与分泌、代谢该激素有关器官的信息，激素作为信息载体又能够调节靶器官的活动。激素只能加快或减慢靶细胞内生化反应和生理过程的速度，既不能添加成分，也不能提供能量。完成生化反应所必需的条件是在细胞分化过程中早已建成，是遗传决定的。

（2）激素作用的相对特异性　激素发挥生理作用必须先与靶细胞的相应受体结合。激素与受体的结合有很强的特异性。由于受体的分布不同，决定了激素作用的专一性（如 FSH 和 LH 只作用于性腺）或广泛性（如生长素和甲状腺激素），即激素作用具有相对特异性。

（3）激素的高效能生物放大效应　激素在血液中的浓度都很低，一般只有 $10^{-12}\sim10^{-9}$g/mL，但其作用显著。例如，动物体内的孕酮水平只要达到 6×10^{-9}g/mL 就可以维持正常妊娠。这主要是激素在逐级释放中的放大效应和发挥调节作用过程中引发细胞内一系列酶促放大作用的缘故。

（4）激素间的相互作用　共同参与某一生理活动调节的多种激素间往往存在协同作用或颉颃作用。激素之间的协同作用与颉颃作用的机制比较复杂，可以发生在受体水平，也可以发生在受体后信息传递过程或者是细胞内酶促反应的某一个环节，如孕酮浓度升高时，可与醛固酮竞争同一受体，从而减弱醛固酮调节水盐代谢的作用。有时把具有颉颃作用的激素互称为抗激素，有时“抗激素”又指激素抗体，并因此发展出激素免疫中和技术。

（5）激素本身也处于变化之中　体内激素以自身的规律和条件的影响不断被合成和分泌、运输和发挥作用的同时，也不断地被灭活或排出，而从体内消失。通常用半衰期来表示激素在体内代谢的快慢。半衰期，又称半寿期、半存留期，指某种激素被释放到血液中，其浓度或活性降低为初始值一半所需要的时间。各种激素的半衰期差异很大，如肾上腺素常以秒计算，FSH 约为 5h，而 PMSG 则以天计算。

2. 生殖激素的分泌与作用机理　不同化学性质的激素，其生物合成、分泌、转运，以及作用机理是不一样的。

（1）含氮激素的分泌与作用机理　含氮激素中的肽类和蛋白质激素的合成与一般蛋白质的转录、翻译过程相似。通常先形成前激素原，再经过裂解、修饰，变为激素原，最后变为有活性的激素。而胺类激素以酪氨酸等氨基酸为原料，依靠胞浆或分泌小泡内各种专门的酶加工而成。含氮类激素合成后都以分泌小泡形式在细胞内储存，分泌时经胞吐作用释放到细胞外或体液中。

含氮激素的作用机理通常用第二信使学说解释。由于第一信使蛋白质和多肽类激素是大分子，一般不能进入细胞，它们首先与细胞膜上的特异性受体结合，通过膜上 G 蛋白的介导，激活膜内侧的腺苷酸环化酶等效应器酶，在细胞内产生 cAMP、cGMP 等第二信使，进而激活相应的依赖性蛋白激酶，引起靶细胞一系列生化反应与生理活动的变化。现已证明，三磷酸肌醇（IP_3）、二酰甘油（DG）以及 Ca^{2+}-钙调蛋白（CaM）复合物等也是细胞内的第二信使。

（2）类固醇激素的分泌与作用机理　类固醇激素具有环戊烷多氢菲的基本结构，其合成与胺类激素类似，原料为胆固醇。类固醇激素很少储存，合成后即扩散释放。血液中的类固醇激素大多与非特异性运载蛋白或特异性结合蛋白结合。结合型激素与游离型激素之间存在动态平衡关系，游离型激素才表现活性。结合型激素不易被破坏，可以理解为游离型激素的“储藏库”。

类固醇激素分子小，脂溶性大，可以通过细胞膜直接与胞浆内相应受体结合，激素-受体复合物再作用于基因组，诱导蛋白质的合成，新合成的蛋白质发挥该激素的调节作用（基因表达学说）。

（三）生殖激素的分泌调节

激素分泌的调节方式包括神经调节、体液调节和内分泌腺体自身调节，此外遗传密码可以决定内分泌器官表现机能的质和量。

1. 神经调节　可以直接或间接地调节或影响激素的分泌。如下丘脑、肾上腺髓质、某些内分泌器官或细胞激素的分泌直接受神经控制。中枢神经系统通过控制下丘脑分泌各种释放激素，经过垂体门脉循环调节腺垂体多种促激素分泌，进而再影响和调节性腺等其他内分泌腺的分泌，则是间接神经调节或称神经-体液调节（图 2-15）。

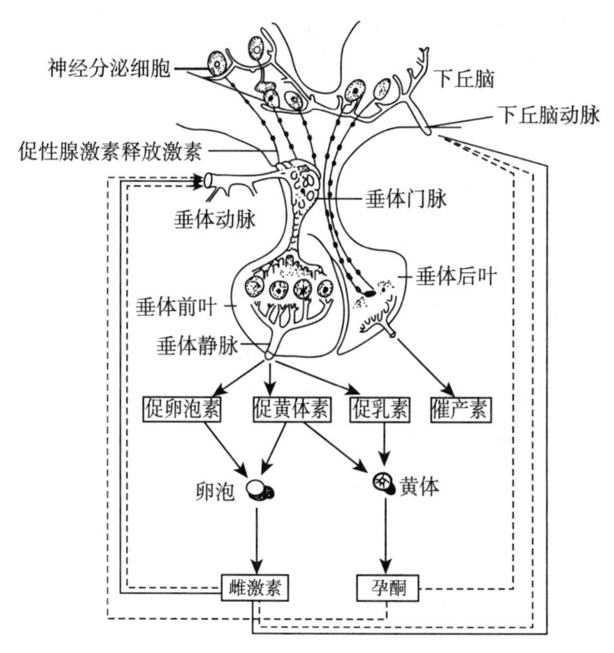

图 2-15　下丘脑-垂体-性腺轴

2. 体液调节　主要分为激素的反馈调节和代谢物的反馈调节。公牛下丘脑分泌 GnRH，控制腺垂体 FSH 和 LH 的释放，进而调节睾丸间质细胞分泌雄激素。这是自上而下的调控。与此同时，还存在下游的激素对上游器官的反馈调节。包括性腺激素对腺垂体和下丘脑分泌活动的长反馈调节，FSH 和 LH

对下丘脑分泌活动的短反馈调节，以及血液中 GnRH 对下丘脑分泌活动的超短反馈调节三种。这些反馈调节大多为抑制型的，称为负反馈；少数是促进作用，称为正反馈。这种调控模式可以维持机体内分泌活动和生理机能的稳态，或者强化某一生理过程达到某一状态，如排卵。

二、神经激素

神经激素是指由某些神经细胞产生的内分泌激素。这些神经细胞可能既保留着神经细胞的结构和机能特征（如能产生和传导冲动，能通过神经递质在突触部位与其他神经细胞相互作用）以外，还具有分泌的特性。它们的分泌物不是像神经递质那样作用于突触后膜发挥作用，而是进入血液循环，以真正激素的方式影响着远处的器官。这一类的神经细胞称为神经内分泌细胞，其分泌产物则称为神经激素。神经内分泌细胞或其组织在胚胎发生上来自神经外胚层，其分泌受神经冲动的调节。

下丘脑促垂体区分泌的调节肽、视上核和室旁核通过神经垂体分泌入血的催产素和抗利尿激素、松果腺激素以及肾上腺髓质激素等都属于神经激素。与生殖调控关系密切的神经激素主要有促性腺激素释放激素、催产素和松果腺激素等，而同为神经激素的 TRH、PRF 和 PIF 作用较单纯。

（一）促性腺激素释放激素

1. 促性腺激素释放激素的产生部位及化学结构 促性腺激素释放激素（GnRH）产生于下丘脑的视前区、内侧视交叉前区、弓状核等区域或核团中的肽能神经元，另外以上神经元的纤维还分布到正中隆起和垂体柄上方，所以在这些区域内也有大量的 GnRH 分布。另外，GnRH 可能并非仅在下丘脑中合成，因为在松果体、其他脑区和脊髓液中也有 GnRH 分布；在脑外组织，如胎盘、肠、胰脏等也发现有类似于 GnRH 的物质存在。

1971 年瑞典化学家 Schally 等首先从 165 000 头猪的下丘脑中提取并纯化出几毫克 GnRH，并证明 GnRH 是由 9 种不同氨基酸组成的直链式十肽，即焦谷-组-色-丝-酪-甘-亮-精-脯-甘酰胺，分子量 1183。GnRH 氨基端的三肽是它的生物活性基团。GnRH 在动物体内的半衰期为 4min。哺乳动物的 GnRH 结构相同。

2. GnRH 的生理功能

（1）调控腺垂体促性腺激素的分泌　下丘脑至腺垂体可以通过来自垂体上动脉的长门脉系统和来自垂体下动脉的短门脉系统将神经激素传递给垂体。下丘脑释放的 GnRH 与垂体前叶的促性腺激素分泌细胞细胞膜上的特异性受体结合，通过激活腺苷酸环化酶- cAMP -蛋白激酶体系，促进 LH 和 FSH 的合成与释放。但是，LH 和 FSH 对 GnRH 的促分泌反应有所不同。垂体细胞对 GnRH 出现不同的分泌反应，可能与以下两个方面的因素有关：一是下丘脑 GnRH 神经元受到高级神经中枢其他部位传入信息的影响及性腺激素的反馈作用，以不同的脉冲频率释放 GnRH 作用于垂体，引起垂体细胞分泌反应的改变。二是性腺分泌的抑制素对垂体 FSH 特异性的抑制作用，可能是引起 FSH 对 GnRH 的促分泌反应不如 LH 明显的一个因素。

（2）GnRH 对性腺的直接作用　GnRH 对公牦牛有促进精子发生和增强性欲的作用，对母牦牛有诱导发情、排卵，提高配种受胎率的功能。GnRH 的这些作用是通过影响垂体 LH 和 FSH 的分泌，间接调节性腺实现的。GnRH也可以直接作用于性腺。但 GnRH 对性腺的直接作用是抑制性的。表现为抑制排卵、延缓附植、阻碍妊娠，甚至引起卵巢和睾丸的萎缩。这称为 GnRH 对生殖系统的“异相作用”。在长时间或大剂量应用 GnRH 或其高活性类似物时会出现。

3. GnRH 的分泌调控

（1）高级神经中枢　已知大部分脑区，特别是皮层、边缘系统以及间脑都有神经纤维分布到下丘脑，形成突触联系。来自体内的各种刺激可以通过这些高级神经中枢影响下丘脑的 GnRH 分泌。

（2）神经递质　由中枢神经和外周神经分泌的胺类或肽类神经递质，如儿茶酚胺、多巴胺、肾上腺素、去甲肾上腺素、5-羟色胺（5-HT）、类阿片肽（OPs）等对 GnRH 的分泌均有调节作用。试验证明，儿茶酚胺类递质对 GnRH 的分泌有促进作用，而 5-HT、OPs 则有抑制作用。

（3）松果腺激素　松果腺分泌的褪黑激素（MLT）、5-HT 和 8-精加催素等活性物质可以经血液循环和脑脊髓液扩散到下丘脑，抑制 GnRH 分泌。

（4）反馈机制　一般认为 GnRH 的靶腺（垂体、性腺）分泌的激素可反馈调节 GnRH 的分泌。包括性腺激素作用于下丘脑的长反馈调节，引起 GnRH分泌减少（负反馈）或增加（正反馈）；腺垂体激素作用于下丘脑的短反馈调节，抑制 GnRH 的分泌。血液中 GnRH 水平对自身的分泌活动也具有负反馈作用。

（5）下丘脑调节 GnRH 分泌的两个中枢　母牦牛 GnRH 的分泌呈现出明显的周期性变化，而公牦牛则无这种变化。两性 GnRH 分泌存在这种差异，是因为在下丘脑存在控制 GnRH 分泌的两个中枢，即紧张中枢和周期中枢。前者位于下丘脑的弓状核和腹内侧核，后者位于视交叉上核及内侧视前核。它们的神经突起与下丘脑不同区域的神经分泌细胞相连，控制着这些神经细胞的分泌活动。紧张中枢控制着 GnRH 经常性分泌，使体内 GnRH 维持一定的基础水平。

4. GnRH及其类似物的应用 GnRH及其类似物在生产中主要用于促进排卵，可用于治疗牛卵巢静止和卵泡囊肿等症，使牛正常发情而繁殖。如母牦牛发情配种时或配种后10d内注射GnRH 100～200μg，可以提高配种受胎率。奶牛卵巢静止，肌内注射GnRH粗品200～400μg，1～3次，会在11～33d发情；奶牛持久黄体，肌内注射GnRH粗品400～800μg，1～4次，30d左右持久黄体消失；奶牛卵泡囊肿，肌内注射GnRH粗品400～600μg，2～4次，15～30d囊肿消失；产后10～20d，肌内注射GnRH粗品100～200μg，可以提早发情，促进子宫恢复，缩短分娩间隔；患胎盘停滞母牛产后10～18d注射GnRH可提高受胎率，缩短产后首次配种受胎的间隔时间。

（二）催产素

1. 催产素的合成与释放部位 催产素（OXT）是在下丘脑合成、在神经垂体中贮存并释放的神经激素。习惯上根据其释放部位或制备原料也将其称为垂体后叶素或垂体后叶激素。OXT由下丘脑视上核和室旁核合成后，与其相应的运载蛋白结合，被浓缩成分泌颗粒（催产素前体）沿着轴突向神经垂体运输，转运速度可达2～3mm/h。在酶的作用下被转运的复合物裂解成运载蛋白和OXT，贮存于神经垂体。20世纪80年代应用组织免疫化学定位和RIA技术的研究发现，不但在视上核和室旁核存在OXT，同时在整个下丘脑和附近区域的一些小细胞群和分散的细胞中也含有OXT。牛卵巢上的黄体细胞也可分泌OXT。

牛的OXT是一个含二硫键的九肽，分子量11 000。二硫键虽然是稳定OXT分子紧密性的重要因素，但并非为维持生物活性所必需。OXT在血液中的半衰期为1.5min。

2. OXT的生理功能

（1）刺激子宫平滑肌收缩 OXT对处于雌激素“致敏”下的子宫肌层有刺激作用。在卵泡成熟期，通过交配或输精能反射性引起OXT的释放，促使输卵管和子宫平滑肌收缩，有助于精子及卵子在母牛生殖道内的运行。母牛分娩时，OXT水平升高，使子宫阵缩增强，迫使胎儿产出。

（2）参与排乳反射 OXT可以刺激哺乳动物乳腺肌上皮细胞收缩，导致排乳，并使小导管扩张和缩短，乳汁经由小导管流入大导管和乳池而蓄积。当犊牛吮乳时，生理刺激传入脑区，引起下丘脑活动，进一步促进神经垂体呈脉冲性释放OXT。牧工在给牦牛挤奶前按摩乳房，就是利用排乳反射引起OXT水平升高而促进乳汁排出。

（3）溶解黄体作用 这可能是卵巢黄体局部产生的OXT通过自分泌和旁

分泌作用，刺激子宫分泌 $PGF_{2\alpha}$，引起黄体溶解而诱导发情。

3. OXT 分泌的调节 OXT 的分泌一般是神经反射性的。分娩时胎儿对子宫颈的压迫，以及犊牛吮乳（或挤乳）均可刺激下丘脑-神经垂体的 OXT 释放。雌激素对催产素受体的合成具有促进作用，因此对 OXT 的生物学作用具有协同作用。

4. OXT 在生产中的应用 OXT 常用于促进分娩，治疗胎衣不下、子宫脱出、产后子宫出血和子宫内容物（如恶露、子宫积脓或木乃伊胎）的排出等。事先用雌激素处理，可增强子宫对催产素的敏感性。催产素用于催产时必须注意用药时期，在产道未完全扩张前大量使用催产素易引起子宫撕裂。通常，在临床上，催产素的用量牛为 30～50IU。另外，催产素还有提高配种受胎率和诱发同期分娩的作用。

（三）褪黑激素

1. 褪黑激素的化学特性与生物合成 松果腺（Pineal gland），又名松果体或脑上腺，松果腺多种分泌物中活性最强的是褪黑激素（MLT）。松果腺是哺乳动物 MLT 的主要来源。MLT 的化学名称为 N-乙酰-5-甲氧基色胺。MLT 的生物合成以色氨酸为原料，先变为 5-羟色氨酸，再转变成 5-HT，然后在 5-羟色胺-N-乙酰转移酶（NAT）的作用下，转化成 N-乙酰-5-羟色胺。NAT 是合成 MLT 的限速酶。光照变化可影响 NAT 酶的活性和含量，进而影响 MLT 的合成。最后，N-乙酰-5-羟色胺在羟基吲哚氧位甲基转移酶（HIOMT）的作用下转化成 MLT。

MLT 可以迅速通过血脑屏障，进入脑组织。MLT 的主要代谢途径是在肝脏微粒体羟化酶的催化下，羟化成 6-羟 MLT，进而与硫酸盐或葡萄糖醛酸结合，由尿中排出。因此，测定尿中 6-羟 MLT 复合物含量可以反映血液中 MLT 水平。

2. 褪黑激素分泌的调节 松果腺的分泌活动主要受光刺激引起的神经冲动的调节。哺乳动物松果腺细胞虽然本身不具备光感作用，但仍可通过神经联系间接地接受光照刺激。光照刺激通过由视网膜起始的神经通路的传递，最终抵达交感神经节后纤维，抑制神经纤维末梢 NE（去甲肾上腺素）的释放。神经纤维进入松果腺后并不与松果腺细胞形成突触，而是分布在松果腺各细胞间或毛细血管空隙。节后纤维末梢释放的 NE 主要通过渗透方式作用于松果腺细胞。因此 NE 是实现光照影响松果腺 MLT 合成、代谢和分泌的重要中介。NE 作用于松果腺细胞 β 受体后，通过细胞内一系列变化最终影响 MLT 的合成酶系，使松果腺内 MLT 水平发生变化，进而影响外周血中 MLT 水平。

3. 褪黑激素的生理功能 松果腺对性腺发育和生殖细胞的生成有直接影

响。MLT是引起性腺萎缩的重要中介物。MLT对脑吡哆醛激酶的活性有促进作用，进而促进谷氨酸脱羧形成γ-氨基丁酸、促进5-羟色胺酸脱羧形成5-HT。这两种抑制性神经递质含量的增加，对中枢起调节和镇静作用。

外源性MLT可使血中FSH、LH和MSH水平降低，GH水平升高。切除松果腺后，垂体发生肥大，FSH、LH和ACTH的分泌增加，而PRL、ADH、ACTH、TRH和TSH水平降低。表明MLT对生长有促进作用，对甲状腺、肾上腺皮质、乳汁分泌和黑色素细胞的机能有抑制作用。

三、促性腺激素

垂体是重要的神经内分泌器官，位于脑下部的蝶鞍（蝶骨内的一个凹陷处）内，以狭窄的垂体柄与下丘脑相连，故又称为脑下垂体。垂体体积小，重量只有体重的十万分之一左右。牦牛的垂体重2～5g。但是它的作用却很大，可分泌多种蛋白质激素调节动物的生长、发育、代谢以及生殖等活动。

垂体由腺垂体和神经垂体两部分组成。腺垂体和神经垂体分别起源于胚胎的两个原基，即口腔上皮和脑漏斗。腺垂体由远侧部、结节部和中间部组成。神经垂体由神经部和漏斗部构成。漏斗部包括漏斗柄、灰结节的正中隆起。在解剖学中，远侧部和结节部合称为垂体前叶，垂体后叶大体相当于神经部和中间部。垂体中分泌激素的细胞主要分布于腺垂体。远侧部是垂体最大的一部分，其实质由细胞群和细胞索构成，这些细胞与窦状毛细血管网紧密连接。根据有无染色颗粒，可把远侧部的实质细胞分为嫌色细胞和嗜色细胞两大类。嫌色细胞是嗜色细胞释放特殊颗粒后的状态，二者可相互转化。嗜色细胞中的特殊染色颗粒是含有激素前体的囊泡。依颗粒染色性质的不同，嗜色细胞可以分为嗜酸和嗜碱两种；再根据染色反应、超微结构、激素的化学性质以及各种细胞成分上的变化，这两种细胞又分为六种细胞类型，它们分别产生7种激素，即嗜酸性细胞分泌的生长激素（GH）和PRL、嗜碱性细胞分泌的FSH、LH、促甲状腺素（TSH）、促肾上腺皮质激素（ACTH）以及促黑色细胞素（又称黑色细胞刺激素，MSH）。其中，FSH、LH和PRL三种激素直接参与生殖机能调控，属于生殖激素。

（一）促卵泡素

1. 促卵泡素合成部位、化学结构特征 促卵泡素又称卵泡刺激素或促卵泡成熟素（FSH）。FSH是由腺垂体的嗜碱性细胞合成和分泌的。它是一种糖蛋白，其分子中主要含四类糖类成分：己糖（3.9%）、氨基己糖（2.4%）、岩藻糖（0.4%）、唾液酸（1.4%）。牦牛的FSH的分子量为37 300，等电点为4.8。FSH在垂体中的含量较少，提取和纯化较难，且在分离过程中较易破坏。FSH 的半衰期约为 5h。

FSH 由两个分子量约为 16 000 的亚基即 α-亚基和 β-亚基以共价键相连。糖基是以 N-糖苷键的方式连接在 α-亚基和 β-亚基各自的区域。在同种哺乳动物中，FSH 的 α-亚基与其他糖蛋白质激素（LH 和 TSH）基本相同，唯 β-亚基在各种糖蛋白质激素间差异较大。相反，就同一种糖蛋白质激素而言，不同动物 α-亚基的种间变异较大，而 β-亚基的变异较小。即 α-亚基与动物种属特异性有关，而 β-亚基主要决定糖蛋白质激素的特异性生物活性。例如，将其他糖蛋白质激素的 α-亚基与 FSH 的 β-亚基杂合后，其杂合分子表现 FSH 的生物活性。

FSH 的分泌是脉冲式的，主要受下丘脑 GnRH、性腺分泌的抑制素、激动素等的直接调节，以及性腺类固醇激素的反馈调节。

2. FSH 的生理功能 FSH 对公牛的主要作用是促进生精上皮发育和精子的形成。FSH 可促进曲细精管的增长，促进生精上皮分裂，刺激精原细胞增殖，并在睾酮的协同作用下促进精子的形成。FSH 对母牛的主要作用是刺激卵泡生长和发育。FSH 还可刺激卵泡细胞 LH 受体增加，在 LH 的协同作用下，刺激卵泡成熟、排卵。此外，FSH 还能诱导颗粒细胞合成芳香化异构酶，催化睾酮转变为雌二醇，进而刺激子宫发育并出现水肿。在生理条件下，FSH 与 LH 有协同作用。不同种属动物体内 FSH 和 LH 的含量和比例不同，表现出的生理活动特点有明显差异。牦牛的 LH 的比例相对较大、FSH 相对不足，发情持续时间短，较多发生安静排卵情况。

3. FSH 的应用 在动物生产和兽医临床上，FSH 常用于诱导母畜发情排卵和超数排卵，以及治疗卵巢机能疾病。由于 FSH 半衰期短，使用时必须多次注射才能达到预期效果，一般每日两次，连续用药 3～4d。如果应用缓释剂，则只需一次注射就可。至于 FSH 用量，则需根据制剂的纯度确定。

治疗母牛不发情、卵巢静止、卵巢发育不全、卵巢萎缩等症，使用剂量：母牛每次注射 100～200IU，一般 2～3d 为 1 个疗程，每次间隔时间为 3～4d。提高同期发情率，在同期发情处理中，和孕激素或前列腺素配合使用，可增加群体母牛发情和排卵的同期率。诱发因泌乳而乏情的母牛发情，对产后 60d 以后的母牛应用 FSH 可提高发情率和排卵率，缩短产犊间隔。

（二）黄体生成素

1. 黄体生成素合成部位、化学结构特征 黄体生成素（LH）由腺垂体嗜碱性细胞分泌，分子结构与 FSH 类似，也是由 α-亚基和 β-亚基组成的糖蛋白质激素。牛 LH 的 α-亚基由 96 个氨基酸残基组成，β-亚基由 120 个氨基酸残基组成。LH 的化学稳定性较好，在提取和纯化过程中较 FSH 稳定。用沉积分析法测定牛垂体LH的分子量为25 200～30 000，等电点为9.55。糖类的比率为12.2%。血液中LH的半衰期为30min。

2. LH的生理功能

（1）对母牛的作用　LH与FSH协同促进卵泡生长成熟，粒膜增生，并参与内膜细胞合成分泌雌激素。LH可诱发排卵、促进黄体形成，还有增加卵巢血流量的作用。

1）诱发排卵　各种动物的排卵都依赖于LH，在发情周期中，当LH达到峰值时，即诱发排卵。在卵泡液中存在着一些蛋白溶解酶、淀粉酶、胶原酶、透明质酸酶等。卵泡成熟时，卵泡液中这些酶活性增加，使卵泡壁溶解破裂而导致排卵。在LH作用下产生的孕酮可以触发排卵酶的形成及释放，如用抗孕酮血清阻断孕酮的作用，则将抑制排卵。在LH峰值的作用下PGs的合成增强，PGs可以刺激卵泡外膜收缩，这对排卵起一定作用。

2）促进黄体形成　促黄体素因它能引起黄体形成而得名。从成熟的卵泡中取出颗粒细胞进行体外培养，即使没有促性腺激素存在，也会自然地黄体化。然而未成熟的颗粒细胞，只有加入FSH和LH才能黄体化。这说明两种促性腺激素对于颗粒细胞黄体化过程中的某一点可能是必需的，但二者又非黄体化的直接触发者。在卵泡成熟过程中，卵泡内促性腺激素和雌二醇含量的变化，对排卵前卵泡内黄体化的准备及维持正常黄体功能是很重要的。给牛注射LH可延长黄体寿命，给予抗牛LH，可促进黄体溶解。可见LH也是维持黄体功能所必需的。

3）增加卵巢血流量　LH能增加卵巢血流量，引起卵巢充血。这种作用可能是继发于卵巢组织胺或前列腺素的释放。卵巢血流量增多，能够使类固醇激素分布到全身血液循环中的机会增多。

（2）对公牛的作用　LH在公牛体内的靶细胞是睾丸的间质细胞，LH刺激间质细胞促进睾酮生成。LH在FSH和睾酮的协同作用下，促进精子充分成熟。对间质细胞的超微结构研究表明，用LH处理后，其分泌活动性发生相应变化，如高尔基复合体和粗面内质网扩张，脂滴明显耗竭。

3. LH的应用

（1）诱导排卵　在胚胎移植工作中，为了获得较多的胚胎，常先注射PMSG或FSH，再在供体配种的同时静脉注射LH，以促进排卵。

（2）预防流产　对于由黄体发育不全引起的胚胎死亡或习惯性流产，可在配种时和配种后连续注射2～3次LH，可促使黄体发育和分泌，防止流产。

（3）治疗卵巢疾病　LH对排卵延迟、不排卵和卵泡囊肿有较好疗效。对已知患排卵延迟或不排卵的母牛，在配种的同时注射LH，以促进排卵。卵泡囊肿时应用LH可促使其黄体化，使下一周期恢复正常。LH和FSH同时使用可治疗卵巢静止或卵泡中途萎缩。

（4）治疗公牛不育　LH对公牛性欲减退、精子浓度不足等疾病有一定疗效。

（三）催乳素

1. 催乳素合成部位、化学结构特征　催乳素（PRL）又名促乳素、生乳素。PRL由腺垂体嗜酸性的促乳素细胞分泌，通过垂体静脉系统进入血液循环。哺乳动物PRL为199个氨基酸残基组成的单链蛋白质，内有3个二硫键，等电点pI为5.7～5.8。动物种类不同，PRL分子结构有差异。牛和羊PRL之间分子差异较小，仅有两个氨基酸残基有差异。

PRL的分泌受体内外多种激素影响。最重要的生理刺激是吮乳、应激和雌激素水平上升。这些刺激影响下丘脑产生的PRL释放因子（PRF）和PRL释放抑制因子（PIF）的释放，促进或抑制腺垂体PRL的分泌。血浆中PRL的半衰期是15～30min。

2. PRL的生理功能

（1）促进乳腺发育和乳汁生成　乳腺发育需要雌激素、孕酮、糖皮质激素、促乳素等的协同作用。在性成熟前，PRL与雌激素协同作用，维持乳腺主要是导管系统的发育。在妊娠期，PRL与雌激素、孕激素共同作用，维持乳腺腺泡系统的发育。母牛在分娩前PRL出现分泌峰，加之孕酮降低，PRL与糖皮质激素协同，激发和维持泌乳活动。PRL对乳生成的作用是刺激氨基酸摄取，合成乳糖及乳脂。

（2）抑制性腺机能发育　在奶牛生产中发现，产奶量高的牛配种受胎率降低，这是因为高产奶牛血液中PRL水平较高，可以抑制卵巢机能发育，影响发情周期。PRL对公牛性腺机能也有抑制作用。

3. PRL的应用　由于PRL来源缺乏，价格昂贵，不能直接应用PRL为畜牧生产服务。但升高或降低PRL的药物应用较多。

（四）孕马血清促性腺激素

1. 孕马血清促性腺激素的合成部位与化学特征

（1）合成部位　孕马血清促性腺激素（PMSG）主要存在于妊娠40～150d的母马血清中，它产生于子宫内膜杯。当母马妊娠至38～40d时，便能在子宫孕角看到这种杯状结构，它们在子宫角腔内呈杯状排列，包围着发育的胚体。构成杯状结构主体且能分泌PMSG的双核细胞来源于胚胎，即于妊娠36～38d时，来源于胎膜的某种特异滋胚层细胞迅速侵入子宫内膜，并增殖扩散形成杯状结构，且能分泌一种不定形的易于染色的物质，似乎将子宫内膜上皮和胎膜粘在一起，一旦这些细胞在子宫内膜基质内迅速胀大并变成双核，即开始分泌 PMSG。

（2）化学特征　与垂体促性腺激素一样，PMSG 也是糖蛋白，但其独特之处是含糖量极高（41%～45%），其中包括大量的唾液酸（10.8%），同时肽链中碱性氨基酸较少，PMSG 因此呈酸性，等电点 pI 为 1.8～2.4。唾液酸在糖蛋白中的量与该激素在血液中的半衰期有密切关系。PMSG 的半衰期可达 40～125h，同样马的 LH 及 FSH 中唾液酸显著高于其他动物，因此其半衰期也较长。用电泳法测定高纯度 PMSG 的分子量为 53 000。PMSG 含有 α 和 β 两个亚基。此外，冷冻干燥和反复冻融可降低其生物活性。

2. 生理作用　PMSG 兼有 FSH 和 LH 的生物学作用，而以 FSH 的作用为主。

（1）对母牛的作用　PMSG 对母牛的作用主要是刺激卵泡生长和维持妊娠。

卵巢卵泡大小及分化阶段不同，对 PMSG 的反应程度亦各不相同。PMSG 能使进入生长期的原始卵泡数量增加，腔前初级卵泡比有腔次级卵泡更多；使处于囊状（三级）卵泡的体积减小，使最小和最大囊状卵泡的生长速度均加快；在最小卵泡的生长速度增加的同时，DNA 的合成增加；使卵巢类固醇的形成增多，尤其是雌激素的产生增加。使囊状卵泡的闭锁比例减少。

排卵以后，卵巢的机能主要是促进受精卵的附植。PMSG 和垂体提取物相似，主要含的是 FSH 活性，只有少量 LH 活性。但事实上也应属于妊娠激素，因为在妊娠母马体内，于妊娠第 40～60 天 PMSG 能够作用于卵巢，使卵泡获得发育，最后发生多数排卵，并形成许多副黄体，作为孕酮的补充来源，从而维持正常妊娠。

（2）对胎儿的作用　PMSG 能够刺激胎儿性腺的发育，因为它能够从胎盘滤过而由母体进入胎儿体内，对胎儿性腺发生起刺激作用。虽然在胎儿卵巢上没有卵泡发育，但是由于 PMSG 通过胎盘进入胎儿循环，使胎儿的睾丸或卵巢增大很多。

3. 生产中的应用

（1）催情　主要是利用其 FSH 的作用，引起正常发情的效果。由于 PMSG 制剂的效果不一致及个体反应不同，其应用效果常有差异。如给母牛催情，可间隔一天注射 PMSG 2 000IU。

（2）治疗繁殖障碍　PMSG 可治疗母牛卵巢发育不全，卵巢功能减退，长期不发情或安静发情。对牛的使用剂量为皮下注射 1 500～2 000IU。

（3）刺激超数排卵，增加排卵率　可以单独应用 PMSG，也可以将 PMSG 与其他 PG、hCG 或性腺激素等生殖激素合用。由于 PMSG 半衰期长，易引发卵巢囊肿。近年超排时倾向于配套使用PMSG抗血清，以中和体内残留的PMSG，并能提高胚胎质量。牛可一次肌内注射2 000～3 000IU。

（4）防止胚泡萎缩，促进胚泡发育　连日或隔日注射20～30mL孕马全血，注射2～5次，可使有萎缩倾向的胚泡转为正常发育。

（5）治疗持久黄体　注射PMSG 1 000～3 500IU，可使牛的黄体消散。

（6）治疗公牛性机能减退　PMSG用于治疗雄性动物阳痿、睾丸生精机能衰退或死精有一定效果。公牛皮下注射1 500IU。

（五）人绒毛膜促性腺激素（hCG）

1. hCG的合成部位、分泌规律与提取

（1）hCG的合成部位　hCG是由人胎盘产生的，在孕妇的血和尿中大量存在。应用荧光免疫方法已确定，hCG是由绒毛的合体滋养层细胞所分泌。用电镜观察，合体细胞内具有发育良好的内质网；组织免疫化学定位研究，发现粗面内质网池内的hCG浓度很高。hCG的生物合成像其他蛋白激素一样，hCG在粗面内质网上的核糖体合成。α和β-亚基是由不同的mRNA翻译而来，不是由一个mRNA相继合成。β-亚基合成是生产完整hCG的限速步骤。在细胞合成α和β-亚基时，首先合成独立的前α-亚基（前肽由24个氨基酸组成）和前β亚基（前肽由20个氨基酸组成），在细胞内运转过程中，由酶切去前肽，形成α和β-亚基。

（2）hCG的分泌规律　hCG是由尿排出体外的。血清及尿中hCG的变化与肾脏的功能关系不大，主要依赖于hCG的分泌率和灭活率。正常肾脏对于hCG的清除率是相当稳定的。hCG的合成与释放的调节机理，尚不完全了解。在体内，胎盘所产生的GnRH可能对孕体滋养层产生hCG具有促进作用。胎盘中的GnRH可能是由胎盘本身合成的。而细胞滋养层产生的GnRH可能刺激着合体滋养层对hCG的合成。

2. hCG的化学特性　hCG是一种糖蛋白激素，分子量为36 700。hCG分子也是由两个亚基组成，即α-亚基和β-亚基。hCG的α-亚基有3种长度，92肽占60%，90肽占10%，89肽占30%；89肽是糖蛋白激素α-亚基的基本结构，多出来的氨基酸残基都是在N末端的延长部分。hCG的β-亚基由145个氨基酸残基组成；其中前115个与人LH-β极为相似，只在个别位置上氨基酸种类不同；二者的最大区别是hCG-β在C-末端多出来30个氨基酸残基组成的肽段，但这一部分并不参与同受体的结合。hCG与人LH这种结构相似性导致它们在靶细胞上有共同的受体位点，而且具有相同的生理作用。在hCG分子中，糖基部分占30%，其中氨基已糖、中性已糖和唾液酸含量几乎相等。唾液酸位于糖基末端，这为维持hCG分子稳定性和表现hCG活性所

必需。

3. hCG的生理功能 hCG的生理作用与垂体LH类似，同时还具有一定的FSH作用。

（1）对母牛的作用 能促进卵泡发育、成熟、排卵和生成黄体，并促进孕酮、雌二醇和雌三醇等的合成，同时可以促进子宫生长。在卵泡成熟时能促使其排卵，并形成黄体。给予大剂量时，能延长黄体存在时间。但在卵泡未成熟时并无这些作用。此外，还能短时间刺激卵巢分泌雌激素而引起发情。

（2）对公牛的作用 能促进睾丸发育，促进睾丸曲精细管精子的发生，间质细胞分泌睾酮，能使隐睾下降。

4. hCG在生产中的应用

（1）促进母牛卵泡成熟和排卵 在母牛发情开始后的一定时间，施用hCG可以使卵泡成熟排卵。也可以用于排卵延迟的母牛。

（2）用于有计划地安排采精、输精 使用hCG可以减少等待自然排卵的时间，减少直检和输精次数，可以节省精液消耗量，从而可以提高种公牛的配种利用率。只要安排得当，可以做到隔日采精配种，从而可以减少工作强度。

（3）增强超数排卵的效果 超数排卵时在施用PMSG等药，母牛表现发情后，配种前注射hCG，可使超排效果增强。

（4）增强同期发情的同期排卵效果 用PGs或孕激素处理母畜同期发情，施用PGs或停用孕激素后，同时给予促性腺激素，可以增强同期发情的效果，提高同期发情率。如果在施用PMSG、FSH、GnRH后一定时间同时施用hCG，不但能使发情表现同期化，还可使排卵时间相对趋于一致。

（5）治疗繁殖障碍 对排卵延迟和不排卵母牛静脉注射hCG 1 000～2 000IU，可在20～60h排卵。对于卵泡囊肿和慕雄狂，静脉注射hCG 2 500～5 000IU或肌内注射10 000IU，慕雄狂症状2～3d后消失，囊肿很快黄体化。

（6）治疗公牛性腺发育不良 促进公牛性腺发育和生精作用，兴奋性机能等。

四、性腺激素

通常把雄性动物的睾丸和雌性动物的卵巢分泌的激素统称为性腺激素。性腺激素大部分为类固醇激素，最近几十年还陆续发现有抑制素、激活素和松弛素等肽类、蛋白质激素。性腺产生的类固醇激素包括雄激素、雌激素和孕激素。但性腺并非这些类固醇激素的唯一来源。肾上腺皮质、胎盘均可产生这些类固醇激素。睾酮或雌激素也并非雄性动物或雌性动物所特有，雌性动物能产生睾酮，反之雄性动物也能产生雌激素，其差别主要反映在分泌量和分泌方式上。

（一）雄激素

1. 雄激素的来源及种类　公牛的雄激素主要产生于睾丸的间质细胞。其有效物质以睾酮（T）为代表。在母牛肾上腺、卵巢和胎盘中亦含有类似物，其中主要的一种是雄酮。从公畜体内已经分离出十多种具有生物活性的雄激素，其中主要是T、脱氢雄酮、雄烯二酮和雄酮。这四种雄激素的生物活性差异很大，后三种激素的活性分别相当于T的16%、12%和10%，故认为T是睾丸分泌的真正激素，其他雄激素则可能是T的中间或终末代谢产物。

人工合成的雄激素类似物主要有甲基睾酮和丙酸睾酮，其生物学效价远比T高，并可口服。因为它们能直接被消化道的淋巴系统吸收，不必经过门静脉，可避免被肝脏内的酶作用而失去活性。

2. 雄激素的生理功能

（1）对公牛生殖功能的影响　在性分化过程中促使公牛表型的形成，在胎儿时期，睾丸在胎盘和垂体促性腺激素刺激下生成的雄激素对于维持生殖器官和副性腺的发育具有重要作用；刺激精细胞生成，促进精子的发生和成熟，维持精子在附睾中寿命和活力；刺激和维持附睾、副性腺、阴茎、包皮（包括使幼畜包皮腔内的阴茎与包皮内层分离）、阴囊的生长与发育及分泌等活动；刺激并维持公牛表现第二性征，引起公牛的性欲和性行为。皮下或肌内注射丙酸睾酮主要用于治疗公牛性欲不强（如阳痿）和性机能减退；调节雄性外阴部、尿液、体表及其他组织中外激素的产生，达到公、母牛间用气味联络的效果，以利于交配；对下丘脑和腺垂体具有反馈调节作用。

（2）对母牛的生理作用及其应用　雄激素对雌激素有颉颃作用，可抑制雌激素引起的阴道上皮角质化；对于犊牛可引起小母牛雄性化，表现为阴蒂过度生长，变为阴茎状，尤其在胚胎期给母牛应用雄激素，可使雌性胚胎失去生殖能力；雄激素长期处理的母牛具有类似公牛的性行为，可用作为试情牛，对发情母牛的检出误差仅为5%～15%；对卵巢的影响主要是通过垂体的作用，也能直接作用于卵巢。雄激素量过多，可抑制FSH、ICSH的分泌。雄激素能刺激卵泡成熟，这可能是由于对FSH分泌的刺激作用。

（3）雄激素的性外作用　提高基础代谢率，特别是促进蛋白质的合成，并有助于骨的生长和钙化；降低血浆脂质、加强脂肪的应用，减少脂肪的存积；刺激红细胞生成。通过促进血红素的生成，能直接刺激骨髓制造红细胞；影响毛发生长的部位和密度；刺激皮脂腺的分泌，引起痤疮，而用雌激素治疗痤疮可获较好效果；雄激素能促进DNA合成和细胞分化，对去势公牛注射睾酮可使肌肉等组织的细胞增殖、DNA合成的酶类增加。

3. 雄激素的应用　人工合成的雄激素类似物主要有甲基睾酮和丙酸睾酮。

主要用于治疗公牛性欲不振和性功能减退，常用药物为丙酸睾酮，可以皮下或肌内注射，一般使用剂量为牛 100～300mg。

（二）雌激素

1. 雌激素的来源与种类 雌激素又名卵泡素、动情素。雌性、雄性动物均可产生。雌性动物主要由发育卵泡的内膜细胞和颗粒细胞产生，卵巢间质细胞、黄体和胎盘也能产生一定量的雌激素。

天然的雌激素是一类分子中含有 18 个碳原子的类固醇激素，主要包括雌二醇（$17\beta-E_2$）、雌酮和雌三醇（E_3）3 种。在这 3 种天然雌激素中，$17\beta-E_2$ 的生物学活性最强，E_3 最弱。E_2 是卵巢主要的雌激素。它有 α 和 β 两种类型，皆能转化成雌酮和 E_3，E_3 是 E_2 和雌酮的代谢产物。他们均可从卵泡液中分离获得，也可由 P 或 T 转化而成，或在合成过程中彼此转化。人工合成的雌激素主要有己烯雌酚（又名乙芪酚）、己雌酚、二丙酸己烯雌酚、二丙酸雌二醇、苯甲酸雌二醇等。

2. 雌激素的生理作用

（1）对母牛的生理作用

1）刺激并维持母牛生殖道的发育，为交配活动、配子运行及妊娠做准备。初情期前摘除母牛卵巢，生殖道就不能发育，初情期后摘除卵巢，则生殖道退化。刺激子宫肌肉层增厚、蠕动增强、子宫颈松软、子宫管状腺长度增加，阴道上皮增生和角化，并分泌稀薄黏液。

2）在少量孕酮协同作用下可使母牛个体出现性欲和性兴奋。如接受公牛爬跨，子宫颈充血、开张等。

3）参与排卵调节。当血中雌激素减少到一定量时，可借正反馈作用，通过下丘脑或垂体前叶，引起 FSH 释放。FSH 与 LH 共同刺激卵泡发育，卵泡内膜产生的激素逐渐增多，于排卵前，使雌激素明显升高，这时反馈作用于下丘脑或垂体前叶则抑制 FSH 分泌，并在少量孕酮参与下，促使 LH 释放，从而导致排卵。但较大剂量则抑制 LH 分泌并抑制排卵。

4）雌激素可刺激子宫和阴道平滑肌收缩，促进精子运行，有利于精子和卵子结合。此外，子宫先经雌激素刺激后，才能接受孕酮的作用，因此雌激素对于受精卵的附植也是必要的。

5）在妊娠期，雌激素刺激乳腺腺泡和管状系统发育，与孕酮共同刺激并维持乳腺的发育。但在牛上，单独使用雌激素即可使乳腺腺泡系统发育至一定程度。在泌乳期间，刺激垂体前叶分泌 PRL，雌激素与 PRL 有协同作用，可以促进乳腺发育和乳汁分泌。

6）妊娠期间，胎盘产生的雌激素作用于垂体，使其产生 PRL，有利于刺激和维持黄体功能。到妊娠足月时，胎盘雌激素可使骨盆韧带松软。当雌激素达到一定浓度且与孕酮达到适当比例时，可使子宫肌层对 PRL 作用敏感，刺激子宫平滑肌收缩，有利于分娩。

7）雌激素对非生殖方面的作用有促进骨对钙的吸收和长骨骺部骨化作用，抑制长骨生长；影响体脂分布，使皮下脂肪含量增加，尤以胸、髋、肩部明显。也可促进肾小管对水和钠的重吸收，影响水盐代谢，雌激素的蛋白质合成作用已被畜牧界广为宣传，合成的雌激素制剂可使反刍动物增重和提高饲料效率。

（2）对公牛的生理作用

1）反馈调节促性腺激素的分泌　由于雌激素对下丘脑和垂体负反馈受体具有比雄激素更高的亲和性，对于公牛来说可能也是促性腺激素反馈调节的主要活性物质，而雄激素则可能在肝脏或反馈部位转变为雌激素再发挥其反馈作用。

2）对间质细胞功能的影响　公牛雌激素通过睾丸静脉的蔓状静脉丛进入睾丸静脉，对于调节间质细胞功能，其作用比经过下丘脑和垂体组织来得直接。

3）对公牛性征发挥影响　抑制雄性第二性征，使雄性睾丸萎缩，副性腺退化，最后导致不育。雌激素对维持公牛正常的性欲和第二性征具有十分重要的作用。

3. 在母畜繁殖上的应用

（1）催情　肌内注射少量苯甲酸雌二醇（7～8mg），可使 80%的母牛于注射后 2～5d 发情。雌激素虽不能直接作用于卵巢而使卵泡发育，但可通过下丘脑的反馈作用使 LH 分泌，间接作用于卵巢，并能增加子宫对垂体后叶素的敏感性而提高子宫收缩性。

（2）增加同期发情效果　对牛用前列腺素类似物进行同期发情处理时，如配合少量雌二醇，则能提高发情率。利用孕激素处理时，配合以雌激素，可能促进黄体消散，缩短处理日数。

（3）排除子宫内存留物　用于死胎、子宫积脓及胎衣不下的处理，可使子宫颈松弛，加强子宫的兴奋性。雌激素与 OXT 配合使用效果更好。

（4）治疗慢性子宫内膜炎　对轻型病例，如果以雌激素增加子宫病理渗出物的清除，有利于受胎。

（三）孕激素

1. 孕激素的来源及种类　动物体内的孕激素是一类分子中含有 21 个碳原子的类固醇激素。其主要来源为卵巢中的黄体细胞。此外，在睾丸、肾上腺和卵泡颗粒层细胞中也曾分离出孕酮。在牛，孕酮的生物半衰期仅有 20～35min。

孕激素的种类很多。天然的孕激素主要有孕酮（P，又称黄体酮）、孕烯醇酮、孕烯二醇、脱氧皮质酮等，由于它们的生物活性不及孕酮高，但可竞争性结合孕酮受体，所以在体内有时甚至对孕酮有颉颃作用。人工合成的孕激素有甲基乙酸孕酮（MAP）、乙酸氯地孕酮（CAP）、乙酸氟孕酮（FGA）、醋甲脱氢孕酮（MCA）、甲地孕酮（MA）、炔诺酮、异炔诺酮、安宫黄体酮（即醋酸甲羟孕酮）、二甲脱氢孕酮等。

2. 孕酮的生理作用 孕激素和雌激素作为雌性动物的主要性激素，共同作用于雌性生殖活动，两者的作用既相互抗衡，又相互协同。孕酮对生殖道的作用需要雌激素的预作用，雌激素诱导孕酮受体产生。相反，孕酮有调节 E_2 受体，阻抗雌激素作为促有丝分裂因子等许多作用。两者在血液中的浓度此消彼长，决定着最终的作用效果。

（1）对生殖道发育的作用 生殖道在雌激素作用下开始发育，但只有在孕酮协同作用下，才能得到更充分的发育。

（2）对发情的作用 少量孕酮能与雌激素共同作用，使母牛出现外部发情表现，并接受交配。因为在少量孕酮协同下，中枢神经才能接受雌激素的刺激，母牛才能表现性欲和性兴奋，否则，卵巢中虽有卵泡发育，也无外部发情表现，出现通常说的“暗发情”。大量孕酮通过对下丘脑或垂体前叶的负反馈作用，抑制了垂体 FSH 和 LH 的释放，特别是抑制 FSH 的释放；还可以对抗雌激素的作用。所以在黄体开始萎缩以前，卵巢中虽有卵泡生长，但并不能迅速发育。此时，也就不能出现发情。对具有发情周期的动物来说，孕酮就成为间情期长度的调节器，一旦黄体停止分泌孕酮，FSH 就迅速释放出来，从而引起卵泡发育和发情前期的到来，并随之出现发情。

（3）对排卵的作用 小剂量孕酮，可以刺激牛排卵。母牛排卵前的成熟卵泡能产生少量孕酮，其与卵泡分泌的雌激素协同作用，能促进 LH 的释放而刺激排卵。

（4）对妊娠的作用 在每个发情周期中，随着黄体的发育，孕酮的量均有升高，不论有无合子存在，孕酮都能维持子宫黏膜增生，刺激子宫腺增长、弯曲增多，分泌功能加强，形成子宫乳，有利于早期胚胎的营养、发育和附植。这就为妊娠做好了准备。配种后第 13、15 和 16 天的牛胚胎能产生孕酮，孕酮即为孕体表明存在的信号，母体子宫对该信号所产生的识别反应就是不再释放 $PGF_{2\alpha}$，因而能使黄体继续存在，使胚胎得以存活。即所谓妊娠识别作用。孕酮还能抑制子宫肌肉的自发性活动以及子宫对催产素的反应，使子宫保持安静。此外，孕酮能使子宫颈收缩，并使子宫颈分泌黏稠黏液，形成子宫黏液颈塞，借以防止外物侵入，有利于保胎。

（5）对乳腺的作用 在雌激素刺激乳腺腺管发育的基础上，孕酮能刺激乳腺腺泡系统的发育，二者相互协同，共同维持乳腺的发育。

（6）具有免疫抑制作用　应用大剂量孕酮时，其作用类似肾上腺皮质激素，具有免疫抑制作用，可能与母体对孕体不发生免疫排斥有关。

3. 孕酮在生产中的应用　孕酮在动物繁殖中的应用相当广泛，可用于家畜的同期发情、超数排卵和治疗繁殖疾病。孕酮本身一般口服无效，故常制成油剂用于肌内注射，也可制成丸剂做皮下埋藏，或制成乳剂用于阴道栓。由于其在生物体液中含量相对雌二醇较高，易于定量分析，故在繁殖状态监控、妊娠诊断，以及许多繁殖疾病诊断方面也得到了普遍的应用。

（1）诱导同期发情　对牛连续给予孕酮 7d 以上可抑制垂体促性腺激素的释放，从而抑制发情，造成人工黄体期。一旦停止给予孕酮，即能反馈性引起促性腺素释放，使母牛在短期内出现发情。

（2）协助超数排卵　连续应用孕酮 13～16d，于撤除孕酮的当天或撤除前 24h 给予 PMSG，牛在孕酮撤除后 48～96h 可引起超数排卵。

（3）进行妊娠诊断　根据血浆、乳汁、乳脂、尿液、唾液、被毛中孕酮水平的高低进行牛的妊娠诊断。这种方法一般是采集配后 21～25d 的样品，用放射免疫测定或免疫酶标测定法确定其孕酮含量。如果未孕，则孕酮接近发情时的水平；如妊娠，则孕酮含量很高，接近或超过黄体期的孕酮水平。

（4）诊断繁殖障碍　通过孕酮测定技术还可以了解卵巢机能状态，揭示母牛受胎率低的原因。若牛奶中孕酮至少有 30d 以上持续处于高水平，且直肠检查未见子宫增大、卵巢同一部分有黄体者（两次以上检查），可判断为持久黄体；产后 50d 以后奶中孕酮持续降低，说明卵巢活动尚未开始或卵巢静止；卵巢周期正常（以孕酮水平判定）而不发情者，为暗发情。如果配后 30d 以内孕酮处于高水平，此后突然下降，可判断为胚胎死亡。

（5）治疗繁殖疾病　包括排卵延迟、卵巢静止、暗发情以及预防孕酮不足性流产（即保胎作用），还可以配合或替代 hCG 和 LH 治疗卵泡囊肿。

（四）抑制素及相关肽

1. 抑制素的来源与化学特征　抑制素（Inhibin）主要来源于睾丸的支持细胞和卵巢的颗粒细胞，睾丸的间质细胞、灵长类动物的黄体细胞以及人的胎盘滋养层细胞也能产生抑制素。这种由雌、雄性腺分泌的水溶性多肽激素，对垂体 FSH 分泌具有特异性抑制作用。

抑制素是一种水溶性糖蛋白激素，含有两个由二硫键连接的肽链（α 和 β-亚单位），α-亚基上氨基酸数量较 β-亚基多。β-亚基又可分为 A 和 B 两种，故抑制素有两种类型，即抑制素 A（$\alpha\beta_A$）和抑制素 B（$\alpha\beta_B$）。抑制素分子量为 31 000～100 000，分子量在 31 000～32 000 和 55 000～65 000 者提纯较易。目前已有两种牛卵泡液抑制素的提纯物，一种分子量为 58 000（α-亚单位 43 000，β-亚单位 15 000)；另一种分子量为 31 000（α-亚单位 20 000，β-亚单位 13 000～15 000)。

提纯和分离抑制素都比较困难。抑制素不耐热，在有机溶媒中加热到 65℃以上，或在培养基中 80℃下加热 30min，活性即被破坏。在 pH 1.9～4.0 和 7.0～10.0 范围内抑制素较稳定，可以进行过滤、冰冻和干燥。

2. 抑制素的分泌与生理作用 在雄性动物，抑制素可以从支持细胞的顶部分泌入曲精细管管腔，然后汇入睾丸网并在该处吸收入血，也可从基底部进入间质后吸收入血。由于血睾屏障的发育完善，成熟睾丸中 95%的抑制素是分泌入管腔的。抑制素的分泌主要受到 FSH 的刺激作用。另外雄激素和 E_2 对其分泌起促进作用，而 P 则有抑制作用。

(1) 抑制 FSH 的合成和分泌 抑制素对基础 FSH 的分泌和 GnRH 刺激的 FSH 分泌均有抑制作用，且有剂量依赖关系。低剂量时抑制 FSH 的合成与释放，高剂量时加速细胞内 FSH 和 LH 的降解。

(2) 抑制素刺激公牛睾丸睾酮分泌 在体外培养条件下，抑制素能增加间质细胞对 LH 刺激的反应性，从而增加睾酮的分泌。

(3) 作为细胞因子的作用 由于抑制素 β 亚单位结构与细胞调节素 TGH-β 相似，因此抑制素也可以被视为具有调节作用基因家族的多肽物质而在内分泌、旁分泌和自分泌水平上广泛发挥作用。

3. 抑制素在生产中的应用

(1) 抑制素生殖免疫 使用抑制素卵泡液作为免疫原，采用主动或被动免疫方法，中和体内循环中的抑制素，可以使 FSH 水平明显升高，从而增加排卵率。

(2) 临床诊断 在公牛，抑制素水平下降和 FSH 水平升高，往往是曲精细管生殖上皮受到损伤的标志。在这种情况下，睾酮水平一般正常，但精液中精子数量下降或无精。在消除致病因子后，使用抑制素治疗可以促进生精上皮功能的恢复。

4. 抑制素相关肽

(1) 激活素（Activin，ATN，又称活化素、激动素） 不但能诱导 FSH 的特异性释放，还能增加 FSH 诱导的 LH 受体和孕酮的产生。但在有抑制素的情况下，激活素通常不表现其生物学作用。激活素是由抑制素的 A 型和 B 型 β-亚单位通过二硫键联结而成的同种二聚体（$\beta_A\beta_A$，$\beta_B\beta_B$）或异种的二聚体（$\beta_A\beta_B$)，即激活素有 A、B 和 AB 三种类型，其分子量均为 24 000。转化生长因子-β（β-TGF）与激活素有相似的分子结构，也有类似的生理功能。激活素在卵巢内还有局部作用，可引起颗粒细胞 FSH 受体表达，在 FSH 存在条件下还可促进 LH 受体表达。激活素能增加颗粒细胞产生抑制素的能力。

(2) 卵泡抑素 (FST) 又名 FSH 抑制蛋白 (FSP)，是 1987 年从牛和猪卵泡液中提取纯化抑制素时发现的单链多肽分子，主要（约占 73%）由卵巢颗粒细胞分泌，另外在垂体-肾上腺轴等器官也有分泌。迄今为止，已在牛卵泡液中发现多种具有 FST 生物活性的物质，其中一种由 315 个氨基酸残基组成，含 36 个半胱氨酸，分子量约 35 000，另两种分子量分别为 32 000 和 39 000。FST 水平在发情期较低，在黄体期中期较高，可达 2～5ng/mL。FST 抑制 FSH 释放的生物活性只及抑制素的 1/3，这一作用可能是通过结合其激动素，促 FSH 分泌活性而实现的。

（五）松弛素

1. 松弛素的来源与化学特征 松弛素（Relaxin）主要产生于哺乳动物妊娠期间的黄体，但子宫和胎盘也可以产生。牛的松弛素主要产生于黄体。国外已有三种松弛素商品制剂：Releasin（由松弛激素组成）、Cervilaxin（由宫颈松弛因子组成）和 Lutrexin（由黄体协同因子组成）。

松弛素分子量为 6 300，是由 A 和 B 两个多肽链通过二硫键连接而成的水溶性多肽激素，A 链中含有第三个二硫键，B 链含氨基酸残基数为 26。松弛素分子结构与胰岛素相似，二者氨基酸序列的同源性达 70%。

2. 松弛素生理作用 松弛素是协助动物分娩的一种激素。生理条件下，它必须在雌激素和孕激素预先作用后才能发挥显著的作用。松弛素能参与体内硫酸黏多糖的解聚作用，因而可以使骨盆韧带松弛，使耻骨联合松开，有利于母畜分娩。

近期研究表明，松弛素不仅是一种妊娠激素，它在卵泡发育和排卵，妊娠期间乳腺生长，胎儿附植以及发动分娩等方面都有作用。

3. 在生产中的应用 由于松弛素能使子宫肌纤维松弛，宫颈扩张，因此可用于子宫镇痛，预防流产和早产，也可使宫颈松弛诱导临产分娩。

（六）前列腺素

1. PGs 的化学结构 前列腺素（Prostaglandins，PGs）属于组织激素，并非由专一的内分泌腺所产生。由于化学结构和生物学特性的不同，从动物组织已分离出 A、B、C、D、E、F、G、H 等十多种不同类型的 PGs，其中主要的是 A、B、E 和 F 四型。它们都是含有 20 个碳原子的不饱和脂肪酸，主要由前体花生四烯酸通过酶的生物催化而成。各种 PGs 的双键部是在 C13 和 C14 位之间，PGA 和 PGB 在戊烷环又各有一个双键，PGE 和 PGF 另有一或两个双键，这些是它们结构上的主要特点。目前最多用的是 $PGF_{2\alpha}$（简称 $F_{2\alpha}$），是具有两个双键和三个羟基的 PGs。双键的数目可由 $F_{1\alpha}$、$F_{2\alpha}$和 $F_{3\alpha}$中的数字表示，α表示取代基的空间构型。

2. PGs的生理效应 PGs的生理作用极其广泛，也十分复杂。几乎每个器官系统的活动都受到PGs的影响。同一种PGs对不同组织有不同的作用；而同一种组织对不同PGs发生的反应也很不相同。天然PGs在体内半衰期很短，约0.75min。静脉注射后1min内就可被代谢95%。因此PGs的作用主要限于邻近部位，被认为是一类“局部激素”，即组织激素。

（1）对母牛生殖的作用 有两种来源的PGs影响子宫和输卵管的生理功能：一种是精液中的PGs在交配时随精液进入子宫；另一种是子宫内膜产生的PGs调节自身的功能。PGs对子宫的效应取决于PGs的种类和子宫本身的功能状态。在未排卵和未妊娠情况下，PGE可使子宫颈舒张和子宫体松弛，并使输卵管的子宫端收缩，而使卵巢端舒张；PGF则使子宫肌收缩，张力增强。在发情期的排卵期，母牛生殖道平滑肌对PGE的上述效应敏感性增强，而对PGF的收缩效应敏感性减弱。这种改变显然有利于精子通过子宫和输卵管。但在发情期的后期，子宫肌对PGF的收缩效应明显增强，同时子宫分泌的$PGF_{2\alpha}$也明显增多。这就能直接引起子宫强烈收缩，加速子宫内膜崩溃、脱落和排出。

正常发情周期，子宫内膜分泌的$PGF_{2\alpha}$是使黄体退化的主要因素，并能控制发情和排卵。

在发情周期的黄体期注射$PGF_{2\alpha}$可引起发情。注射的日期很重要，过早注射，处在黄体形成期，则没有作用。因此，$PGF_{2\alpha}$可供发情同期化用，虽因其价格高，已有其他更有效的代替品，但作为外源激素催情则很有效。不同动物黄体对$PGF_{2\alpha}$的敏感性不同。牛的黄体对$PGF_{2\alpha}$敏感，排卵后4d的黄体即可被其溶解。

（2）对妊娠和分娩的作用 牛在妊娠情况下，$PGF_{2\alpha}$的分泌量比正常周期高很多。在妊娠后的第16天和第19天，子宫冲洗液中$PGF_{2\alpha}$总量分别升高到482ng和188ng，比未妊娠时高10～18倍。但是$PGF_{2\alpha}$并不进入血液而是积蓄于子宫腔内。所以，孕牛外周血液中的$PGF_{2\alpha}$含量并不比未妊娠牛高，这对保护黄体显然是必要的。母牛妊娠早期阻止$PGF_{2\alpha}$进入血液的机理被认为是由于硫酸雌酮的作用。硫酸雌酮作用于妊娠的子宫内膜，使它的分泌维持外分泌方式，即包括$PGF_{2\alpha}$在内的各种分泌物不释放进入血液，而是分泌进入子宫腔，从而既防止黄体溶解，又保证组织营养物在子宫腔内蓄积，满足胚胎早期发育的需要。在分娩时和产后，与血浆孕酮含量降低同时，$PGF_{2\alpha}$大量进入血液。分娩开始时，血中$PGF_{2\alpha}$迅速升高。产后第3～4天，血中$PGF_{2\alpha}$含量下降，但直到16～18d仍保持高于正常的水平。妊娠子宫对PGs的反应也与未妊娠子宫不同。这时非但 $PGF_{2\alpha}$对妊娠子宫有促进收缩作用，而且 PGE_2 也对它起收缩作用。所以，血中 $PGF_{2\alpha}$浓度升高是导致分娩时子宫阵缩的主要因素之一。产后血中 $PGF_{2\alpha}$持续较高水平有利于促进子宫在较短时间内恢复正常。

（3）对公牛生殖的作用 公牛生殖系统的许多器官都能产生 PGs，精囊腺中含量尤其丰富。PGE 对精囊腺和输精管的平滑肌有强烈的收缩作用，并能提高它们对腹下神经刺激的效应。公牛精液中平均含有 0.49～1.37ng/mL 的 $PGF_{2\alpha}$。给公牛注射 30～60mg 的 $PGF_{2\alpha}$后采精，不但精液中的 $PGF_{2\alpha}$含量提高 45%～50%，而且精子数也明显提高。

3. $PGF_{2\alpha}$类似物及其在生产上的应用 PGs 是具有高度生物活性的物质。但天然 PGs 在体内半衰期很短，生物活性范围广，易产生副作用。而合成的 PGs 具有作用时间较长，成本较低，活性较高，副作用小等优点。因此在实际工作中多使用 PGs 的类似物。

近年来，人工合成的 PGs 类似物种类很多，目前国内试制的有 15－甲基 $PGF_{2\alpha}$、ω－乙基－13－$PGF_{2\alpha}$、$PGF_{2\alpha}$甲酯和氯前列烯醇四种。试验初步证实它们在破坏牛的功能性黄体方面具有类似的效果，因此可有效地用于控制母牛的同期发情。

在生产上，$PGF_{2\alpha}$及其类似物主要用于调节发情、超数排卵、人工引产、同期分娩、治疗生殖器官疾病、提高受胎率和增加公牛精子数。$PGF_{2\alpha}$用于同期发情的方法有子宫注入和肌内注射，前者用量少，效果明显，但注入有时比较困难，肌内注射操作容易但用药量增加。牛可用药 2 次，间隔 11d。在超数排卵过程中使用 $PGF_{2\alpha}$来溶解黄体使母畜发情，配合 FSH、PMSG 使用，牛用量为 0.2～0.4mg。对不应该维持的妊娠可用 $PGF_{2\alpha}$终止，主要是在妊娠早期进行。为便于管理，也可用 $PGF_{2\alpha}$使牛提前分娩，达到同期分娩的目的。如治疗持久黄体、黄体囊肿、子宫积脓、干尸化胎儿等。牛冻精中加入 $PGF_{2\alpha}$，受胎率可显著提高。对公牛采精前 30min 注射 $PGF_{2\alpha}$，不但可以增加精子数，而且可使精液中 $PGF_{2\alpha}$的含量升高 45%～50%。

（七）外激素

1. 外激素与激素

（1）外激素与激素的比较

1）来源、传递途径和靶器官不同 激素产生于动物的组织或内分泌腺体，分泌至体内，经组织液或血液传送，作用于体内某一靶器官或组织，经化学过程产生特定的生理反应。外激素来源于外分泌腺体，排放到体外，挥发至空气中并扩散到一定距离，作用于同类动物的其他个体，通过嗅觉产生特定的行为或生理反应。外激素又称信息素。

2）生理作用有别　激素是作用于动物个体本身的化学信使，它调节动物体内各器官或组织之间的联系，维持动物内部生理过程的协调和恒定，保证其整体性。外激素是作用于动物群体的化学信使，它的功能在于实现某一家畜种群个体之间的联系，维持群体的结构和行为的协调，保证群体的完整性。

（2）外激素与激素的关系　二者彼此依赖，相互促进，关系密切。有的性外激素（与生殖有关的外激素）的合成和分泌受着体内生殖激素的影响。有的性外激素对其他动物个体的内分泌系统能产生明显作用，影响生殖激素的产生。

（3）外激素的特点　具有种间特异性，某种动物释放的外激素，一般只能引起同种其他个体的生理反应；具有复杂性和多样性，如同一类动物的不同个体所产生的外激素是有差异性的；一般都是由各种腺体合成释放的；多为挥发性脂肪酸、类固醇等或蛋白质类型的化合物，只需微量即可起作用；几乎都是以水、空气或环境基质为媒介进行传播。

2. 外激素的来源和化学特性　外激素是由外激素腺体释放的。外激素腺体分布很广泛，遍及身体各处，靠近体表，主要的有皮脂腺、汗腺、腮腺、颌下腺、泪腺、包皮腺、尾下腺、肛腺、会阴腺、腹腺、跗腺、掌腺等。这些腺体大多数由体表细胞构成，可能是单层细胞，也可能比较复杂，并在贮存处与腺体相连，到需要时即将外激素排放到周围环境中。有些动物的尿液和粪便中亦含有外激素。

3. 外激素的应用

（1）对母牛发情率、发情持续期和排卵时间产生重要作用　公牛刺激可提高母牛的发情率；公、母牛养在一起，能加速发情进程，缩短性接受期，从而使排卵集中，受胎率提高。哺乳动物的外激素，大致可分为信号外激素，诱导外激素，行为外激素（包括识别行为、进攻行为、性行为激素等）几类。对家畜繁殖来说，性行为外激素（简称性外激素）比较重要。

（2）解决母性行为和识别行为　母性行为和母犊关系的建立也有化学通讯参与。在犊牛出生之后，母牛在犊牛全身作了气味标记。以便准确地识别亲生犊牛，拒绝其他犊牛哺乳。

第三章
牦牛繁殖生物技术

第一节　牦牛的发情鉴定技术

一、母牦牛的发情与排卵

（一）发情

1. 发情的概念　发情是母牦牛繁殖过程中的一个重要环节，是母牦牛生殖中最重要的生理现象之一。母牦牛达到性成熟后，在发情季节内每隔一定时间，卵巢内就有成熟的卵子排出。随着卵子的逐渐成熟与排出，母牦牛在生理状态、行为和生殖器官等方面都发生很大的变化，并表现出一定征状，如精神不安、食欲减退、哞叫、阴门肿胀、排出黏液（吊线）、排尿次数增多、尿液变稠、主动接近公牦牛、有交配欲、相互爬跨等，母牦牛这些现象的出现称为发情。

2. 发情时母牦牛的生理变化　发情是能繁空怀母牦牛的生殖生理现象。完整的发情应具备四方面的生理变化：①功能黄体消退。卵巢上功能黄体已经退化，卵泡已经成熟，继而排卵。②精神状态发生变化。母牦牛食欲减退，兴奋或游走，正在泌乳的母牦牛产奶量下降。③外阴和生殖道变化。主要表现为阴唇充血肿胀，有黏液流出，俗称“吊线”。阴道黏膜潮红润滑，子宫颈勃起开张，红润。④母牦牛出现性欲，接近公牦牛或爬跨其他母牦牛。当别的母牦牛对其爬跨时站立不动，而有公牦牛爬跨时则有接纳姿势。

3. 异常发情　母牦牛的异常发情多见于初情期后，性成熟前以及发情季节的开始阶段，营养不良，饲养不当和环境温度、湿度的突然改变也可引起异常发情。

（1）安静发情　又称安静排卵，即母牦牛无发情征状，母牦牛卵巢上有正常卵泡成熟并排卵，但无任何外部表现的现象。分娩后第一个发情周期的母牦牛、带犊母牦牛、每日挤乳次数多和体弱的母牦牛均易发生安静发情。当连续两次发情之间的间隔相当于正常间隔的 2 倍或 3 倍时，即可怀疑中间有安静发情。引起安静发情的原因可能是由于生殖激素分泌不平衡所致。

（2）孕期发情　即母牦牛在妊娠时仍有发情表现。在妊娠最初的 3 个月内，常有 3%～5%的发情。孕期发情有时表现不大明显，有的卵泡可以发育到成熟，但不排卵，有的可以排卵甚至配种还会受胎（如孕期复孕）。

（3）慕雄狂　即母牦牛发情行为表现为持续而强烈，发情期长短不规则，周期不正常，经常从阴户流出透明的黏液，阴户浮肿，荐坐韧带松弛，同时尾根举起，配种后不能受胎。慕雄狂发生的原因与卵泡囊肿有关系，但患卵泡囊肿的母牦牛不一定就是慕雄狂。

（4）无排卵发情　母牦牛有发情的外部表现，但不排卵，甚至卵巢上无成熟卵泡。主要原因是母牦牛第一次发情时，由于卵巢上没有黄体，孕酮分泌量较少，常引起卵泡发育不完全而不排卵，或者是初情期后的母牦牛发情时，垂体分离 LH 量不足，也易引起无排卵发情。

（5）短促发情　主要表现为发情持续时间非常短，如不注意观察，常易错过配种机会。其原因可能是由于发育卵泡很快成熟破裂而排卵，缩短了发情期，也有可能由于卵泡停止发育或发育受阻而使发情停止。

（二）发情周期

发情周期是指母牦牛相邻两次发情的间隔天数。母牦牛的发情周期平均为 21d，范围 16～25d，但异常周期也较为常见。一般壮龄、膘情好的母牦牛发情周期较为一致，老龄、膘情差的母牦牛发情周期较长。

从发情开始至发情结束所持续的时间称为发情持续期，即母牛集中表现发情征状的阶段。母牦牛发情持续期 1～2d，持续期的长短受年龄、天气等因素的影响。牦牛发情具有普通牛的一般特征，但不如普通牛种明显。发情初期，表现出精神不安，放牧中采食量减少。发情中期或旺期，外阴明显肿胀、湿润，阴门流出蛋白样黏液，举尾尿频或弓腰举尾。放牧中很少采食并主动寻找成年公牦牛，或对成年公牦牛追逐不离。当公牦牛爬跨时举尾、安静站立并接受交配。发情末期，上述征状逐渐消失，精神趋于正常，外阴肿胀消退，黏液变稠，呈黄色糊状。牦牛的发情征状多以早晚较为明显。

母牦牛的发情周期受卵巢分泌的激素调节，并根据母牦牛的精神状态、性反应、卵巢和阴道上皮细胞的变化情况可将发情周期分为发情前期、发情期、发情后期和间情期（休情期），发情前期、发情期和发情后期属于发情持续期。另外，也可根据卵巢上卵泡发育情况和排卵规律，将发情周期划分为卵泡期和黄体期。

1. 四分法

（1）发情持续期

①发情前期（Proestrus）：在正常情况下，达到性成熟尚未妊娠的母牦牛

在繁殖季节18～24d发情一次。按母牦牛发情周期平均21d计算，如果以发情征状开始出现时为发情周期第1天，则发情前期相当于发情周期第16天至第18天。卵巢上的黄体已退化或萎缩、卵泡开始发育；雌激素分泌增加，血中孕激素水平逐渐降低；生殖道上皮增生和腺体活动增强，黏膜下基层组织开始充血，子宫颈和阴道的分泌物增多。发情前期的持续时间为6～24h。

发情前期母牦牛的发情表现主要是试图爬跨其他母牦牛、嗅闻其他母牦牛、追寻其他母牦牛并与之为伴，同时兴奋不安、敏感、哞叫，阴门湿润且有轻度肿胀。发情母牦牛被其他母牦牛爬跨时站立不动是这一阶段的主要标志。母牦牛发情前期常有翘鼻子、努嘴、嗅舔其他母牦牛的外生殖器官等表现，精神紧张和不安，活泼好动，游动频繁，常用头顶其他母牦牛的臀部，并企图爬跨。

②发情期（Estrus）：有明显发情征状的时期，相当于发情周期第1天至第2天。主要表现为精神兴奋、食欲减退；卵巢上的卵泡发育较快、体积增大，雌激素分泌逐渐增加到最高水平，孕激素分泌逐渐降低至最低水平；子宫充血、肿胀，子宫颈后肿胀、开张，子宫肌层收缩加强、腺体分泌增多；阴道上皮逐渐角质化，并有鳞片细胞脱落；外阴充血、肿胀，并有黏液流出。发情期的持续时间为6～18h。

发情期的表现主要为爬跨其他母牦牛、嗅闻其他母牦牛的生殖器官，不停哞叫、频繁走动、敏感；两耳直立，弓背，腰部凹陷，荐股上翘；阴门红肿，有透明黏液流出，尾部和后躯有黏液；食欲差，产奶量下降；体温升高；因爬跨致使尾根部被毛蓬乱。发情期母牦牛可见到阴门处悬挂有透明黏液分泌物，并常粘在尾巴上。母牦牛愿意接受其他母牦牛的爬跨，在被其他母牦牛爬跨时站立不动，愿意接受交配。接受其他牛的爬跨是这一阶段母牦牛发情表现的最明显特征，也是判断母牦牛发情的最佳时期。

③发情后期（Metestrus）：发情征状逐渐消失的时期，相当于发情周期第3天至第4天。精神兴奋状态逐渐转入抑制状态；卵巢上的卵泡破裂、排卵，并开始形成新的黄体，孕激素分泌逐渐增加；子宫肌层收缩和腺体分泌活动均减弱，黏液分泌量减少而变黏稠，黏膜充血现象逐渐消退，子宫颈口逐渐收缩、关闭；阴道表层上皮脱落，释放白细胞至黏液中；外阴肿胀逐渐减轻并消失，从阴道中流出的黏液逐渐减少并干涸。发情后期可持续17～24h。

发情后期的表现主要为不接受其他牛的爬跨；发情母牦牛被其他母牦牛嗅闻或有时嗅闻其他母牦牛；有透明黏液从阴门流出；尾部有干燥的黏液。发情期过后的一定时间，母牦牛表现出与发情早期相似的征兆，食欲逐渐恢复，不再愿意接受爬跨。母牦牛尾根部或背部的被毛变得蓬乱或被磨掉，表明母牦牛曾接受过爬跨。

（2）休情期（Diestrus） 又称间情期，指这次发情结束之后，至下次发情到来之前的一段时间，相当于发情周期第4天或第5天至第15天。母牦牛的性欲已完全停止，精神完全恢复正常，发情征状完全消失。开始时，卵巢上的黄体逐渐生长、发育至最大，孕激素分泌逐渐增加至最高水平；子宫角内膜增厚，表层上皮呈高柱状，子宫腺体高度发育，大而弯曲，且分支多，分泌活动旺盛。随着时间的进程，增厚的子宫内膜回缩，呈矮柱状，腺体变小，分泌活动停止；黄体发育停止并开始萎缩，孕激素分泌量逐渐减少。

在休情期，母牦牛性欲已经完全停止，母牦牛生殖器官处于相对稳定，精神状态恢复正常，无交配欲。

2. 二分法

（1）卵泡期（Follicular phase） 指卵泡从开始发育至发育完全并破裂、排卵的时期。母牦牛持续5～8d，约占整个发情周期（21d）的1/3，相当于发情周期第16天至第21天或第23天。在卵泡期，卵泡逐渐发育、增大，血中雌激素分泌量逐渐增多至最高水平；黄体消失，血中孕激素水平逐渐降至最低水平。由于雌激素的作用，使子宫内膜增值肥大，子宫颈上皮细胞生长、增高，呈高柱状，深层腺体分泌活动逐渐增强，黏液分泌量逐渐增多，基层收缩活动逐渐增强，管道系统松弛；外阴逐渐充血、肿胀，表现出发情征状。

与四分法比较，卵泡期相当于发情周期的发情前期至发情后期的时期。

（2）黄体期（Luteal phase） 指黄体开始形成至消失的时期。在发情周期中，卵泡期与黄体期交替进行。卵泡破裂后形成黄体。黄体逐渐发育，待生长至最大体积后又逐渐萎缩，至消失时卵泡开始发育。在黄体期，由于黄体分泌大量孕激素，作用于子宫，使内膜进一步生长发育并增厚，血管增生，肌层继续肥大，腺体分支、弯曲，分泌活动增加。

与四分法比较，黄体期实际相当于休情期的大部分。

（三）发情的基本规律

1. 初情期、性成熟、体成熟

（1）初情期 母牦牛第一次发情和排卵的年龄被认为是初情期。由于初情期母牦牛的生殖器官尚未发育成熟，虽具有发情征状，但发情表现是不完全的，发情周期是不正常的。有的母牛第一次发情表现为安静发情，这实际上是性成熟的开始。在初情期之后，经过一定时期，母牦牛才达到性成熟。牦牛初情期一般为1.5～2.5岁，个别营养条件好的母牦牛在10～12月龄有性行为显露。初情期的年龄受牦牛品种、营养、气候环境等因素影响。凡是阻碍牦牛生长的因素，都会延长母牦牛的初情期。

（2）性成熟　是指牦牛生长发育到一定的年龄，生殖器官已基本发育完全，具备了繁殖能力的时期。到性成熟时，公牦牛开始具有正常的性行为，能产生雄性激素和成熟的精子；母牦牛开始出现正常的发情，能产生雌性激素和成熟的卵子。母牦牛2～3岁达到性成熟，在此之前，虽有发情表现并能受孕，但生殖器官尚未发育完全。

（3）体成熟　是指牦牛全身各部分器官的发育都达到完全成熟，具备了成年牦牛所固有的形态结构和生理机能的时期。母牦牛3～4岁达到体成熟。

2. 发情规律

（1）初配年龄　由于体成熟较性成熟晚，牦牛的身体在性成熟期仍在继续发育，所以性成熟期并不等于配种适龄期，适宜的初配年龄应根据牦牛的生长发育状况而定。过早的配种会影响母牦牛的自身发育，造成后代生长发育不良或引起难产。但配种过迟，不仅不能充分发挥母牦牛的作用，降低养牛业的经济效益，而且易于降低母牦牛生殖机能。通常母牦牛的初配年龄是2.5～3.5岁。

（2）发情季节　由于自然生态条件的限制，牦牛的繁殖有明显的季节性，6—11月为发情季节，其中7—9月为发情旺季。非当年产犊的母牦牛，第一次发情的时间多集中于7—8月，带犊哺乳母牛发情多在9月以后。同时，母牦牛的发情季节受当地海拔、气候、牧草质量及母牦牛的个体状况等因素的影响。

（3）产后发情　母牦牛产后第一次发情的间隔时间受产犊时间的影响较大，产犊月份离发情季节越远，产后发情的间隔期则越长，平均125d。3—6月产犊的母牦牛至第一发情的间隔时间为75～131d，7月以后产犊且产乳多或膘情差的母牦牛当年不易发情，至翌年发情季节才能发情。

（四）排卵

1. 排卵机制　排卵是指卵巢内发育成熟的卵泡破裂，卵子随卵泡液排出的生理过程。在排卵前，卵泡体积不断增大，液体增多。增大的卵泡开始向卵巢表面突出时，卵泡表面的血管增多，而卵泡中心的血管逐渐减少。接近排卵时，卵泡壁的内层经过间隙突出，形成一个半透明的乳头斑。乳头斑上完全没有血管，且突出于卵巢表面。排卵时，乳头斑的顶部破裂，释放卵泡液和卵丘，卵子被包裹在卵丘中而被排出卵巢外，然后被输卵管伞接纳。

2. 黄体的形成与退化　排卵后，破裂的卵泡腔立即充满淋巴液和血液以及破碎的卵泡细胞，形成血体或红体。血体形成后经6～12h，颗粒层内出现黄色颗粒，红体被吸收变为黄体。黄体细胞有三种来源，一是血体中的颗粒层细胞增生变大，并吸取类脂质而变成黄体细胞；二是卵泡内膜分生出血管，布满于发育中的黄体，随着这些血管的分布，含类脂质的卵泡内膜细胞移至黄体细胞之间，参与黄体细胞的形成，成为卵泡内膜细胞来源的黄体细胞；三是一些来源不明的黄体细胞。黄体细胞增殖所需营养物质，最初由血体提供。以后，随着卵泡内膜来的血管伸进黄体细胞之间，黄体细胞增殖所需营养则改由血液提供。一般在母牦牛发情周期（21d）的第 8～9 天，黄体达到最大体积。如果配种未孕，则此时的黄体称为性周期黄体（或假黄体），经一段时间（排卵后第 12～17 天）则退化消失。如果妊娠，黄体继续存在并稍有增大，称为妊娠黄体（或真黄体），并分泌孕酮，维持妊娠生理的需要，直到妊娠将结束时才退化。黄体是机体中血管分布最密的器官之一，其分泌机能对于维持妊娠和卵泡发育的调控起重要作用。

3. 排卵数和排卵类型 牦牛属于自发性排卵的家畜，卵巢内的成熟卵泡是自发性排卵和自动形成黄体。在一个发情期中，母牦牛两侧卵巢所排出的卵子数，称为排卵数。通常在每个发情期，牦牛只排一个卵子。其排卵率受许多因素的影响，如品种、年龄、营养、遗传等。若在发情前给予高水平的营养或用激素处理与诱导，可增加排卵数目。

二、母牦牛发情鉴定方法

（一）外部观察法

外部观察法主要根据母牦牛发情时的外部表现及牛的爬跨情况进行，是对母牛进行发情鉴定最常用的一种方法。牦牛在群牧情况下，母牦牛开始发情时，往往有公牦牛跟随，欲爬跨，但母牦牛不接受，兴奋不安，常常叫几声，此时阴道和子宫颈呈轻微的充血肿胀，流透明黏液，量少；以后母牦牛黏液逐渐增多，不安定，公牦牛或其他母牦牛跟随，但母牦牛尚不接受爬跨，子宫颈充血肿胀开口较大，流透明黏液，量多，储留在子宫颈附近，黏性较强。到发情盛期，经常有公牦牛爬跨，母牦牛很安定，愿意接受，并经常由阴道流出透明黏液，牵缕性强。子宫呈鲜红色，明显肿胀发亮，开口较大。发情盛期之后，虽仍有公牦牛想爬跨，但母牛已稍有厌倦，不大愿意接受爬跨。此时流出的黏液呈透明颜色，稍混杂一些乳白色的丝状物，量较少，黏性减退。此后不久，黏液变成半透明，即透明黏液中夹有一些不均的乳白色黏液，量较少，黏性较差，同时子宫颈的充血肿胀度已下降，虽仍有少数公牦牛跟随，但母牦牛已不感兴趣，公牦牛一爬，母牦牛往往走开一两步。子宫颈的充血肿胀度已减退，最后黏液变成乳白色，似浓炼乳状，量少。以后母牦牛恢复常态，如公牦牛跟随，母牦牛拒绝接受爬跨，表示发情已停止。

（二）阴道检查法

阴道检查法就是将开膣器插入母牦牛阴道，借助光源观察阴道黏膜的色泽、黏液性状及子宫颈口开张情况，判断母牦牛发情程度的方法。因阴道检查法不能准确判断母牦牛的排卵时间，只作为一种牦牛发情鉴定的辅助方法。

母牦牛发情周期中阴道及子宫颈分泌物的变化有一定的规律性，观察黏液变化情况，对于发情鉴定有一定的参考价值。黏液的流动性取决于其酸碱度，黏液碱性越大则越黏，间情期的阴道黏液比发情期的碱性要强，故黏性大。在发情开始时，黏液碱性最低，故黏性最差。在发情盛期，碱性增高，故黏性最强，呈玻璃状。

在发情初期，阴道黏膜呈粉红色、无光泽、有少量黏液，子宫颈外口略开张。发情高潮期阴道黏膜潮红，有强光泽和润滑感，阴道黏液中常有血丝，子宫颈外口充血、肿胀、松弛、开张。此期末输精较为合适。发情末期阴道黏膜色泽变淡，黏液量少而黏稠，子宫颈外口收缩闭合。

（三）直肠检查法

直肠检查法是操作者将手伸进母牦牛的直肠内，隔着直肠壁触摸检查卵巢上卵泡发育的情况，以便确定配种适宜期。直肠检查法是目前判断母牦牛发情比较准确而最常用的方法，但操作者技术水平要求比较高。

1. 母牦牛的卵泡发育 牛的卵泡发育可分为四期：

第一期，卵泡出现期。卵巢稍有增大，卵泡直径为 0.5～0.75cm，触诊时有软化点、波动不明显。此期持续 6～10h，一般母牦牛已开始出现发情征状，但此期不予配种。

第二期，卵泡发育期。获得发育优势的卵泡迅速增大体积，卵泡直径 1～1.5cm，呈球形，突出于卵巢表面，略有波动。持续期 10～12h。母牦牛的发情表现由显著到逐渐减弱，此期一般不配或酌配。

第三期，卵泡成熟期。卵泡体积不再增大，卵泡壁变薄、紧张、波动明显，直肠检查时有一触即破之感。经过 6～18h 排卵，母牦牛的发情征状由微弱到消失。此期是配种最佳期。

第四期，排卵期。卵泡破裂排卵，卵泡液流失，故泡壁变为松软，并形成一个小的凹陷。排卵后 6～8h 即开始形成黄体，再也摸不到凹陷。排卵发生在性欲消失后 10～15h。夜间排卵较白昼多，右侧卵巢排卵较左侧多。此期不宜再配。

2. 检查方法 直肠检查时，操作者将手伸进直肠，根据母牦牛卵巢在体内的解剖部位寻找卵巢，触摸卵泡的变化情况。牦牛的卵巢、子宫部位较浅，生殖器官集中在骨盆腔内，直肠检查时排出宿粪之后，将手伸入直肠一掌左右，掌心向下寻找到子宫颈（似软骨样感觉），然后顺子宫颈向前，可触摸到子宫体及角间沟，再稍向前在子宫大弯处的后方即可触摸到卵巢。此时便可仔细触摸卵巢的大小、质地、性状和卵泡发育情况。摸完一侧卵巢后，再将手移至子宫分叉部的对侧，并以同样的方法触摸另一侧卵巢。

三、影响母牦牛发情的因素

（一）品种

不同生态区域的牦牛遗传资源或不同地方牦牛品种或培育品种，其初情期的早晚及发情的表现不尽相同。一般情况下，体格大的牦牛初情年龄晚于体型小的牛种。

（二）自然因素

由于自然地理因素的作用，不同区域的牛种或品种经过长期的自然选择和人工选育，形成了各自的发情特征。母牦牛发情持续时间长短亦受气候因素的影响。高温季节母牦牛的发情持续期要比低温季节短。高寒牧区放牧饲养的母牦牛，当饲料不足时，发情持续期也比半农半牧区或农区饲养的母牦牛短。

（三）营养水平

营养水平是影响牦牛初情期和发情表现的非常重要的因素，自然环境对母牦牛发情的影响在一定程度上亦是营养水平的变化所致。一般情况下，良好的饲养水平可以增加牦牛的生长速度，提早牦牛的性成熟，也可以增强牦牛的发情表现。牦牛的体重变化与初情期有直接的关系。因此，在良好的饲养管理条件下，牦牛的健康生长有利于牦牛的性成熟。在牦牛自然采食的饲料中，可能含有一些物质，影响牦牛的初情期和经产牛的再发情。如存在于豆科牧草（如三叶草）中的植物雌激素，就可能影响牦牛的发情特征。

（四）生产水平和管理方式

母牦牛的发情表现与生产性能有关，肉用牛的性表现往往没有乳用牛明显。过渡肥胖的母牦牛，其发情特征往往不明显，这可能与激素分泌有关。在生产上，母牦牛产后恢复发情的时间间隔与牦牛饲养管理措施有关。对于营养差、体质弱的母牦牛，其间隔时间也较长。母牦牛产前、产后分别饲喂低、高能量可以缩短第一次发情间隔，如产前喂以足够能量而产后喂以低能量饲料，则第一次发情间隔延长。有一部分牦牛在配种季节不发情，如果这部分牦牛要提前配种，必须尽可能采取措施，如提早断奶、早期补饲等，让母牦牛提前发情。

第二节　牦牛的人工授精技术

一、人工授精技术在牦牛生产中的意义

（一）概念与意义

1. 概念　人工授精（Artificial insemination，AI）是用人工的方法利用器械采集公牦牛的精液，经过品质检查和处理后，再利用器械把精液输入母牦牛生殖道的特定部位，达到妊娠的目的，以代替公、母牦牛自然交配的一种繁殖技术。

人工授精技术的基本程序包括采精、精液品质评定、精液的稀释和处理、精液的冷冻保存、冷冻精液的贮存与运输、输精等环节。

2. 意义　人工授精是养牛业最有价值的实用技术和管理手段之一，能高效利用优秀种公牦牛精子资源，极大地增进了遗传进展并提高了繁殖效率，推动了家畜育种工作，成为迅速增殖良种家畜的有效方法。

使用人工授精技术可以充分利用优秀的遗传资源，减少公牦牛的饲养数量，在生产中便于繁殖管理，节约饲养成本，提高经济效益。人工授精技术人员要求能准确地掌握母牦牛的发情时间，提高受胎率，减少不孕母牦牛的数量。人工授精技术可以克服公、母牦牛体格相差过大造成的交配困难，也是高寒牧区犏牛生产的主要技术手段和方法。冷冻精液的使用，极大地提高了公牦牛使用的时间性和地域性，有效地解决了种公牦牛不足地区的母牦牛配种问题。人工授精技术使用的精液都必须经过品质评定，保证精液质量。只有健康的公牦牛才能参加配种，所以人工授精技术的推广与应用，避免了因公牦牛传播的各种疾病，特别是生殖道疾病的传播。

（二）牦牛人工授精技术的发展概况

为了提高牦牛生产效率，加快牛群选育的遗传进展，20 世纪 70 年代中期开始了牦牛人工授精技术的研究，主要是采用直肠把握法。随后，利用黑白花奶牛、西门塔尔等牛冷冻精液开展了大量的牦牛人工授精杂交改良试验研究。1983 年，中国农业科学院兰州畜牧研究所与青海省大通种牛场联合开展的半野血牦牛冻精及人工授精试验获得成功。在牦牛杂交改良和犏牛生产中，人工授精技术发挥了重要的作用。新品种大通牦牛的成功培育，精液冷冻保存和人工授精技术起到了革命性的作用。因此，人工授精技术的应用与推广，极大地提高了优良公牦牛的配种效率，加快了牦牛遗传改良速度。

牦牛人工授精目前存在的主要问题是需进一步加强冷冻精液保存与利用、输精时间与部位的研究。在生产效率越来越受到重视的今天，牦牛人工授精技

术对现代牦牛产业的高效可持续发展将具有非常重要的现实意义。在牦牛新品种培育中，繁殖调控技术的不断发展将给牦牛的人工授精技术带来新的启示和新进展。随着牦牛人工授精技术的不断改进和提高，必将在牦牛产业持续健康发展中做出更大的贡献。

二、采精

采精是人工授精技术的重要环节，认真做好采精前的准备，正确掌握采精技术，合理安排采精时间是保证采到多量优质精液的重要条件。

（一）采精前的准备工作

1. 器具清洗和消毒

（1）采精器　先在加有洗涤剂的温热溶液中刷洗，然后用水冲净，再用蒸馏水或纯净水冲洗，晾干备用。

（2）玻璃器皿　应在热水中加洗涤剂刷洗，再用自来水冲洗，也可用超声波清洗仪清洗，然后放入恒温鼓风干燥箱中160℃恒温90～120min灭菌。

（3）常用金属器械　应使用75%酒精棉球擦拭消毒，待酒精挥发后方可使用。

（4）冻精细管及纱布袋　应使用紫外线消毒。

2. 采精场地　应宽敞、平坦、安静、清洁，铺有防滑设施，设有采精架以保定台畜。

3. 采精台牛　选择健康、体壮、大小适中、性情温驯的发情母牦牛作为台牛。台牛选择好后，拴系于采精架内。把台牛的尾根、外阴、肛门部用自来水清洗干净，并消毒。

（二）采精技术

1. 采精季节　一般为7—10月。按照生产实际规定牦牛采精季节，不同于奶牛、肉牛等其他牛种。

2. 采精公牛　经过调教且年龄4岁以上，具有种用价值，符合品种特征，等级评价为特级或一级，无遗传疾病，体质健康。公牦牛3岁开始配种，但未体成熟，4岁达体成熟。10岁以上配种能力减弱，种用价值降低，采精公牦牛年龄以4～10岁为宜。

（1）采精公牦牛的调教　选用有饲牧牦牛经验、熟悉牦牛习性的牧工为专门的调教员。要求调教员体健、胆大、责任心强。用饲养诱食的方法来接近公牦牛，逐步将绳索套于公牦牛颈部进行拴系管理。拴系后逐步靠近，进行抚摸、刷拭，调教员在饲养管理工作中要穿固定的工作服。为消除采精及使用假阴道时公牦牛的恐惧，调教员在饲养管理中常手持形似牛假阴道的器具，使公牛熟悉采精器械。在人、畜建立一定的感情后，在刷拭牛体的同时，逐步抚摸睾丸、牵拉阴茎及包皮，并在远处（牛视线内）置饲草，牵引公牦牛采食，并多次重复。对未自然交配过的公牦牛，在调教中要使其逐步接近、习惯采精架，将发情母牛固定在架内进行交配。在爬跨交配的同时，调教员可同时抚摸牛的尻部、臀部及牵拉阴茎、包皮等。在自然交配两次后，即进行假阴道采精训练。

公牦牛调教时注意事项：调教过程中，要反复进行训练，耐心诱导，切勿施用强迫、恐吓、抽打等不良刺激，以防止性抑制而给调教造成困难；调教时应注意公牛外生殖器的清洁卫生；最好选择在早上调教，早上精力充沛，性欲旺盛；调教时间、地点要固定，每次调教时间不宜太长。

（2）公牦牛采精的影响因素

①年龄：3、4、5、6、7、8、9 岁的公牦牛采精量平均分别为 2.55mL、3.96mL、4.40mL、5.50mL、7.58mL、5.95mL、3.38mL。公牦牛性成熟在3 岁左右，此时，采精量少。从 6～7 岁，采精量急剧增多至峰值，表明这一阶段公牦牛生殖系统的机能已完善，进入一生中生产精液量最强盛时期。从7～8 岁，采精量便急速下降，说明公牦牛采精量高峰期持续期短。8 岁公牦牛由于体大笨重，性欲不如以往强烈，从嗅闻母牛阴部黏液至爬跨时间拉长，不易爬跨，且失败次数增多。通过对 8 岁以后的公牦牛进行采精量跟踪测定，发现 8 岁后，公牦牛采精量急速下降、采精难度增加、繁殖力迅速减退。配种年龄为 4～8 岁（配种年限为 4～5 年），以 4.5～6.5 岁配种力较强，8 岁以后很少在大群中交配。在生产实践中，8、9 岁以后的公牦牛，多在牛群中霸而不配，应及时淘汰。

②季节因素：公牦牛与公羊、公马一样存在着睾丸机能季节性休眠退化现象，对非繁殖季节的公牦牛睾丸组织的观察表明，次级精母细胞和精细胞均较少。根据青海省大通种牛场多年公牦牛不同月份采精量记录，6、7、8、9、10 月的采精量分别为 3.71mL、4.04mL、4.47mL、4.56mL 和 6.96mL。6 月采精时，公牦牛尚未摆脱长达半年之久（11 月至次年 5 月下旬）的冬季严酷寒冷、春季枯草期造成的身体营养亏损，性行为强度低。7 月牧草处于生长期，平均气温较高（13℃），影响了公牦牛的采食量。同时炎热环境有抑制性行为强度的作用，而性行为强度则是以配种次数和射精量大小衡量的。8、9 月，环境、温度、营养处于一年中的最佳时机，10 月草场牧草丰厚的营养供应是采精量多的物质基础，凉爽的气候条件为公牦牛射出高质量精液创造了适宜的外部环境。

（3）公牦牛的性准备　通过观察其他采精公牦牛，嗅闻发情母牦牛或在台牛尻部涂抹发情母牦牛的黏液，让公牦牛进行空爬，利用视觉和嗅觉，诱导公牦牛性兴奋，待公牦牛性欲旺盛时采精。

3. 采精器安装 采精器由外壳、内胎、集精杯和附件组成。外壳由硬橡胶、金属或塑料制成。内胎为弹性强、柔软无毒的橡胶筒，装在外壳内，构成采精器内壁。集精杯由暗色玻璃或橡胶制成，通过三角漏斗装在采精器的一端。附件有固定内胎的胶圈、保定用的三角保定带、充气用的活塞和双联球、连接集精杯的三角漏斗。

采精器内胎及三角漏斗用75%的酒精棉球消毒，待酒精挥发后将三角漏斗安装于采精器上，接上集精管，套上保护套。采精器内可提前注入38℃左右温水。并用消毒纱布包裹好采精器口，放置于预先调整好温度（44～46℃）的恒温箱内待用。采精前在采精器内胎的前2/3处用涂抹棒均匀涂擦适量消毒过的润滑剂（凡士林与液体石蜡1∶1混合均匀），并从活塞孔打气，使采精器有适度（采精器口呈三角形状为宜）的压力。采精时温度控制在38～42℃。

4. 采精方法 正确的采精方法首先保证公牦牛身体和机能不受损伤。接触精液的器械面要光滑，温度接近体温，保证精液品质不受影响。采精器械安全使用方便。采精员右手持采精器，站在公牦牛右后侧，当公牦牛跳起、前肢爬上台牛后背时，迅速向前用左手托着公牦牛包皮，右手持采精器与台牛呈40°角，采精器口斜向下方，左右手配合将公牦牛阴茎自然地引入采精器口内。公牦牛往前一冲即完成射精动作，公牦牛随即而下。采精员右手紧握采精器，随公牦牛阴茎而下，待公牦牛前肢落地时，顺势把采精器脱出，并立即将采精器口斜向上方，打开活塞放气，使精液尽快地流入集精杯内，然后取下集精杯，迅速送至精液处理室。

5. 采精频率 合理安排公牦牛采精频率是维持公牦牛健康和最大限度采集精液的重要条件。在采精季节，牦牛每周可采精2～3次，每次间隔不少于1d。

三、精液品质评定

精液品质评定的目的是鉴定精液质量的优劣，以便决定取舍和确定制作输精剂量的头份，同时也反映了公牦牛的饲养管理水平和生殖器官机能状态，反映技术操作质量，并依此作为检验精液稀释、保存和运输效果的依据。牦牛评定精液品质可以从外观评定、显微镜评定、生化检查和精子存活力检查。

（一）外观评定

1. 云雾状 正常未经稀释的牦牛精子密度大、活力强，因精液翻腾呈漩涡云雾状。

2. 色泽和气味　正常牦牛精液呈乳白色或淡黄色。色泽异常表明生殖器官有疾患，如呈浅绿色是混有脓液，呈淡红色是混有血液，呈黄色是混有尿液。颜色异常的精液不宜使用。

正常的精液无臭味，刚采出的精液略带有腥味。带臭味的精液，不宜做输精用。

3. 射精量　是种公牦牛一次采精时所射出的精液容积。射精量因品种和个体而异，受年龄、营养、运动、季节、采精次数及采精技术等的影响。射精量可以从刻度集精杯上读取。评定公牛的正常射精量以一定时间内多次采精总量的平均数为依据。牦牛射精量一般为 2～6mL（表 3－1、表 3－2）。

表 3－1　2015—2016 年不同牦牛品种精液采集结果

年度	品种	采精次数	总射精量	原精液品质（平均）			稀释总量（mL）	第一液量（mL）	平均稀释后活力（%）	第二液量（mL）	平均冻前活力（%）	平均冻后活力（%）	实冻数（支）
				射精量（mL）	活力（%）	密度（亿）							
2015	野牦牛	10	31.50	3.15	70.00	16.54	19.10	7.00	65.63	7.08	60.00	34.50	1 832
	阿什旦牦牛	17	48.00	2.82	67.92	9.55	25.66	13.75	66.25	1.13	60.42	29.39	705
	大通牦牛	144	560.60	3.89	70.70	11.83	32.56	37.37	67.94	20.78	61.98	34.09	19 366
2016	野牦牛	24	62.5	2.60	70.95	14.98	30.63	23.83	66.94	21.47	53.23	37.25	3 525
	阿什旦牦牛	14	9	0.64	72.50	10.83	17.93	9.00	66.67	1.95	55.00	35.00	201
	大通牦牛	367	1 027	2.80	70.85	11.84	28.96	51.83	68.38	12.54	61.96	35.21	35 332

表 3－2　2017 年不同牦牛品种精液采集结果

品种	牛号	采精次数	总射精量	原精液品质（平均）			稀释总量（mL）	第一液量（mL）	平均稀释后活力（%）	第二液量（mL）	平均冻前活力（%）	平均冻后活力（%）	实冻数（支）
				射精量（mL）	活力（%）	密度（亿）							
野牦牛	D0406066	18	57	3	73	19	47	57	70	44	63	37	3 924
	D0412003	12	26	2	65	7	10	4	66	5	56	35	366
	D0413003	9	24	3	70	17	28	2	67	15	55	34	817
阿什旦牦牛	C0910009	15	52	3	65	11	28	52	66	0	58	37	1 511
	A0710063	11	34.5	3	61	10	15	23	67	3	55	35	511

（续）

品种	牛号	采精次数	总射精量	原精液品质（平均）			稀释总量（mL）	第一液量（mL）	平均稀释后活力（%）	第二液量（mL）	平均冻前活力（%）	平均冻后活力（%）	实冻数（支）
				射精量（mL）	活力（%）	密度（亿）							
大通牦牛	D0497025	1	4.5	5	70	15	49	5	70	3	50	35	258
	D0405013	6	18	3	73	16	37	18	71	6	57	38	389
	D0405019	5	15	3	70	11	24	15	70	4	53	35	175
	D0405024	5	13	3	72	15	30	13	70	17	63	38	636
	D0405042	17	96.5	6	73	11	46	97	70	29	65	37	4 054
	B0406023	17	69.5	4	59	8	24	70	65	13	59	37	1 651
	B0108013	18	68.5	4	54	9	22	69	66	15	58	35	1 602
	B1808017	18	60.1	3	73	14	38	60	69	32	62	36	2 955
	B1808033	15	55	4	71	7	16	55	68	8	52	34	593
	B1808055	9	25.3	3	63	11	22	25	67	8	62	34	639
	B2206079	15	41.5	3	72	11	23	42	70	13	65	37	1 788

（二）精子活率

精子活率（Sperm motility）是指精液中直线前进运动的精子所占百分率，也称为活力。精子活率是精液评定的一项重要指标，通常在采精后、精液处理前、精液处理后、冷冻精液解冻后和输精前检查评定。

精子活率检查需将精液样品制成压片，在显微镜下观察。对于高密度的牦牛精子活率检查须用生理盐水或等渗液稀释后再检查。精液样品制成压片，放在37～38℃显微镜恒温台或保温箱内，在200～400倍下进行观察。

活率通常采用0～1.0的10级评分标准。100%直线前进运动者为1.0分，90%直线前进运动者为0.9分，依次类推。凡出现旋转、倒退或在原位摆动的精子均不属于直线前进运动的精子。牦牛新鲜精液精子活率一般在0.5～0.8。为保证较高的受胎率，输精用的精子活率通常在0.5（液态保存）和0.3（冷冻保存）以上。牦牛精液冷冻前后精子活力见表3-1、表3-2。

（三）精子密度

精子密度（Sperm concentration）也称精子浓度，是指单位容积的精液所含的精子数。精子密度也是评定精液品质的重要指标。精子密度和射精量这两项指标所确定的总精子数决定了接受输精母牦牛的数量，每头母牦牛都输入最佳数量的精子。采用血球计数计来对精子进行计数。也可用精子密度测定仪来测定牦牛精子数。

血细胞计计算精子的基本原理是，血细胞计的计数室深 0.1mm，底部为正方形，长宽各是 1.0mm。底部正方形又划分成 25 个小方格，通过计数和计算求出该计数室 0.1mm³ 精液中的精子数，再根据稀释倍数计算出每毫升精液中的精子数。计算公式为：

1mL 精液中的精子数（精子浓度）=0.1mm³ 中的精子数×10×稀释倍数×1 000

利用血细胞计计算精子浓度时应预先对精液进行稀释，稀释的目的是为了在计数室使单个的精子清晰可数。大通牦牛、阿什旦牦牛、野牦牛的精子密度见表 3－1、表 3－2，理想型公牦牛的精子密度应大于等于 6×10^{8} 个/mL。

（四）精子形态

精子形态正常与否对受精率有着密切的关系。精液中如果含有大量畸形精子或顶体异常精子，受胎率就会降低。

1. 精子畸形率 精子畸形有头部畸形、颈部畸形、中段畸形、主段畸形，以中段和主段的畸形出现最多。在正常精液中常有畸形精子出现，牦牛精子畸形率应小于等于 18%。畸形精子出现的原因有：精子生产过程中不良内外环境的影响；副性腺及尿道分泌物的病理变化；附睾机能异常；精液处理不当，精子遭受外界不良的刺激等。畸形精子的检查可在 400 倍显微镜下观察，检查总精子数不少于 200 个。

2. 精子顶体异常率 精子顶体异常有膨大、缺陷、部分脱落、全部脱落等。牦牛顶体异常率应小于等于 12%。顶体异常的出现可能与精子生产过程和副性腺分泌物异常有关。精液在体外保存时间过长，遭受低温打击特别是冷冻方法不当也是造成精子顶体异常的主要原因。常用的顶体异常率检测方法是：将精液制成抹片，在固定液中固定片刻，水洗后用姬姆萨缓冲液染色 1.5～2.0h，水洗、干燥后用树脂封装，置于 1 000 倍以上显微镜或相差显微镜下，观察 200 个以上精子，算出顶体异常率。

（五）精子存活时间和存活指数

精子存活时间和存活指数检查与受精率密切相关，同时也是鉴定稀释液和精液处理效果的一种方法。精子存活时间是指精子在体外的总生存时间，而精子存活指数是指平均存活时间，表示精子活率下降速度。检查时将稀释后的精液置于一定的温度（0℃或 37℃），间隔一定时间检查活率，直至无活动精子为止所需的总小时数是存活时间，而相邻两次检查平均活率与间隔时间的积相加的总和为生存指数。精子存活时间越长，指数越大，说明精子生活力越强，品质越好。

四、精液的稀释和处理

稀释是指在精液中加入一些适于精子存活并保持受精能力的溶液。精液只有经过稀释处理才能有效保存，同时也只有扩大了容量才能提高与配母牛的头数。

（一）精液稀释液

人工授精的成功应用，极大地依赖于优秀稀释液的开发。在精液冷却过程中，稀释液起到了保护精子的作用。稀释液还能够使精子的存活时间延长。稀释液应具备的条件：与精液等渗（自由离子的浓度相同）、具有缓冲作用（中和精子代谢产生的酸，防止 pH 的改变）；能给精子代谢提供营养；能控制微生物污染；保护精子免受冷冻和解冻过程中的伤害；从体温降至 5℃的冷却过程中，具有保护精子免受低温打击的伤害；必须保存精子的生命，且受精能力只有微小下降。

1. 稀释剂 主要用以扩大精液容量。配制的稀释液与精液有相同或相近的渗透压，氯化钠、葡萄糖以及奶类均可充当此类物质。

2. 营养剂 主要提供精子在体外所需的能量，如糖类（主要为单糖）、奶类及卵黄等。

3. 保护剂 中和、缓冲精清对精子保存的不良影响，防止精子受“低温打击”，创造精子生存的抑菌环境等。

（1）缓冲物质 对酸中毒和酶活力具有良好的缓冲作用，常用柠檬酸钠、磷酸二氢钾等。

（2）非电解质 可延长精子在体外存活时间，如各种糖类、氨基乙酸等。

（3）防冷休克物质 具有防止精子冷休克的作用，卵磷脂效果最好，脂蛋白以及含磷脂的脂蛋白复合物也有防止冷休克的作用。

（4）抗冻保护物质 具有抗冷冻危害的作用，常用甘油、二甲基亚砜等。

（5）抗生素 用于防止细菌及有害微生物的污染，常用青霉素和链霉素等。

4. 其他添加剂 主要是改善精子外在环境的理化特性，调节母牛生殖道的生理机能，提高受精机会。常用的有酶类、激素类、维生素类和调节 pH 物质。

（二）稀释液的种类和配制方法

1. 稀释液的种类 根据稀释液的性质和用途，可分为 4 类：①现用稀释液，以简单的等渗糖类和奶类物质为主体配制而成，以扩大精液容量，增加配种头数为目的，立即输精用；②常温保存稀释液，适应于精液常温短期保存用；③低温保存稀释液，适应于精液低温保存用，具有含卵黄和奶类为主的抗冷休克作用；④冷冻保存稀释液，适用于冷冻保存，成分较为复杂。

2. 稀释液的配制方法　配制稀释液所使用的用具、容器必须洗涤干净，消毒，用前经稀释液冲洗。所用的水必须清洁无毒性，应为蒸馏水或去离子水。药品成分要纯净，称量需准确，充分溶解，经过滤后进行消毒。使用的奶类应在水浴中灭菌（90～95℃）10min，除去奶皮。卵黄要取自新鲜鸡蛋，取前应对蛋壳消毒。抗生素、酶类、激素、维生素等添加剂必须在稀释液冷却至室温时，按用量准确加入。稀释液必须保持新鲜。如条件许可，经过消毒、密封，稀释液可在冰箱中存放1周，但卵黄、奶类、活性物质及抗生素须在用前临时添加。

3. 精液稀释倍数和稀释方法

（1）稀释倍数　精液经适当的稀释可提高精子的存活时间。精液的稀释倍数应依据精液的品质和生产实际需要以及稀释液种类确定。稀释倍数过高会使精子的存活时间缩短，影响受精效果。一般稀释倍数按照保证每一剂量（冻精）含有1 000万有效精子数（直线前进运动的精子）计算。

（2）稀释方法　新采集的精液应在30℃条件下做稀释处理。在稀释过程中防止温度突然下降。若迅速降温到10℃以下时，由于冷刺激，精子可能出现冷休克。采精后及时稀释，未经稀释的精液很难存活较长时间。稀释液与精液的温度必须调整一致。稀释时，稀释液沿瓶壁缓缓倒入，不要将精液倒入稀释液中。稀释后将精液容器轻轻转动，混合均匀，避免剧烈振荡。如果做高倍稀释，应分次进行，避免精子所处环境剧烈变化。精液稀释后立即进行镜检，如果活率下降，则说明操作不当。

五、精液的冷冻保存

冷冻精液是利用液氮（－196℃）或干冰（－79℃）作为冷源（超低温），将经过特殊处理后的精液冷冻，保存在超低温下以达到长期保存的目的。冷冻精液是一种能将动物精液长期保存的方法，即在超低温环境下将精液冷冻为固态，使精子长期保持受精能力，从而与在室温及低温状态下保存的液态精液相区别。

精液冷冻保存是人工授精技术的一项重大的革新。它解决了精液长期保存的问题，使输精不受时间、地域和种牦牛寿命的限制。冷冻精液便于开展国际、国内种质交流。冷冻精液的使用极大地提高了优良公牦牛的利用效率，加速品种育成和改良的步伐，提高牦牛的生产性能，同时也大大降低了生产成本。

冷冻精液在生产中的广泛应用，最重要的是不受地域和时间的限制，大幅度减少种公牛数、节省开支。应用冷冻精液对牦牛进行人工授精，从参配牛的选择、放牧管理、试情、配种，以及冷冻精液的质量、解冻、检查和输精等各技术环节是一个彼此紧密联系的整体，任何环节的疏忽或差错都会影响配种结果。

（一）精液冷冻保存原理

1. 冷冻保护剂的作用 在稀释液中添加抗冻物质，如甘油、二甲基亚砜以增强精子的抗冻能力，并对防止冰晶发生起重要作用。甘油亲水性很强，它可在水结晶过程中限制和干扰水分子晶格排列，使水处于过冷状态时降低水形成结晶的温度。甘油渗入精子使部分水分和盐类排出，避免了电解质浓度增加的不良影响。但甘油和二甲基亚砜对精子有毒害作用，浓度过高又会影响精子的活力和受精能力。

2. 冷冻时细胞的损伤 精子在超低温条件下完全停止了代谢活动，生命处在静止状态。升温后又能复苏而不失去受精能力。其原因是精子中的水分在冷冻过程中应尽可能形成玻璃化，防止精液形成大的冰晶。因为冰晶的形成是造成精子死亡的主要物理因素。精子外水分在形成冰晶过程中引起溶液不同部分渗透压的改变。精子内、外溶液浓度差增大，精子膜内溶质浓度升高造成精子脱水，发生不可逆的化学伤害。精子水分形成冰晶后体积增大，原生质受不同程度的损伤，同时由于溶液中冰晶的形成破坏精子膜结构。

精子经过特殊处理后在超低温下形成玻璃化。玻璃化中水分子保持原来无序状态，形成纯粹玻璃样的超微粒结晶。精子在玻璃化冻结状态下避免了原生质脱水，膜结构也不受到破坏，解冻后仍可恢复活力。冰晶是在－60～0℃低温区域内，缓慢降温条件下形成的。降温越慢冰晶越大，－25～－15℃对精子的危害最大。玻璃化必须在－250～－60℃超低温区域内，而且从冰晶化区域内开始就可以较快速度降温，迅速越过冰晶化进入玻璃化阶段。但这一过程是可逆的、不稳定的，当缓慢升温时又可能形成冰晶化。

（二）冷冻精液的制作

1. 精液品质 精液品质的优劣直接关系冷冻后效果，用于冷冻保存的精液，活率要高，密度要大。

2. 精液稀释 分一次稀释法和两次稀释法。

（1）冷冻保存稀释液参考配方

①一次稀释法：12％蔗糖溶液 75mL、卵黄 20mL、甘油 5mL。

②两次稀释法：第一液：蒸馏水 100mL、柠檬酸钠 2.97g、卵黄 10mL。第二液：第一液 45mL、果糖 2.5g、甘油 5mL。

上述稀释液，每100mL加青霉素5万～10万IU、链霉素各5万～10万U。试剂要求分析纯以上。

（2）稀释液配制方法

一次稀释法配方配制方法：准确称取蔗糖12g，放入100mL容量瓶内，加入蒸馏水50mL，溶解后定容至100mL。然后取12%蔗糖溶液80mL，加卵黄20mL、甘油5mL，用磁力搅拌器充分搅拌均匀后备用。

两次稀释法溶液配制方法：

第一液：准确称取柠檬酸钠2.97g，放入容量瓶内，加入蒸馏水50mL，搅拌溶解后，继续加蒸馏水混匀定容至100mL。然后加入卵黄10mL，搅拌均匀后备用。

第二液：取第一液45mL，加入果糖2.5g，甘油5mL，搅拌均匀后备用。

上述稀释液，每100mL加青霉素5万～10万IU、链霉素各5万～10万U。

（3）稀释方法

①一次稀释法：先按等量预稀释，10min后按精子密度仪测算的稀释量加入。

②两次稀释法：将32～34℃的第一液缓慢加入精液中，摇匀，所加第一液的量=（所加稀释液总量+精液量）/2－精液量，然后与第二液同时放入3～5℃低温柜内降温。冷冻前加入第二液，所加第二液的量=（所加稀释液总量－所加第一液的量）。

3. 降温和平衡　降温是从30℃经1～2h缓慢降至5℃。平衡的目的是精子有一段适应低温的过程，同时使甘油充分渗透进精子体内，达到抗冻保护作用。将稀释后的精液放置在3～5℃低温柜中平衡3～5h。

4. 精液的分装

（1）剂型和剂量　细管冻精：微型0.25mL，剂量≥0.18mL。

（2）封装和标记　应在细管壁上清楚标记生产单位、品种、牛号、生产日期或批次。

5. 精液冷冻

（1）上架　平衡、封装后的细管精液，上架码放和冷冻时应把棉塞封口端朝内，超声波封口端朝外。

（2）冷冻　精液在低温容器中，按预先设定好的程序自动完成冷冻过程。

（3）收集　冷冻完成后，打开冷冻容器盖子，细管冻精按照牛号收集放入不同的盛满液氮的专用容器里，放入时将细管棉塞端朝下，超声波封口端朝上，并迅速浸泡在液氮中。

6. 解冻 冷冻精液的解冻温度、解冻方法都直接影响精子解冻后的活率。将细管冻精直接置于（38±1）℃水浴解冻，解冻时间10～15s。

六、冷冻精液的贮存和运输

（一）精液的贮存

1. 冷冻精液质量要求 冷冻精液细管无裂痕，两端封口严密。每剂量解冻后精子活力大于等于0.3，前进运动精子数大于等于800万个，精子畸形率小于等于18%，细菌菌落数小于等于800个。

2. 贮存 冷冻精液经解冻检查合格后，按品种、编号、采精日期、型号标记，先用专用塑料管分装，再用灭菌纱布袋包装，每一包装量不得超过100剂。细管冷冻精液应浸没于液氮生物容器的液氮中。为保证液氮生物容器内的冷冻精液品质，不致使精子活率下降，在贮存及取用过程中必须注意：①根据液氮罐的性能要求定期添加液氮。罐内盛装冻精的提筒不能暴露在液氮外。②从液氮罐取出冷冻精液时，提筒不得提出液氮罐口外，可将提筒置于罐颈下部，用长柄镊子夹取细管（或精液袋）。③将冻精转移另一容器时，动作要迅速，在空气中的暴露时间不得超过3s。

（二）精液的运输

精液的运输可根据距离远近及交通条件选择适宜的运输工具。运输的精液符合输精标准，同时附有说明书，注明公牦牛品种、编号、采精日期、批号、精液量等。液氮生物容器应有专人负责，在罐体外明显位置标上“向上”“小心轻放”等储运图示标志。液氮生物容器应轻装轻卸，不得倾斜、横倒、碰撞和强烈振动，确保冷冻精液始终浸泡在液氮中。移动液氮生物容器应提握液氮生物容器手柄抬起罐体后移动，长途运输还应注意补充液氮等。

七、输精

输精是人工授精技术的最后一个技术环节。输精是适时而准确地把一定量的精液输送到发情母牦牛生殖道内适当的部位，是保证母牦牛受胎的关键。

（一）输精前的准备

1. 输精器材的准备 主要包括输精器、开膣器、输精管、纱布、水桶、肥皂、毛巾等，使用前必须彻底洗涤、消毒。输精管以每头母牛准备一支输精管枪头为宜。

2. 母牦牛的准备 通过前期观察和鉴定，确定发情的母牦牛准备接受人工授精配种。接受配种的母牦牛要保定，通常是保定在输精架内输精。母牦牛保定后，用温水洗净其外阴部，再进行消毒，然后用消毒布擦干。

3. 精液的准备　新采集的精液，经稀释后必须进行精液品质评定，合乎标准的才能使用。新鲜精液需要升温到35℃左右，活力不低于0.6；冷冻精液解冻后活率不低于0.3，才能输精。

4. 输精员的准备　输精员的指甲须剪短磨光，洗涤擦干，用75%酒精消毒手臂，带长臂手套外涂润滑剂。

（二）输精要求

1. 准确的发情鉴定和适时输精　准确掌握母牦牛发情的客观规律，适时配种，是提高受胎率的关键。母牦牛的发情，具有普通牛种的一般征状，但不如普通牛种明显、强烈。相互爬跨频率、阴道黏液流出量、兴奋性程度等均不如普通牛种母牛。一般来说，输精或自然交配距排卵的时间越近受胎率越高。准确的发情鉴定是做到适时输精的重要保证。牦牛的发情鉴定主要采用试情法，在母牦牛群中投放试情种公牛，公、母牛的比例要适中［以1∶(30～50)为宜］，种公牛比例偏少会影响试情效果，偏多则会造成牛群不安。根据爬跨程度、授配母牛外阴表征和放牧员观察三者相结合，及时准确地确定发情母牛。

输精技术主要采取直肠把握子宫颈授精法。牦牛的人工授精技术要求严格、细致、准确，做到输精器慢插、适深、轻注、缓出。消毒工作要彻底，严格遵守技术操作规程。在实际工作中，如上午发现母牦牛发情，下午或傍晚输精一次，翌日清晨再输配一次；如下午发现发情，就翌日清晨输配一次，下午或傍晚再输配一次。做到一次发情输精两次，间隔10～12h。

2. 母牦牛的保定　牦牛性情暴躁，对散养牛群中的个体进行保定时，要经过个体捕获、保定等过程，牛和人都要经过大运动量的活动，对人和牛都存在一定的不安全因素，所以牦牛保定时注意人和牛的安全是十分必要的。发情母牦牛牵入保定架后，要拴系和保定好头部，左右两侧（后躯）各有一人保定，防止牛后躯摆动。保定不当或疏忽大意，容易出事故。保定稳妥后方可输精。草原上使用的配种保定架，以实用、结实和搬迁方便为好。以四柱栏比较安全和操作方便。栏柱埋夯地下约70cm，栏柱地上部分及两柱间的宽度，依当地牦牛体型大小确定。也有利用二柱栏进行牦牛的保定，此法易于牦牛的牵拉与绑定。

（三）输精方法

母牦牛输精方法有开膣器输精法和直肠把握子宫颈输精法（图3-1）。目前，牦牛的人工授精多用直肠把握子宫颈输精法，此法优点是方法简单、安全，可对子宫角、卵巢进行直肠检查。直肠把握子宫颈输精法受胎率比开膣器法高。

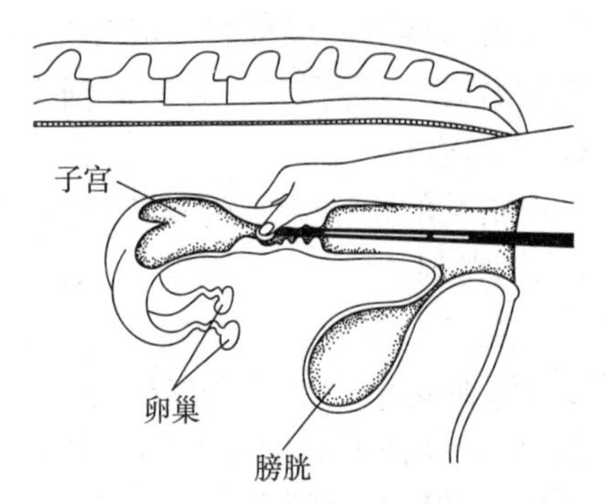

图 3-1　牦牛直肠把握子宫颈输精法示意图

1. 直肠把握子宫颈输精法　将牛尾系到直肠把握手臂的同侧，露出肛门和阴门。按直肠检查法将左手伸入直肠内，掏出过多的宿粪，握住子宫颈后端，压开阴门裂，右手持输精导管插入阴门，先向上倾斜避开尿道口，到达子宫体底部。左手前移，用食指抵住角间沟，一则确定输精导管前端的位置，二则防止用力过猛刺破子宫壁。然后将输精导管往后拉 2cm，使导管前端处于子宫体中部，将导管内精液推入输精导管，抽出后，左手顺势对子宫角按摩 1～2 次，但不要挤压子宫角。

2. 输精操作要点

（1）输精时机　准确的发情鉴定是做到适时输精的重要保证，输精或自然交配距排卵的时间越近，受胎率越高。输精要适时，正确观察母牦牛接受试情公牦牛的时间，每一情期输精两次，以早、晚输精为好。

（2）细管输精枪的使用　将解冻后的精液细管棉塞端插入输精枪推杆 0.5cm 深处，然后推杆退回 1～2cm，剪掉细管封口部，外面套上塑料保护套，内旋塑料外套并使之固定，塑料套管中间用于固定细管的游子应连同细管轻轻推至塑料管的顶端，轻缓推动推杆见精液将要流出时即可输精。另一种简易日式输精枪，用带螺丝枪头固定细管，不需用塑料外套保护细管。

（3）输精方法　输精员手臂必须先涂一薄层润滑剂，或套上专用长臂手套，涂抹石蜡油。采用直肠把握子宫颈深部输精法。输精员一只手伸入直肠内，摸找并稳住子宫颈外端，用肘压开阴裂；另一只手将输精器插入阴道，向上倾斜避开尿道口，再转平直向子宫颈口，借助伸入直肠内的一只手固定和协同动作，将输精器轻稳缓慢地插入子宫颈螺旋皱裂，徐徐地把精液输入子宫颈内，或子宫颈口深处，做到输精器适深、慢插、轻注、缓出，防止精液逆流。

（4）检查　每头发情母牦牛每次输精用一个剂量的冻精，一支输精器（枪），一次只限于一头母牦牛输精使用。输精之前，必须抽查同批次的精子活力，不够标准的不能使用。

（5）登记　配种前的母牦牛要逐头登记，妥善保存，登记表格包括下列内容：牛号、冻精来源；母畜的畜主、住址、发情时间及征状；母牛月龄、输精时间（第一次、第二次）；预产期、胎次、犊牛性别、初生重、特征等。

（四）影响牦牛人工授精受胎率的因素

人工授精受胎率的高低主要取决于精液品质、输精时间、输精技术和输入的有效精子数。

1. 精液品质　影响精液品质的主要因素是公牦牛的体况和遗传性能，对公牦牛加强管理和进行科学的饲养是保证获得优质精液的先决条件。鲜精品质的好坏与受胎率的高低有直接的关系。掌握正确的采精、稀释、降温、冷冻、保存和解冻的方法和技术，是减少精子死亡和损伤、保证精液品质优良的重要环节。

2. 母牦牛的状态、输精时间及输精次数　体况良好的适龄母牦牛一般发情相对明显，排卵正常，容易确定输精时间，也容易受胎，不易发生早期胚胎死亡。在母牦牛排卵前适当时间输精可提高受胎率。

3. 输精技术和输入的有效精子数　每次输入的精子数直接与输精部位有关。给牦牛输精时，在子宫颈口部输精，精液容易外流，最少需要1亿以上的精子；如果在子宫颈深部或子宫内输精，500万～1 000万精子即可达到良好的受胎率。

4. 技术水平　输精员水平的高低可反映到受胎率上，人工授精技术必须严格遵守卫生消毒制度和操作规程。

第三节　牦牛的发情控制技术

一、诱导发情技术

（一）诱导发情的概念和意义

1. 诱导发情的概念　诱导发情（Induction of estrus）是指对因生理或病理原因不能正常发情或处于乏情状态（无发情周期）的母牦牛，利用外源激素（如促性腺激素）和某些生理活性物质（如初乳）以及环境条件的刺激，促使乏情母牦牛的卵巢从相对静止状态转变为机能活跃状态，以恢复母牦牛正常发情和排卵的技术。

2. 诱导发情的意义　利用诱导发情可以控制母牦牛发情时间、缩短繁殖周期、增加胎次和产犊数，使其一生繁殖较多后代，从而提高繁殖力。同时，可以调整产犊季节，使牦牛产奶时间提前或延后，调整牦牛奶市场供应时间，并可使牦牛按市场需求供应牛肉，提高牦牛养殖经济效益。

(二) 诱导发情的机理

牦牛的一切性活动始终是在内分泌和神经系统的共同作用下进行的，因而除利用外源激素处理外，神经刺激（环境条件的改变、断奶、异性刺激等）也可使母牦牛性机能趋于活跃，特别是性的刺激有时具有明显作用。利用外源激素和神经刺激诱导母牛发情，其本质都是通过内分泌和神经的作用，激发母牛卵巢的机能，使卵巢从相对静止状态转为活跃状态，促进卵泡的生长发育，继而使母牛发情、排卵，并予以配种。

(三) 诱导发情的方法

1. 生殖激素处理

(1) 孕激素处理方法　从母牦牛产后 2 周开始，采用孕激素处理 9～12d，即可诱导母牦牛发情。因生理乏情母牦牛的卵巢都是静止状态、无黄体存在。孕激素处理后，对垂体和下丘脑有一定的刺激作用，从而促进卵巢活动和卵泡发育。如孕激素处理结束时，给予一定的孕马血清促性腺激素（Pregnant mare serum gonadotropin，PMSG）或卵泡刺激素，效果会更明显。

(2) PMSG 的处理方法　乏情母牦牛卵巢上应无黄体存在，一定量的 PMSG（750～1 500IU 或每千克体重 3～3.5IU），可促进卵泡发育和发情，卵巢上无黄体存在。

(3) FSH 处理方法　FSH 在动物体内半衰期为 2～3h，用该激素纯品诱发发情时，剂量为 5～7.5mg，分 6～9 次，连续 2～4d，上、下午各肌内注射 1 次为 1 个疗程。处理 4～6d 后仍未见发情，再处理 1 个疗程。

(4) GnRH 处理方法　目前国产的 GnRH 类似物半衰期长，活性高。有促排卵素 2 号（$LRH-A_2$）和促排卵素 3 号（$LRH-A_3$），是经济有效的诱发发情的激素制剂。

2. 公牦牛刺激　在与公牦牛隔离的母牦牛群里，于发情季节到来之前，将公牦牛放入母牦牛群里，利用公畜效应，刺激母牦牛，使其提前发情。

(四) 影响诱导发情效果的因素

在高寒牧区，公、母牦牛大多混群放牧饲养，生殖机能好的母牦牛基本都已与群内的公牦牛交配，未交配的母牦牛基本都存在一定的生殖问题或者体质较差。因此，牦牛的体况及环境因素是影响牦牛诱导发情的主要因素。

二、同期发情技术

(一) 同期发情的概念和意义

1. 同期发情的概念　同期发情（Synchronous estrus）又称同步发情，就是利用激素或类激素的药物人为地处理母牦牛，使其在特定时间内集中统一发情，并排出正常的卵母细胞，以便达到集中配种和共同受胎的目的。同期发情的关键是人为控制卵巢黄体寿命，同时终止黄体期，使牛群中经处理的牛只卵巢同步进入卵泡期，从而使之同时发情。同期发情是针对群体而言，主要指周期性发情的母牦牛，同时也用于乏情状态的母牦牛，经激素处理后在特定时间内同时发情。而诱导发情是针对长期乏情的个体母牦牛，在时间上并无严格要求或准确性，同期发情可以说是诱导发情技术的提高和发展。

2. 同期发情的意义

（1）同期发情有利于推广人工授精　人工授精因牛群分散或交通不便受到限制，如果能在短时间内使牛群集中发情，就可以根据预定的日期定期集中配种，促进冷冻精液更迅速、更广泛的应用。

（2）同期发情便于组织管理和生产　控制母牦牛同期发情，可使母牦牛配种、妊娠、分娩及犊牛的培育相对集中，便于牛群组织管理，从而有效地进行饲养与生产，节约劳动力和饲养成本，从而对降低管理费用具有很大的经济意义。

（3）同期发情可提高牦牛繁殖率　同期发情技术不仅应用于发情周期正常的母牦牛，而且也可使乏情状态的母牦牛出现性周期活动，缩短母牦牛的繁殖周期，可提高牦牛群繁殖率。

（二）同期发情的机理

母牦牛的发情周期，从卵巢的机能和形态变化方面可分为卵泡期和黄体期2个阶段。卵泡期是在周期性黄体退化继而血液中孕酮水平显著下降后，卵巢中卵泡迅速生长发育，最后成熟并导致排卵的时期，是牦牛发情周期中的第18～21天。卵泡期之后，卵泡破裂并发育成黄体，随即进入黄体期，是发情周期中的第1～17天。黄体期内，在黄体分泌的孕激素作用下，卵泡发育成熟受到抑制，母牛不表现发情，在未受精的情况下，黄体维持15～17d即行退化，随后进入另一个卵泡期。相对高的孕激素水平可以抑制卵泡发育和发情，黄体期的结束是卵泡期到来的前提条件。因此，情期发情的关键就是控制黄体寿命，并同时终止黄体期。

同期发情技术主要有两种。一种方法是向母牦牛群同时施用孕激素，抑制卵泡的发育和母牦牛发情，经过一定时期同时停药，随之引起同期发情。这种方法，在施药期内，如黄体发生退化，外源孕激素代替了内源孕激素（黄体分泌的孕激素），造成了人为黄体期，推迟了发情期的到来。另一种方法是利用前列腺素 $F_{2\alpha}$ 使黄体溶解，中断黄体期，从而提前进入卵泡期，使发情提前到来。

（三）同期发情技术在牦牛生产中的应用

同期发情技术在牦牛生产中的主要意义是便于组织生产和管理，提高牛群的发情率和繁殖率。另外，同期发情技术有利于人工授精技术的进一步推广，同时也是胚胎移植技术的重要环节。同期发情不但用于周期性发情的母牦牛，而且也能使乏情状态的母牦牛出现性周期活动。例如卵巢静止的母牦牛经过孕激素处理后，很多表现发情；因持久黄体存在而长期不发情的母牦牛，用前列腺素处理后，由于黄体消散，生殖机能随之得以恢复。因此，可以提高繁殖率。用于母牦牛同期发情的药物种类很多，处理方案也有多种，但较适用的是孕激素阴道栓塞法和孕激素＋前列腺素法。

1. 孕激素阴道栓塞法 栓塞物可用泡沫塑料块或硅胶橡胶环，包含一定量的孕激素制剂。将栓塞药物放在子宫颈外口处，其中激素即渗出。处理结束时，将其取出即可，或同时注射孕马血清促性腺激素。孕激素的处理有短期（9～12d）和长期（16～18d）2 种。长期处理后，发情同期率较高，但受胎率较低；短期处理后，发情同期率较低，而受胎率接近或相当于正常水平。孕激素处理结束后，在第 2～4 天内大多数母牛的卵巢上有卵泡发育并排卵。

2. 前列腺素及其类似物处理法 前列腺素的投药方法有子宫注入（用输精器）和肌内注射 2 种。子宫注入用药量少，效果明显，但注入时较为困难；肌内注射操作容易，但用药量需适当增加。

前列腺素处理是溶解卵巢上的黄体，中断周期黄体发育，使母牦牛同期发情。前列腺素处理法仅对卵巢上有功能性黄体的母牦牛起作用，只有当母牦牛在发情周期第 5～18 天（有功能黄体期）才能产生发情反应。对于周期第 5 天以前的黄体，前列腺素并无溶解作用。因此，前列腺素处理后，总有少数牦牛无反应，需做二次处理。有时为使一群母牦牛有最大程度的同期发情率，第 1 次处理后，表现发情的母牦牛不予配种。经 10～12d 后，再对全群牛进行第 2 次处理，这时所有的母牦牛均处于发情周期第 5～18 天之内。第 2 次处理后，母牦牛同期发情率显著提高。用前列腺素处理后，从投药到黄体消退需要近 1d 时间，一般在第 3～5 天母牦牛出现发情，比孕激素处理晚 1d。

3. 孕激素和前列腺素结合法 将孕激素短期处理与前列腺素处理结合起来，效果优于二者单独处理。即先用孕激素处理 5～7d 或 9～10d，结束前 1～2d 注射前列腺素。

目前，用于牦牛同期发情的药物主要有激素和中药制剂（马天福，1983）两大类，激素主要包括 GnRH 及其类似物（蔡立，1980；字向东 等，2002）、前列腺素（$PGF_{2\alpha}$）或类似物（权凯 等，2004）、促性腺激素类（Yun，2000）。处理方法有单激素处理、激素组合处理、中药制剂处理等，其中激素组合处理方法有三合激素法（刘志尧 等，1985）、前列腺素（$PGF_{2\alpha}$）＋促性腺激素法（曹成章 等，1993）、GnRH 类似物＋促性腺激素法（王应安 等，2003）等。给药途径有肌内注射、阴道栓埋植（阿秀兰 等，2010）和灌服法。处理次数有一次处理和二次处理，其中二次处理发情率高于一次处理（权凯等，2004）。由于牦牛同期发情受生殖生理状况、激素种类、激素剂量、处理方法以及营养水平等因素的影响，目前报道的牦牛同期发情率差异很大，从 0 到 100％不等。牦牛同期发情受牦牛自然繁殖规律的制约性强。因此，在今后研究与应用中，应严格遵从牦牛繁殖特性与自然繁殖规律，这样才能使牦牛同期发情技术广泛应用于生产实际。

不论采用什么处理方式，处理结束时配合使用 3～5mg 促卵泡素（FSH）、700～1 000IU 孕马血清促性腺激素（PMSG）或 50～100μg 促排卵 3 号（LRH－A_3），可提高处理后的同期发情率和受胎率。

同期发情处理后，虽然大多数牦牛的卵泡正常发育和排卵，但不少牦牛无外部发情征状和性行为表现，或表现非常微弱，其原因可能是激素未达到平衡状态。第 2 次自然发情时，其外部征状、性行为和卵泡发育则趋于一致。尤其是单独 $PGF_{2\alpha}$处理，对那些本来卵巢静止的母牦牛，甚至很差或无效。这种情况多发生在枯草季节或产后的一段时间，这也是牦牛同期发情处理效果不理想的主要原因。

（四）影响同期发情效果的因素

1. 母牛生殖状况　被处理母牦牛的质量，是影响同期发情效果的关键。内容包括年龄、体质、膘情、生殖系统健康状况等。好的同期发情处理方法，只有在被处理母牦牛身体素质良好和生殖机能正常、无生殖道疾病、获得良好的饲养管理时，公、母牦牛分群饲养的才能获得较好的结果。

2. 合理的处理条件　同期发情处理所用药品必须保证质量。由于牦牛生存环境的特殊性和枯草期相对较长，必须在繁殖季节开展牦牛同期发情，处理方案也不同于奶牛、肉牛处理方法。同时，精液质量也是获得高受胎率的关键。

3. 输精人员的技术水平　同期发情后短时间内给多头母牦牛输精，需要一定的技术和体力。因此，需要培养一定数量体质好、健壮有力的技术人员，以确保能在短时间内准确、有效地给发情母牦牛输精。

4. 补饲　补饲能够明显维持和提高牦牛围产期前后的营养状况，隔离哺乳及补饲有效促进产后牦牛发情周期的恢复，促进牦牛在繁殖季节出现自然发情征状，从而使产后牦牛获得较高的自然发情率和妊娠率。对产后牦牛在隔离哺乳及围产期补饲的基础上，采用隔离哺乳＋围产期补饲的同期发情处理程序能够显著提高产后牦牛的同期发情效果及整个繁殖季节的发情及妊娠效果（彭巍 等，2013）。

5. 配种后母牦牛的饲养管理 同期发情输精后一段时间内，放牧时不能急促驱赶母牦牛，以免受精卵不能着床和早期流产，影响受胎率。同时，应注意提供适当的饲料，使母牦牛和胎儿有足够的营养保证母、犊发育，坚决杜绝饲喂霉变饲料。

三、超数排卵技术

（一）超数排卵的概念和意义

1. 超数排卵的概念 超数排卵（Multiple ovulation）简称“超排”，是应用外源性促性腺激素诱发母牦牛卵巢的多个卵泡同时发育，并排出具有受精能力的卵子，是提高母牦牛繁殖效率的繁殖调控技术之一，通常用于母牦牛的胚胎移植中。

2. 超数排卵的意义 哺乳动物的出生卵巢上含有20万～40万个卵母细胞，但在自然条件下仅有数十个卵母细胞得以正常发育并排卵。为了提高动物的繁殖效率，应用超排技术可以使母牦牛每次排卵由1～3个增加至10～20个，以开发卵母细胞资源，增加受胎比例，充分挖掘优良母牦牛的繁殖潜力，加速品种改良。2002年中国农业科学院兰州畜牧与兽药研究所牦牛课题组首次成功进行放牧牦牛超数排卵试验研究，探索了牦牛超数排卵FSH剂量、方法、胚胎冲取及冷冻等技术，3头牦牛共获得17枚胚胎，填补了牦牛超数排卵研究的空白（阎萍 等，2003）。

（二）超数排卵的原理

超数排卵的过程是应用超过体内正常水平的外源性促卵泡素，使将要转化为闭锁卵泡的有腔卵泡发育成熟而排卵。自然情况下，牛卵巢上约有99%的有腔卵泡发生闭锁而退化，只有1%能发育成熟而排卵。在牛有腔卵泡闭锁之前，注射FSH或PMSG可使大量卵泡不闭锁而正常发育成熟，在排卵之前注射黄体生成素或人绒毛膜促性腺激素补充内源性LH的不足，可保证这些大量成熟卵泡同时排卵，形成超数排卵。

（三）超数排卵在牦牛生产中的应用

1. 超数排卵的处理时期 超数排卵的处理时期应选择在发情周期的后期，即黄体消退时期，此时的卵巢正处于由黄体期向卵泡开始发育的过渡时期。如果在发情周期的中期进行超排处理，则需在施用促性腺激素后48～72h配合注射$PGF_{2\alpha}$，促使黄体消退。

2. 超数排卵处理方法 用于超数排卵的药物大体可分为两类，一类是促进卵泡生长发育的，主要有孕马血清促性腺激素（PMSG）和促卵泡素（FSH）；另一类是促进排卵的，主要有人绒毛膜促性腺激素（PMSG）和促黄体素（LH）。

（1）使用FSH进行超数排卵　FSH在牛体内的半衰期短，注射后在短时间内失去活性，因而使用时应进行分次注射。在牛发情周期的9～13d任意一天开始注射FSH，以后以递减剂量的方式连续肌内注射4d，2次/d，每次间隔12h，总剂量需按牛的体重做适当调整。在第1次注射FSH后的48～60h之内，肌内注射$PGF_{2\alpha}$2～4mL。也可采用子宫灌注的方法，剂量减半。权凯等（2007）报道，用8.8mg FSH（中国科学院动物研究所研制）对3头半血野牦牛进行超数排卵，头均获得4枚有效胚胎；用15mg FSH（新西兰产）对3头半血野牦牛进行超数排卵，头均获得0.7枚有效胚胎；但FSH 8.4mg组、PVP包埋FSH 8.5mg组均没有得到胚胎。李全等（2008）报道国产激素9mg FSH＋9mg PG＋1 000 U hCG组合与9mg FSH＋9mg PG组合对繁殖季节中的牦牛进行超排处理，都可以引起反应，但个体间超排反应差异较大。

（2）使用PMSG进行超数排卵　在发情周期11～13d的任意一天肌内注射1次即可。在注射PMSG 48～60h后，肌内注射1次$PGF_{2\alpha}$2～4mL。在对母牦牛进行超数排卵处理时，随着PMSG剂量的增大，卵巢的反应也会增强，发情时间提前。当母牦牛出现发情后12h再肌内注射抗PMSG，剂量以能中和PMSG的活性为准。

（3）采用CIDR和FSH联合超数排卵　CIDR（孕酮阴道硅胶栓）是促动物发情的含药阴道栓。具体用法是在母牛的阴道内插入阴道栓，并在埋栓的第9天开始注射FSH，共4d；第11～12天撤栓；在撤栓前约24h内注射前列腺素，并观察发情表现，输精2次。

（4）采用FSH＋PVP＋$PGF_{2\alpha}$联合用药法进行超数排卵　在牦牛发情9～13d一次肌内注射FSH－R（30mg FSH溶解在10mg 30％的PVP中），隔48h后肌内注射$PGF_{2\alpha}$，再经过48h后人工授精。由于PVP是大分子聚合物（相对分子量为40 000～700 000），用PVP作为FSH的载体，和FSH混合注射，可使FSH缓慢释放，从而延长FSH的作用时间，一次性注射FSH可达到超排的目的。

（四）超数排卵的效果

牦牛对超数排卵药物的敏感程度受环境、季节和营养状况影响较大，效果不稳定，超排有效胚胎数较黄牛、奶牛少。另外，抓捕保定对牦牛的刺激和药物用量对超排效果的影响尚需进一步研究和完善。

1. 受胎率 超数排卵的卵子受精率和母牦牛受胎率均低于自然发情的受精率和受胎率。回收胚胎的时间越迟，变性胚胎的比例就越大，因此回收胚胎的时间应适宜。

2. 排卵数 供体母牦牛一次超数排卵的数目不宜过多，两侧卵巢第一次排卵以10～15枚为宜。

3. 发情率 应用促性腺激素和$PGF_{2\alpha}$进行超数排卵处理时，母牦牛有60%～80%有发情表现，有的虽不表现发情，却能正常排卵。

4. 发情出现时间和胚胎回收率 超数排卵处理时，供体母牦牛在注射$PGF_{2\alpha}$后48h以内发情者胚胎的回收率最高，72h以后发情者胚胎的回收率明显下降，且大多为未受精的卵子。

5. 发情周期 超数排卵处理后的母牦牛，血液中含有高浓度的孕激素，因而发情周期延长。

第四节 牦牛的胚胎移植技术

一、胚胎移植发展概况和意义

胚胎移植（Embryo transfer，ET）是将良种母牛的早期胚胎取出，或者是由体外受精及其他方式获得的胚胎，移植到生理状态相同的母牛体内，使之继续发育成为新个体。提供胚胎的母牛称为供体（Donor），接受胚胎的母牛称为受体（Recipient）。胚胎移植实际上是生产胚胎的供体母牛和养育后代的受体母牛分工合作，共同繁殖后代，所以也有人通俗地叫借腹怀胎。胚胎移植产生的后代，遗传物质来自供体母牛和与之交配的公牛，而发育所需的营养物质则从受体获得。因此，供体决定着它的遗传特性（基因型），受体只影响它的体质发育。

（一）发展概况

胚胎移植在家畜上的试验最早是在20世纪30年代。绵羊（1934）、山羊（1949）、猪（1951）、牛（1951）和马（1970）相继获得胚胎移植个体。20世纪60年代以后，奶牛的胚胎移植发展到应用阶段。20世纪70年代后期我国开始将胚胎移植应用到畜牧业上，并在绵羊（1974）、牛（1978）相继获得成功。

牦牛胚胎移植研究相对于奶牛、黄牛较晚。1991年，陈静波等对牦牛胚胎移植首次进行了尝试研究，将10枚中国荷斯坦奶牛胚胎分别移植到10头牦牛受体内，结果只有1头妊娠，但最终死亡（陈静波 等，1995）。表明牦牛支持普通牛胎儿整个妊娠期的发育，但仍有不确定性因素影响其发育，需进一步研究。2004年，甘肃农业大学动物医学院和天祝白牦牛育种实验场共同开展了天祝白牦牛胚胎移植试验，经过药物调理、同期发情、超数排卵等技术处理，平均胚胎回收率55.6%，共收集18枚可用胚胎，将12枚胚胎移植到10头同期发情的受体牦牛，最终妊娠率50%，分娩率40%（余四九 等，2007）。此试验首开牦牛胚胎移植的先河，为世界珍稀牛种——天祝白牦牛种质资源保护、纯繁扩群、持续利用起到了积极的推动作用。随后，姬秋梅等（2007）开展了西藏当雄牦牛胚胎移植试验，处理10头供体牛共获得7枚胚胎，$PGF_{2\alpha}$+FSH连续递减法得到5枚可用胚胎，Cu-Mate+FSH法没有冲到胚胎；5枚胚胎移植给5头受体后妊娠并出生4头犊牛，胚胎移植在西藏获得成功。牦牛胚胎移植虽然取得成功，但胚胎来源比较困难，同时在超数排卵和移植技术水平方面还有待于进一步改进和完善。随着牦牛胚胎移植技术的不断完善和提高，胚胎移植技术将成为牦牛良种扩繁和其他高新技术应用的潜在技术手段，具有广阔的应用前景和重要的现实意义。

（二）胚胎移植的意义

胚胎移植的目的在于发挥优良母畜的繁殖潜力，促进家畜改良的速度，作为胚胎操作的基础，长期保存冷冻胚胎、便于运输和保存遗传资源。

1. 充分发挥优良母牛的繁殖潜力 后代的生产性能取决于双亲。畜群品质的提高和数量的增加不仅取决于公畜，也有赖于母畜。作为供体的优良母牦牛，通过超数排卵处理，一次即可获得多枚胚胎，以产生更多的胎儿。供体母牦牛只产生具有良种遗传物质的胚胎，妊娠过程则由种用价值较低的受体母牛承担。作为供体的优秀母牛省去较长的妊娠期，繁殖周期缩短。胚胎移植可充分发挥优秀母牛的繁殖潜力，提高繁殖效率。

2. 胚胎移植是育种工作的重要手段 通过超数排卵和胚胎移植技术（Multiple ovulation and embryo transfer，MOET）可使供体繁殖的后代增加7～10倍。该项技术可加速品种改良、扩大良种畜群，可以加大选择强度和选择准确性，并缩短世代间隔，及早进行后裔测定。胚胎移植不受时间和地域的限制，可代替活畜的引进，节约引种费用。胚胎移植突出了优良母畜在育种工作中的意义，从而成为现代育种工作的有力手段。

3. 保存品种资源 胚胎的长期保存是保存某些特有家畜品种和野生动物资源的理想方式，把优良品种的胚胎贮存起来，可以避免因遭受意外灾害而灭绝。而且比保存活畜的费用低得多，容易实行。冷冻精液、冷冻卵母细胞和冷冻胚胎共同构成动物优良性状的基因库。

4. 促进基础理论研究 胚胎移植技术作为繁殖技术的一种手段，可为动物繁殖生理学、遗传学、胚胎学、细胞学、动物育种学和进化学等学科提供技术支撑，拓宽了新兴学科的研究途径。

二、胚胎移植的基本原则

（一）胚胎移植前后供体和受体所处环境的同一性

1. 生理上的一致性 即受体和供体在发育时间上的同期性。在胚胎移植实践中，一般供体、受体发情同步差要求在24h以内。

2. 结构部位的一致性 即胚胎移植后与移植前，所处的空间部位的相似性。也就是说，如果胚胎采自供体的输卵管，那么胚胎也要移植到受体的输卵管，如果胚胎采自供体的子宫角，那么胚胎也需要移植到受体的子宫角。

（二）胚胎的发育期限

胚胎采集和移植的期限（胚胎的日龄）不能超过周期黄体的寿命。最迟要在受体周期黄体退化之前数日进行，当然更不能在胚胎开始附植之时进行。通常是在供体发情配种后3～8d内采集胚胎，受体也在相同时间接受胚胎移植。

（三）胚胎的质量

从供体采到的胚胎必须经过严格的鉴定，确认发育正常者（可用胚胎）才能移植。在胚胎移植全部过程中，胚胎不应受到任何不良因素（物理、化学、微生物）的影响而降低生活力。移植前的胚胎，需要经专业人员的鉴定、评定等级，估计受胎能力。

（四）供体、受体的状况

1. 全身及生殖器官的生理状态 供体、受体应健康，营养良好，体质健壮，特别是生殖器官具有正常生理机能，否则会影响胚胎移植的效果。

2. 生产性能和经济价值 供体具有优良的生产性能或遗传特性。供体的生产性能要高于受体，经济价值要大于受体，这样才能体现胚胎移植的优越性。

三、胚胎移植的技术程序

胚胎移植技术包括供体、受体的选择，供体超排处理，供体的发情鉴定和配种，胚胎采集与鉴定，受体同期发情处理，胚胎移植等步骤。

（一）供体和受体的选择

1. 供体的选择

（1）供体应具备遗传优势　在育种上有价值，生产性能高，经济价值大。系谱清楚，有后裔测定成绩。牦牛应选择生长发育快、产肉性能好、种用价值高的母牦牛作为供体。

（2）供体应具有良好的繁殖能力　既往繁殖史正常，无遗传缺陷，具有良好的繁殖能力。分娩顺利，无难产或胎衣不下记录；生殖器官正常无繁殖疾病；性周期正常，发情征状明显。

（3）供体应营养良好 体质健壮，健康无病，营养条件良好，采食能力强。

2. 受体的选择 受体母牛可选用非优良品种个体，但应具有良好的繁殖性能和健康状况，可选择与供体发情周期同步的母牛为受体。

（二）供体超数排卵处理

在母牦牛发情周期的适当时间，施以外源性促性腺激素，使卵巢中比自然情况下有较多的卵泡发育并排卵，超数排卵理论上是越多越好，但排出的卵子数量太多，往往出现受胎率和收集率低的趋势。其原因可能是由于外源激素引起动物内分泌的紊乱，排出不成熟的卵子。对牦牛来说，每个卵巢排 8～10 个卵母细胞最合适。

1. 超数排卵的方法

（1）用于超数排卵的主要激素

①FSH：其优点是药效比较均衡，超排效果比较稳定。缺点是需连续注射 4d，操作繁琐，价格比 PMSG 高。

②PMSG：其优点是使用简单，只需注射一次，价格比较低廉。缺点是超排效果不稳定。

③前列腺素（$PGF_{2\alpha}$）及其类似物：其主要作用是溶解黄体，增强超排效果，并使供体、受体在预定时间内发情。

④促黄体生成素（LH）：促进卵泡破裂并排卵。

⑤孕激素：主要是醋酸氟孕酮和甲孕酮。用其制成孕激素阴道海绵栓或孕激素阴道 Y 型栓。

⑥促性腺激素释放激素（GnRH）：间接促进卵泡破裂排卵。

（2）超数排卵的方法

①PMSG 或 FSH 超排：给供体母牦牛注射 PMSG 或 FSH，发情开始后 12～16h 和 20～24h 各配种（输精）一次，并于第一次配种后静脉注射 hCG 或 LH，以便排出更多的卵子。

②配合应用前列腺素（PG）：PG 的用法通常是在应用 PMSG 或 FSH 后进行肌内注射。

③埋栓处理：CIDR 缓慢插入阴道内。

④PMSG 与抗 PMSG 配合使用：抗 PMSG 可以消除 PMSG 的残留作用，明显增加可用胚胎数，提高超排效果。

（3）具体实施案例

①用 FSH

A. FSH＋PG 法 在发情周期 9～13d 中的任何一天开始肌内注射 FSH，

以递减量连续肌内注射 4d，每天注射 2 次（间隔 12h），总剂量按牛的体重、胎次做适当调整。在第一次注射 FSH 后 48h 及 60h，同时各肌内注射一次 $PGF_{2\alpha}$，每次 2～4mL，若采用子宫灌注剂量可减半。

B. FSH＋孕激素（CIDR)＋PG 法　给供体母牦牛阴道内放入 CIDR，在埋栓的第 9 天开始注射 FSH，连续注射 4d，每天 2 次，共 8 次，在第 7 次肌内注射 FSH 时取出 CIDR，并肌内注射 $PGF_{2\alpha}$，一般取出 CIDR 后，24～48h 发情。或给供体母牦牛阴道放入第一个 CIDR，10d 后取出第一个 CIDR，同时放入第二个 CIDR，第 5 天开始注射 FSH，连续注射 4d，每天 2 次，共 8 次，在第 7 次注射 FSH 时取出第二个 CIDR，并肌内注射 $PGF_{2\alpha}$，一般取 CIDR 后，24～48h 发情。

C. FSH＋PVP（polyvinnylpyrrolidone，聚乙烯吡咯烷酮）　FSH 的超排效果虽优于 PMSG，但因其半衰期短，必须进行多次注射方能起作用，程序繁琐。由于 PVP 是大分子聚合物（分子量为 40 000～700 000)，用 PVP 作为 FSH 的载体和 FSH 混合后注射，可使 FSH 缓慢释放，从而延长 FSH 的作用时间，一次性注射 FSH 即可达到超排的目的。

②用 PMSG　超排发情周期的 11～13d 的任意一天肌内注射一次，按每千克体重 5IU 左右确定 PMSG 总剂量，在注射 PMSG 后 48h 和 60h，同时各肌内注射 $PGF_{2\alpha}$一次，剂量 2～4mL，母牛出现发情后 12h 即第一次输精的同时肌内注射抗 PMSG。

2. 影响超数排卵效果的因素　超数排卵的效果受母牛的遗传特性、体况、营养、年龄、发情周期阶段、产后时期的长短、卵巢功能、季节以及激素制品的质量和用量等多种因素的影响。所以不同品种，特别是不同个体反应的差异较大，效果很不稳定。在实践中只要能使一半以上处理母牦牛达到满意结果，则认为超排是成功的。超排数目的多少，对于受精、胚胎回收及胚胎品质均有影响。

（三）供体的发情鉴定和配种

经过超数排卵处理的母牦牛发情后应适时配种。超数排卵结束后，要密切观察供体的发情征状。正常情况下，供体大多数在超排处理后 12～48h 发情。每天早、中、晚各至少观察 1 次，发情鉴定以接受其他牛爬跨且站立不动为主要判定标准。

为了得到较多发育正常的胚胎，应使用活率高、密度大的精液，而且将授精次数增加到 2～3 次，间隔 10～12h，并且要加大输精量。

在进行输精时，不得触摸卵巢，否则可能造成卵巢上发育卵泡的破裂或使卵巢、输卵管伞部变位，造成排出的卵子不能被接纳而遗失于腹腔内。超排处理的应激作用使母牛生殖器官（子宫角、卵巢、输卵管等）非常敏感，输精员操作时动作要轻柔、温和，不得粗暴，保证无菌。

（四）胚胎采集与鉴定

胚胎的采集也称为采胚（Embryo collection）、冲胚、采卵或冲卵，是利用冲洗液将胚胎由生殖道冲出，收集在器皿内。在解剖镜下用特制的玻璃细管将胚胎从冲洗液中检出，放在盛有培养液的平皿内。

1. 冲胚液　为了保证胚胎在离体条件下可以存活，冲胚液必须符合一定的渗透压和 pH。现在多采用杜氏磷酸盐缓冲液（PBS）、布林斯特（Brinsters medium－3）、M199 培养液（TCM 199）等。这些冲胚液除含各种盐类外，还含有多种有机成分。冲胚液在使用前需加入血清白蛋白或犊牛血清，含量一般为血清白蛋白 0.3%～1%、犊牛血清 1%～5%。

2. 采胚时间　根据母牦牛配种时间、排卵的大致时间、胚胎的运行速度、胚胎的发育阶段、胚胎所处部位及采胚方法等因素确定适宜的采胚时间。由配种后第 2 天开始计算采胚天数，根据采集目的不同，决定在第几天采胚。牛胚胎早期的发育速度（由排卵计算时间）为 1 细胞 0～27h，桑葚胚 6d，囊胚 9d，进入子宫的时间为 3～4d。牛胚胎最好在桑葚胚或早期囊胚阶段收集和移植，因此一般在配种 6～8d 后采集胚胎。

3. 采胚方法　牛常用非手术法收集胚胎，此法简便易行，而且对生殖道的危害性小，有较大的优越性。

（1）供体牛的保定　在采胚前牛要禁水禁食 12～24h，将供体牛在保定架内呈前高后低姿势保定。

（2）麻醉　采胚前 10min 进行麻醉。一般采用尾椎硬膜外注射 2%普鲁卡因，也可在颈部或臂部肌内注射 2%静松灵，使牛镇静，子宫松弛，以利采胚。

（3）消毒　采胚前，将母牛外阴部进行冲洗和消毒。

（4）采胚　为利于采胚管通过子宫颈，在采胚管插入前，先用扩张棒对子宫颈进行扩张。将采胚管消毒后，用冲洗液冲洗并检查气囊是否完好，然后将无菌不锈钢导杆插入采胚管内。

操作者用直肠把握法将手伸入母牛直肠，清除粪便，检查两侧卵巢黄体数。将采胚管经子宫颈缓慢导入一侧子宫角基部，由助手抽出部分不锈钢导杆，操作者继续向前推进采胚管，当到达子宫角大弯附近时，助手从进气口注入 10～25mL 气体，一般充气量的多少依子宫角粗细及导管插入子宫的深浅而定。

当气囊位置和充气量合适时，抽出全部不锈钢导杆。助手用注射器吸取事先加温至37℃的冲胚液，从采胚管的进水口推进，进入子宫角内，再将冲胚液连同胚胎抽回注射器内，如此反复冲洗和回收5～6次。冲胚液的注入量由开始的20～30mL逐渐加大到50mL，将每次回收的冲胚液收入集胚器内，并置于37℃的恒温平台或无菌检胚室待检。一侧子宫角冲胚结束后，按同样方法再冲洗另一侧子宫角。

冲胚结束后，为促使供体正常发情，可向子宫内注入或肌内注射$PGF_{2\alpha}$。为预防感染，可向子宫内注入适量抗生素。

4. 检胚 为了减少体外不利因素对胚胎造成的影响，从母牛生殖道冲出来的冲卵液应保持在37℃环境中。冲卵结束后将冲卵液置于30℃的无菌箱中，最好在箱内检查，如果条件不具备，可在20～25℃的无菌操作室内检查。因冲卵液比较多（几百毫升），全部检查花费时间太多，故采用两种方法，既不让胚胎丢失又节省时间。一种方法是静置法，把盛冲卵液的容器在无菌室内静置20～30min，胚胎下沉到容器底部，然后将上面的冲卵液吸出，剩下几十毫升即可，为防止胚胎黏到容器上，要用冲卵液冲洗容器，这部分单独倒入平皿检查。另一种方法是采用带有网格（直接小于胚胎直径）的过滤器放入冲卵液中，由上往下吸出冲卵液，最好剩下几十毫升即可，防止胚胎吸附在过滤器上，用冲卵液反复冲洗过滤器，按上述方法处理后，在体视显微镜下进行观察。检查出的胚胎用吸卵器移入含有20%犊牛血清的PBS中进行鉴定。

5. 胚胎的鉴定与保存

（1）胚胎发育时期的划分和特征　母牦牛第6～8天非手术采集的胚胎发育为桑葚胚至扩张囊胚。

1）桑葚胚（Morula）　卵裂球隐约可见，细胞团的体积几乎占满卵周间隙。

2）致密桑葚胚（Compacted morula，CM）　卵裂球进一步分裂变小，看不清卵裂球的界限，细胞团收缩至卵周间隙的60%～70%。

3）早期囊胚（Early Blastocyst，EB）　出现透亮的囊胚腔，但难以分析内细胞团和滋养层，细胞团占卵周隙的70%～80%。

4）囊胚（Blastocyst，BL）　囊胚腔增大明显，内细胞团和滋养层细胞界限清晰，细胞充满了卵周间隙。

5）扩张囊胚（Expanded Blastocyst，EXB）　囊胚腔充分扩张，体积增至原来的1.2～1.5倍，透明带变薄，相当于厚度的1/3。

6）孵化囊胚（Hatched Blastocyst，HB）　透明带破裂，内细胞团脱出透明带。

（2）胚胎的分级　胚胎一般分为A、B、C、D四个等级，其中A、B、C

级胚胎为可用胚胎，D级为不可用胚胎。

1）A级　胚胎发育阶段与胚龄一致，胚胎形态完整，轮廓清晰，呈球形，分裂球大小均匀，结构紧凑，色调和透明度适中，无游离的细胞和液泡或很少，变性细胞比例小于10%。

2）B级　胚胎发育阶段与胚龄基本一致，轮廓清晰，分裂球大小基本一致，色调和透明度及细胞密度良好，可见到一些游离的细胞和液泡，变性细胞占10%～30%。

3）C级　胚胎发育阶段与胚龄不太一致，轮廓不清晰，色调变暗，结构较松散，游离的细胞或液泡较多，变性细胞多达30%～50%。

4）D级　有碎片的卵、细胞无组织结构，变性细胞占胚胎大部分，大于50%。

（3）胚胎的鉴定　移植前正确鉴定胚胎的质量，是移植能否成功的关键之一。鉴定胚胎质量和活力的方法主要有形态学观测、体外培养、荧光活体染色和测定代谢活性4种方法。生产实践中，主要是采用形态学方法。一般是在50～80倍的实体显微镜下或100～200倍的生物显微镜下进行综合评定。

评定的主要内容：①卵子是否受精，未受精卵的特点是透明带内分布匀质的颗粒，无卵裂球（胚细胞）。②透明带的规则性，即形状、厚度、有无破损等。③胚胎的色调和透明度。④卵裂球的致密程度，细胞大小是否有差异以及变性情况等。⑤卵黄间隙是否有游离细胞，或细胞碎片。⑥胚胎本身的发育阶段和胚胎日龄是否一致，胚胎的可见结构如内细胞团、滋养层细胞、囊胚腔是否明显可见。

形态学方法鉴定胚胎的方法优点是简单易行、操作快捷，其缺点是有一定的主观性。

（4）胚胎的保存　指在体外条件下，将胚胎贮存起来并使其保持活力。通常有常温保存、低温保存和冷冻保存等3种方法。

1）常温保存　指在常温（15～25℃）下保存胚胎。在此温度下，胚胎只能存活10～20h，因而只能短期保存。在胚胎移植实践中，受体和供体有时并不在同一地点，这就需要新鲜胚胎的常温短期保存和运输。通常采用含20%犊牛血清的PBS保存液，可保存胚胎4～8h。

2）低温保存　指在0～6℃的较低温度下保存胚胎的方法。在此温度下，胚胎细胞分裂暂停，新陈代谢速度显著减慢，但尚未停止。细胞的某些成分，特别是酶处于不稳定状态，保存时间较常温保存长，但也只能维持有限的时间。低温保存操作简便，设备简单，适于野外应用。

3）冷冻保存　指在干冰（－79℃）或液氮（－196℃）等低温介质中保存

胚胎。处于低温下的胚胎新陈代谢停止，可达到长期保存的目的。胚胎冷冻保存时应在培养液中添加抗冷冻保护剂，如二甲基亚砜（DMSO）、甘油、乙二醇、聚乙二醇等。胚胎冷冻方法主要有逐步降温法、一步细管法、玻璃化法等。

（五）受体同期发情处理

胚胎移植时，除自然发情的母牛按照发情时间计算移植时间外，如同步操作必须对受体进行同期发情处理，使受体母牛和供体的发情同期化，其发情时间差应控制在12h之内；若超过24h，则妊娠率急剧下降。牛的同期发情处理主要有孕激素埋植法、孕激素阴道栓法、PG注射法等。

（六）胚胎移植

胚胎移植也叫胚胎的植入，是整个胚胎移植技术中关键环节之一，有手术法和非手术法两种。在牛胚胎移植中，常用非手术法。按照直肠把握输精法将胚胎送到有黄体一侧的子宫角内。受体牛在发情后6～8d进行胚胎移植。移植前对受体牛进行直肠检查，检查黄体是否合格，合格者方可进行胚胎移植。

以2%利多卡因或普鲁卡因2mL实行尾椎硬膜外麻醉，擦拭外阴部，将装有鲜胚的0.25mL细管或冻胚解冻细管前端剪取1cm，放入移植枪，加上移植枪外套管和塑料薄膜保护套，插入受体阴道。

通过直肠把握法，将插入阴道的移植枪放至子宫颈外口处，通过子宫颈导向黄体侧子宫角前端，将胚胎移植到子宫角后，抽出移植枪，移植应在2～3min完成。同时尽量避免损伤子宫内膜，以免造成出血，不利于胚胎存活。

移植后，认真观察受体牛是否发情，60～90d进行直肠检查，确定是否妊娠。

四、胚胎移植的实际效果和影响因素

（一）胚胎移植的实际效果

1. 胚胎来源 对供体母牛进行超数排卵处理是目前获得胚胎的主要途径。

（1）排卵率 超排处理后，有超排反应的供体占所有超排供体数的比例。使用外源激素诱发多卵泡发育并不是每次都有好的结果，不同个体的反应差异很大，有的虽然有大量卵泡发育，但无排卵发生。

（2）收集率 收集到的卵子和胚胎总数占黄体数的百分率。排出的卵子或发育的胚胎不可能完全收集到。排卵数过多（通常卵巢体积很大）往往会降低收集率。这可能是由于卵子未能被输卵管伞接纳而丢失。收集率通常在50%～80%。

（3）受精率 发育正常的胚胎数占所收集到卵子和胚胎总数之比。排出的卵子中有的形态异常或未受精，有的胚胎发育迟缓或退化死亡。

2. 胚胎的长期保存和胚胎的分割应用　胚胎冷冻保存使胚胎移植不受时间和地域的限制，也可不受同期发情的限制，自由地选择受体。胚胎的分割技术也会不同程度地解决胚胎来源问题。

3. 存在的问题　体外受精技术的发展为胚胎来源提供了新的途径且成本降低，但体外生产的胚胎不能作为种用。超数排卵虽然是胚胎来源的主要途径，但超排效果及其规律还不能完全预测，尤其在牦牛上是更不稳定。

（二）影响胚胎移植效果的因素

影响胚胎移植妊娠效果的因素是多方面的，且各种因素相互制约，加之胚胎损失的原因复杂，涉及生理、内分泌、遗传、免疫和环境等多种因素。

（1）胚胎因素　包括胚胎质量、发育日龄，移植胚胎的数量，提供胚胎的供体，胚胎在体外培养的时间，移植的是鲜胚还是冻胚等。

（2）母体因素　包括供体、受体发情同期化程度，受体的孕酮水平、营养水平和子宫、卵巢的生理状况等。

（3）其他因素　包括自然发情与人工诱导发情，胚胎移植器具的污染程度以及操作者的熟练程度等。

（三）胚胎移植的安全生产与防疫

1. 胚胎传播疾病的原因　通过胚胎移植传播疾病，病原体必须进入胚胎细胞或与透明带结合，或进入胚胎移植操作液。如果病原体在卵子内或精子内，那么受精后胚胎必然带上某种病原体，病原也可能穿过透明带而进入胚胎。透明带是卵子和早期胚胎的外壳，有抵抗病原体侵入的屏障作用，但也可为病原体黏附创造条件。另外，环境污染、操作不当、血清或血清蛋白及激素污染等原因造成胚胎移植的污染，进而污染胚胎，也会造成疾病的传播或胚胎移植的失败。

2. 体外安全生产胚胎　体外生产胚胎即通过屠宰场收集卵巢取卵或通过活体采卵，再利用体外受精技术获得可用胚胎的过程。试验证明体外生产的胚胎从形态和生理上与体内获得的胚胎有一定差别，如体外受精胚胎紧密性差，细胞数目较少，而且体外受精中所得的卵子、胚胎的透明带比体内自然生产的胚胎透明带脆弱，因而抵抗外界病原侵入的能力较差。另外，体外受精过程中，卵子、精子、胚胎以及保存、培养用液与病原体接触的机会比体内胚胎大得多。因此，体外生产胚胎的安全性与防疫更为重要。

3. 体内安全生产胚胎　在保证供体健康的前提下，胚胎从收集到移植期间卫生条件的控制是防治病原由供体传给受体的保证。在体外生产胚胎操作过程中，要考虑供体和受体的生理需要，以及生理紧张对胚胎生产造成的影响。同时，在操作过程中所有器具及培养液保证不受污染。胚胎鉴定即胚胎健康与否是基于供体动物的特定病原体检查、胚胎洗涤和酶处理以及胚胎收集过程的完善程度之上。为更有效去除胚胎表面黏附的残渣或某些病原体，可采用酶处理的方法。即用0.25%胰蛋白酶处理胚胎60～90s，再用含牛血清或白蛋白的培养液洗涤数次。

胚胎移植是一个复杂而细致的系统工程，它由许多操作环节构成，有严格的系统性和连续性，因此对操作人员的技术水平要求特别高，只有具有一定理论基础和丰富实践经验的人才能胜任。

第五节　牦牛的体外受精技术

一、体外受精技术的发展概况

（一）发展概况

体外受精（In vitro fertilization，IVF）是指在人为控制的体外环境完成精、卵结合的过程，包括卵母细胞体外成熟、精子体外获能、卵母细胞体外受精、受精卵体外发育等程序。体外受精技术是在20世纪80年代初研究成功，并在近年来得到逐步完善的一项配子与胚胎的生物技术。由于它与胚胎移植技术（ET）密不可分，又简称为IVF-ET。在生物学中，把体外受精-胚胎移植获得的动物称试管动物（Test-tube animal）。奶牛、水牛、黄牛等的体外受精已获得成功，并得到了试管动物，而牦牛体外受精的研究还处于试验研究阶段。Luo等（1994）从4头母牦牛8个卵巢共收集25个卵母细胞，经体外成熟和体外受精培养后，卵母细胞的受精率及卵裂率分别为60%和40%，发育正常的桑葚胚2个，移植后未妊娠。随后，金鹰等（1999）开展了黑白花牛冷冻精液×牦牛卵母细胞的种间体外受精研究。何俊峰等（2005）研究了受精液和受精时间对牦牛卵泡卵母细胞体外受精的影响。阎萍等（2006）研究了不同激素配比、性周期阶段对白牦牛卵母细胞体外成熟的影响。Guo等（2012）从不同培养条件研究了牦牛卵母细胞体外成熟、体外受精及早期胚胎培养，建立了牦牛胚胎体外生产共培养体系。

（二）存在问题

牛体外受精技术不仅是理论研究的基础，同时是胚胎移植、性别鉴定、核移植和转基因等高新技术研究的基础。随着胚胎工程技术的深入研究和商业化的推广应用，对有效胚胎的需求量日益增加。利用卵母细胞体外成熟、体外受精技术体外生产牛胚胎成为解决现有胚胎紧缺问题的重要途径之一。但目前还未有试管牦牛诞生，普遍存在的问题是受精卵的卵裂率和囊胚体外发育率结果不稳定，因而体外受精的总成功率偏低。目前对牦牛卵母细胞体外成熟、体外受精和受精卵的体外发育培养的系列研究仍然在继续。

二、牦牛体外受精的技术程序

牦牛体外受精技术主要程序有卵母细胞的体外成熟（In vitro maturation，IVM）、精子的体外获能（In vitro sperm capacitation）、卵母细胞的体外受精（In vitro fertilization，IVF）、受精卵的体外发育（In vitro development，IVD）和体外受精胚胎的冷冻保存（In vitro fertilization embryo cryopreservation）等。

（一）卵母细胞的体外成熟

1. 卵巢的采集与卵母细胞的获取　将采集的牦牛卵巢保存在生理盐水（30～38℃）中3h内带回实验室，用抽吸法将获取的卵母细胞置于保存液中，保存液为PBS缓冲液添加聚乙烯醇0.4mg/mL（防止细胞发生粘连）、牛血清白蛋白3mg/mL。

2. 卵母细胞的体外成熟　将卵母细胞用成熟液洗涤3次，培养27～28h。卵母细胞成熟液基础液为Medium 199，并添加丙酮酸钠0.2mmol/L，胎牛血清10%，促黄体素5mg/L，促卵泡素0.5mg/L，雌二醇1mg/L。

牦牛体外受精技术参数为：CO_2含量5%，温度38.5℃，湿度饱和。

（二）成熟卵母细胞的体外受精

1. 精子的获能处理

（1）BO液上浮法　BO基础液由112.0mM氯化钠、4.02mM氯化钾、0.83mM磷酸二氢钠、0.52mM氯化镁、2.25mM氯化钙、13.9mM葡萄糖及抗生素（75mg/L青霉素+50mg/L链霉素）组成。上浮法步骤为将1～4支牦牛冷冻精液细管于38℃水浴解冻，解冻后的精液加入盛有1.0～1.5mL BO获能液的离心管底部，在CO_2培养箱中倾斜30°～45°放置，使精子上浮。上浮1h后，吸取上清液0.5～1.2mL，用洗精液离心洗涤两次（800g离心8～10min），再用获能液上浮25～35min。获能液由BO基础液添加3.108g/L碳酸氢钠、0.138g/L丙酮酸钠、10mM咖啡因、3mg/mL牛血清白蛋白组成。

（2）TALP-Percoll法　用Sp-TALP液把Percoll液稀释成45%、90%两种不同浓度的Percoll液，先将2mL 90%Percoll液置于离心管底部，然后贴壁缓慢加入45% Percoll液2mL（90%Percoll液与Sp-TALP按1∶1的比例混合），将解冻后的精液加到分层液上或45%Percoll液上层界面上，700～800g，离心30min，获得的精液部分用5～10mL Sp-TALP液悬浮，100～400g离心10min，精子沉淀重新悬浮并调整浓度为2×10^6～4×10^6个/mL，加入其他成分获能。

2. 体外受精 获能处理后的精子（0.5×10^6～2×10^6 个/mL）移入受精液中，受精液中含有成熟的卵母细胞。受精液由 BO 基础液添加 3.108g/L 碳酸氢钠、0.138g 丙酮酸钠、6mg/mL 牛血清白蛋白和 2mg/mL 肝素组成。

（三）胚胎培养

1. 共培养体系

（1）输卵管上皮细胞的培养 ①将取回的牦牛输卵管，用含 100IU/mL 青霉素和 100μg/mL 链霉素的生理盐水洗几次，平展于灭菌滤纸上，修剪于净输卵管系膜。②选择从壶腹部到峡部的一段，纵向剖开，横断至 1.5～2.0cm，用预先孵化好的 0.25%胰蛋白酶- 0.53mM EDTA 消化液（TE）洗两次，移入盛有 2mL TE 的 35mm×10mm 培养皿中，上皮面向上展开，放入 38.5℃的 CO_2 培养箱中孵育。③1h 后取出，用小镊子轻刮输卵管上皮，上皮小块即脱落。④脱落的上皮小块用培养液（M199＋10% NBS）洗两次，最后取适量上皮小块移入盛有 2mL 培养液的培养皿中，在 5% CO_2、38.5℃和饱和湿度的 CO_2 培养箱中培养。⑤每 48h 换一次培养液，同时弃去未贴壁细胞。

（2）颗粒细胞单层的培养 颗粒细胞单层（Granulosa cell monolayer，GCM）制备方法：采集完卵丘-卵母细胞复合体（cumulus oocyte complexes，COCs）后，取检卵平皿中剩余的含颗粒细胞的卵泡液 1mL，加 2mL 0.2%透明质酸酶消化 3～5min 后，用等量培养液（M199＋10% NBS）终止消化后 1 500r/min离心 5min，沉淀用 5mL 培养液悬浮，1 500r/min 离心 5min，最终的沉淀用培养液悬浮，用移液器将颗粒细胞加入培养液滴，其最终浓度为 10^6 个/mL。

2. 早期胚胎培养 受精 16～18h 后，用 0.2%透明质酸酶溶解卵丘细胞 1～2min，然后漩涡振荡脱除卵丘细胞。然后将处理的受精卵移入颗粒细胞共培养体系中，每隔 48h 换 1/2 体积的培养液，培养 144～168h 后收集牦牛胚胎。培养液为基础液 M199 添加 10%胎牛血清。颗粒细胞共培养体系制备方法：采集完卵母细胞后，取检卵平皿中剩余的含颗粒细胞的卵泡液 1mL，加 2mL 0.2%透明质酸酶消化 3～5min，用等量培养液终止消化后，200g 离心 5min，沉淀用 5mL 培养液再次悬浮，200g 离心 5min，最终的沉淀用培养液悬浮，用移液器将悬浮液加入培养液滴中，其最终浓度为 10^6 个/mL。

3. 技术优势 牦牛体外受精技术与已有黄牛、奶牛体外受精技术相比，具有以下特点：①胚胎生产各技术环节操作时间不同，适宜高海拔地区牦牛胚胎体外生产；②成熟液、受精液依据牦牛自身生态生理特性而配制；③牦牛成熟卵母细胞受精后，经透明质酸酶处理，有利于受精卵的早期发育；④建立的颗粒细胞共培养系统有效地克服了牦牛早期胚胎发育阻滞。本技术为牦牛优良品种遗传资源的保存与利用提供了技术参考。

三、胚胎体外生产的质量控制

（一）牦牛胚胎体外生产程序

在牦牛胚胎体外生产中，首先要熟知体外生产胚胎的各个环节和程序，合理设计生产方案，明确生产目的和规范实验操作。在整个程序中，做好实验记录是关键。记录要全面、翔实，因为实验结果的分析来源于翔实的实验记录。无论实验成功与失败，都要对整个实验程序做出全面的分析，并总结经验供下次实验参考与借鉴。同时，实验记录是胚胎评定、胚胎移植等相关技术的重要信息。

（二）卵母细胞的质量

卵母细胞的来源有两种，一是屠宰卵巢卵母细胞，二是活体采卵。从卵巢中采集到的卵母细胞，外面有多层卵丘细胞包围，称为卵丘－卵母细胞复合体（Cumulus－oocyte complexes，COCs），并不是所有的 COCs 都可用于体外成熟培养。COCs 的初期质量是决定卵母细胞成熟能力和以后受精能力的重要因素，应从足够大的卵泡中收集 COCs，在形态上应为卵质均匀、透明带不变形、有多层致密而完整的卵丘细胞包裹。从采集卵巢到带回实验室开始抽取卵泡的时间越短越好，一般在 1～4h 内，6～7h 是极限，时间越长，卵母细胞的质量越差。卵巢的保存温度对卵母细胞的体外成熟有很大影响，牛卵巢的保存温度 30～38℃较为理想。而活体采卵与供体母畜年龄、性周期及卵泡直径、外源激素的使用、采集次数、真空度等因素有关，在实际操作过程中应对各个因素做出全面的分析和规定。卵母细胞体外成熟的质量是体外受精的关键，应充分考虑影响卵母细胞体外成熟的因素。

（三）精液的质量

在体外受精中，精液处理的主要目的是去除精液中的精浆及其细胞碎片和污染物，以便获得浓缩的获能精子。在牛卵母细胞体外受精过程中，受精率是反映体外受精效果的关键指标之一。在试验情况下，一般所用精液只要可以得到满意的受精率就可以采用。但在牛胚胎体外生产研究中，所用精液往往来自不同的种公牛个体，为保证所生产胚胎基因的多样性，避免后代的近亲繁殖，以及生产高品质的胚胎，必须考虑种公牛个体差异及精液品质对体外受精效果造成的影响。精子活力是一项十分重要的指标，无论是鲜精还是冻精，试验前都应作精子活力的鉴定，以免造成卵母细胞及试验用品的浪费。

（四）培养条件

牛胚胎体外生产的培养条件主要包括培养温度、培养时间、培养气相、培养湿度以及培养基组分等。不同的温度对胚胎体外生产的影响很大，有时甚至是体外生产胚胎能否成功的关键。体外生产的牛胚胎一般用于胚胎移植，卵母细胞体外成熟、体外受精和早期胚胎体外培养选择一个适宜的温度甚为重要。值得注意的是，由于种种原因，许多培养箱显示的温度与箱内实际温度不一致，甚至培养箱内不同位置也有温差。因此，进行试验前，在培养箱内不同位置放置几支温度计，以温度计实测温度为依据进行适当校正。牛 2～6mm 卵泡中的卵母细胞起始发育阶段是不同的，有的处于生长的早期阶段，有的已有闭锁倾向，所以体外培养应该针对不同发育阶段的卵母细胞制订不同的培养时间，这样才能有效地利用卵母细胞，提高其体外培养成熟率。培养液不同，卵母细胞体外受精的培养时间不同；同时早期胚胎体外发育培养，也应选择合适的培养时间。

目前培养常用的气相有两种，一种为 5% CO_2 +95%空气，另一种为 5% CO_2 +5% O_2 +90% N_2。在这两种气相中，CO_2 很关键，它是培养基缓冲体系维持正常 pH 所必需的。不纯的 CO_2 气体对卵母细胞有毒性，CO_2 的纯度要求特别高。一些样品中 CO 和酒精含量高，应设法纯化。在 IVM/IVF/IVC 体系中采用饱和湿度，目的是防止培养液水分蒸发改变培养液成分或浓度，从而保持稳定的 pH 和渗透压。在研究和生产中，要及时补充培养箱水槽中的水，以防湿度的改变。

在培养液以外的操作（如卵丘-卵母细胞复合体的洗涤、精子的浮游、精子的洗涤和卵母细胞上卵丘细胞的去除等）中，培养液暴露在空气中，尽管培养液中有缓冲体系，但在空气中的操作应尽可能地快。牛胚胎体外生产中培养基的成分十分复杂，培养基效果的好坏受营养成分、生产批次等各方面因素的影响。水是培养基的主要成分，容易出现污染，如溶解有离子化或非离子化的固体和气体、特殊物质、微生物和热原质，故使用无菌、超纯的水对体外成熟至关重要。应经常进行严格的质控检测以保证水的纯度和 pH。水的质量和高度无菌条件是培养成功的必要条件，用 0.2μm 滤器可以去掉所有细菌。培养基中另一主要成分是血清，在试验时需对不同批次的血清进行检测，以选择最好的血清。

（五）胚胎的质量

体外生产的胚胎不应受到任何不良因素（物理、化学、微生物等）的影响而降低活力。体外生产的囊胚与体内生产的囊胚相比，细胞总数和内细胞团细胞数明显减少，因此应充分考虑体外生产胚胎的抗冻能力。胚胎冷冻、解冻程序的规范化，冷冻液、解冻液的合理选择，对保证胚胎的质量至关重要。胚胎质量的检测和正确评价是胚胎移植或冷冻保存成功的关键，体外生产的胚胎需经专业人员的鉴定，应考虑到胚胎的日龄，结合它的发育状态，评定等级，然后确定胚胎的用途，移植或保存。

（六）试验条件

实验室保持干净、整洁无菌条件的同时，培养箱、离心机、电子天平、超净工作台、显微镜、冰箱等常用仪器设备和过滤除菌装置、手术器械、培养器皿、移液器等以及消耗性材料都应保持高度的无菌条件。试剂和药品的贮存和放置，应严格区分和合理保管。在准备培养液时，将有关玻璃容器充分而仔细地冲洗干净并作灭菌处理，同时溶液的配置要准确并保持无菌。工作人员需有一定的理论知识和技术水平，思想态度应具有专业素质，同时始终要有无菌意识。

牦牛胚胎体外生产是一个复杂的过程，影响因素、涉及的问题很多，不仅有具体实践操作方面的，而且存在许多理论上尚未解决的问题。这些问题的解决，需要各学科的进一步发展与渗透，以及技术方法的不断改进才有可能做到。牛胚胎体外生产的质量控制，是生产规范化的基础，必将发挥越来越重要的作用。

第四章
牦牛繁殖生产技术

第一节 牦牛分级繁育技术

牦牛繁育体系是有效地开展牦牛繁殖育种和杂种优势利用的一种组织体系。它既有技术性工作，又有周密的组织工作；既有纯种繁殖，又有杂种优势利用。主要工作内容包括：确定杂交组合、繁育方法和技术措施；建立分级任务、规模不同的场、站、户，确定它们之间的相互关系及配合、协作方式，总体及各自的产品、技术、效益指标。要开展牦牛繁育体系的工作，还必须要有一支具有高度事业心和技术过硬的科研、生产队伍。

一、天祝白牦牛三级繁育体系

（一）天祝白牦牛分级保种繁育体系技术方案

天祝白牦牛保种繁育体系采用本品种选育，即按照加性遗传效应，利用原种繁殖生产种公牛，以纯种繁育区、选育提高区、繁殖推广区三个层面进行保护和繁育。对天祝白牦牛核心群和选育群内的公、母牦牛，按照农业行业标准《天祝白牦牛》（NY 1659—2008）和对种牛的初选、再选及定选的选种方法进行选种，并将选出的优秀种牛进行有计划的选配，以求在子代中提高有利加性的组合，得到优良个体，去劣存优。其目的是保持和发展天祝白牦牛的优良特性，增加种群内优良个体的比例，以达到品种总体水平的提高，在良种繁育过程中不断提高天祝白牦牛的生产性能。

（二）天祝白牦牛分级保种繁育体系的建立

1. 核心群的组建 种牛应严格按照农业行业标准《天祝白牦牛》（NY 1659—2008）规定和“精中选精，优中选优”的原则，从纯种繁育区选择引入。对公牦牛的要求必须是特级或一级，对母牦牛要求是二级以上，在核心群中自然交配的种公牦牛不能连续使用 3 年，适当时期实行种牛置换或串换。

2. 选育群的组建 从选育提高区内的乡镇选择较好的基础母牦牛进行牛

群组建，先由牧民群众淘汰出售、补差交换不符合品种标准的牛只，再购入优良天祝白牦牛进行组建。牛群质量状况要达到纯白或基本纯白的标准，配备有二级以上的种公牛，有条件的可采用冻精授配技术进行配种。群体内选育和培育的优秀个体，根据血统和类型分别补进核心群的后备牛群。

3. 扩繁群的组建　基础母牦牛原则上要求被毛基本纯白，种公牦牛质量要求二级以上。天祝白牦牛育种实验场编制选育及优化方案，采用开放式选育体系，防止近交或基因漂移。在每年的剪毛季节，天祝白牦牛育种实验场组织技术人员对核心群、繁育群、扩繁群的牛只进行生产性测能测定，建档、立卡。在秋季防疫季节，逐头进行品质鉴定、个体登记，按照天祝白牦牛选育方案调整或淘汰公、母牦牛，整理群体，提高选种选配的质量。

4. 天祝白牦牛冻精站的建立　以天祝白牦牛育种实验场为依托，从核心群选择优秀种公牛，购置相关设备，修建棚舍，利用现有的饲草料生产优质饲料，以舍饲为主，进行调教、采精和细管冻精的制作。向国家畜禽基因库及国内提供冻精，同时向天祝白牦牛核心产区提供细管冻精，以提高优秀公牦牛的利用率和犊牛的质量。

（三）天祝白牦牛分级保种繁育体系的区域划分

1. 纯种繁育区　以毛毛山沿麓的西大滩、松山、华藏寺、打柴沟、安远、朵什 6 乡镇为纯种繁育区。以村、组为重点，组建天祝白牦牛核心群，淘汰所有黑花牦牛和土种黄牛，所生产的优良种公牦牛补充到天祝白牦牛选育群中。

2. 选育提高区　以马牙雪山沿麓的抓喜秀龙、石门、炭山岭、天堂、赛什斯、赛拉隆 6 乡镇为选育提高区。将天祝白牦牛所占比例为 30%以上的村组进行重点选育，配套组建起点较高的选育群，所生产的优秀种公牛将调给到天祝白牦牛扩繁群中，优秀母牦牛将补充到天祝白牦牛核心群中，同时开展选种、选配工作，突出天祝白牦牛数量的发展和质量的提高。

3. 繁育推广区　以生产规模小的哈溪、大红沟、祁连、旦马、毛藏等 5 乡镇为繁育推广区。选择科技接受能力强、积极性高的重点村、重点户，组建天祝白牦牛扩繁群，生产出的优秀母牛补充到天祝白牦牛选育群中，同时从纯繁区供给种牛，大力改良本地牦牛，积极开展天祝白牦牛繁育工作。

（四）天祝白牦牛分级繁育体系建设的主要措施

1. 建立选育组织　为做好天祝白牦牛的保种选育工作，促进天祝白牦牛产业化的发展，天祝县人民政府批准成立了专门的天祝白牦牛保种选育机构——天祝白牦牛育种实验场，主要负责天祝白牦牛的选育和保护工作。开展种牛评定、生产性能测定、种公牛后裔测定、良种登记、制订和修订选育计划、指导牦牛选育等工作。

2. 制订选育方案 在天祝白牦牛主产区，应根据具体情况，从实际出发，围绕天祝白牦牛“肉毛兼用”的选育方向，以提高不同血统天祝白牦牛原有的优良特性为前提，制订出选育方案。制订选育方案前，要进行调查研究，采取全面了解和深入重点牛群测定相结合的办法，主要摸清天祝白牦牛形成的历史、产地的生态环境、分布、数量、体型外貌、生产性能及主要优缺点等，同时应注意发现优良的群体、个体以及适宜开展选育工作的基础群。

天祝白牦牛生产性能的持续提高以本品种选育为主，适当的应用现代分子育种技术。保种方式以活体保种为主，生物技术保种为辅，坚持“肉毛兼用”的选育方向。

3. 建立天祝白牦牛良种场和核心群 在天祝白牦牛中心产区，建立良种场和核心群，形成稳定的天祝白牦牛选育基地。天祝白牦牛育种实验场在核心群组建、保护选育、饲草料生产加工、疫病防治等方面取得了良好的成效，在天祝白牦牛的选育和产业发展中发挥了示范、带动和推广作用。

天祝白牦牛核心群必须建立种牛档案（系谱），包括种公牛的来源、等级、生产性能等，种母牛的等级、繁殖性能、生产性能等，以及犊牛的出生登记、生长发育情况等。选育群应建立牛群档案或参配种公牦牛及二级以上母牦牛的卡片。为便于选育工作的开展，核心群和选育群的牛只必须编号和标记（佩戴耳标）。

二、甘南牦牛三级繁育体系

甘南牦牛以肉用为主，应用品种选育技术，针对性地进行优良性状基因的选优提纯、优良性状的科学组合、纯化固定，最终通过优良基因的选优提纯、科学选种选配、纯种繁育、定向培育、科学饲养等措施，从体型外貌、体质类型、生长发育、繁殖性能、性状遗传和种用价值等方面全面开展对甘南牦牛的系统选育，在达到规定的基因纯合率后，将个体所具有的优良性状、性能及时转化为群体所共有，全面实现纯化后甘南牦牛品种的提纯、复壮和品种资源的科学保护。

青藏高原高寒牧区牦牛地方品种均适合建立三级繁育体系，由育种场、良种繁殖场和一般养殖场、专业合作社或养殖专业户组成。育种场的牦牛由主产区经普查鉴定选出，并在育种场内按照科学饲养管理模式培育，在此基础上严格选种、选配。通过系统的选育工作，培育出性能优良的、符合品种标准的牦牛个体，并向良种繁殖场、一般养殖场、专业合作社和养殖专业户提供种公牛，不断改良牦牛品质，提高牦牛生产性能，促进区域经济发展。因此，建立并不断优化牦牛繁育体系是改良牦牛品种的一项关键性措施，具有推广应用价值。

（一）选育牛群的建立

选择的基础牛群应具有明显的品种特征、外貌特性及达到选育目标的遗传基础。双亲性能良好，体质健壮，血统清楚，无传染病，性器官发育正常。母牦牛以繁殖性状为主，犊牛成活率高，公牦牛以育肥性状和屠宰性状为主。

（二）选育方法

后备公牦牛分三步选留：断奶前初选，淘汰劣势或具有严重缺陷者，选留的数量比计划的数量多出1倍；1.5～2岁再选；3岁或投群配种前定选，落选者一律阉割或分群饲养，不参与配种繁殖，将定选的公牦牛作为种公牛，配种季节送到母牦牛群中竞配，能力弱者淘汰。母牦牛的选择着重于繁殖力，初情期超过4～5岁而不受孕、连续3年空怀、母性弱不认犊的均应及时淘汰。

（三）三级繁育体系的建设

按照农业行业标准《甘南牦牛》（NY/T 2829—2015）与选育目标，综合应用本品种选育技术与改良技术，建立甘南牦牛三级繁育技术体系。在玛曲县阿孜畜牧科技示范园区、碌曲县李恰如种畜场建立甘南牦牛选育核心群，作为甘南牦牛制种供种基地；在玛曲县、碌曲县甘南牦牛产区示范户或专业合作社及卓尼县良种繁殖场建立扩繁群，置换种公牛，选育提高甘南牦牛的生产性能；在合作市、夏河县、临潭县等地一般牧户或生产规模较小的合作社或专业养殖户开展品种改良，利用杂种优势生产杂种牛，提高牦牛的生产性能及出栏率。

1. 核心群　按照优中选优、选留培育的原则建立甘南牦牛选育核心群，并配套实施暖棚培育、冬季补饲技术。在玛曲县阿孜畜牧科技示范园区，通过调整畜群结构组建甘南牦牛基础母牦牛选育核心群，种公牦牛选育核心群。培育符合甘南牦牛品种标准的2岁后备种公牛，用于种公牛置换与血液更新。在碌曲县李恰如种畜场，组建甘南牦牛基础母牛选育核心群及牧户管理选育群。

2. 扩繁群　对甘南牦牛选育核心群外的玛曲县、碌曲县等具有一定规模的牦牛养殖专业合作社及卓尼县良种繁殖场，开展选种、选配，置换种公牛，加强选育，改良牦牛品质，增加甘南牦牛数量，提高牦牛生产性能。

3. 商品生产群　在合作市、夏河县及半农半牧的临潭县等地，数量较多的一般牧户或生产规模较小的合作社或专业养殖户组建甘南牦牛商品生产群，以增加经济效益为主，开展品种改良，生产杂种牛，实施牦牛短期放牧育肥或补饲育肥，适时出栏，提高牦牛商品率。

（四）繁育体系配套措施

1. 调整畜群结构　依据甘南藏族自治州牦牛生产实际情况，在玛曲县阿孜畜牧科技示范园区、碌曲县李恰如种畜场调整选育核心群畜群结构，使基础母牦牛占65%，公牦牛占15%，犊牛占20%；建立牦牛放牧管理技术，使牦牛充分利用放牧地。

2. 优化生产模式 根据生产需要，选育核心群成年公、母牦牛比例为1∶(15～25)，基本于7—9月发情配种，次年3—6月分娩产犊，10—12月调整畜群结构，采取放牧+补饲等措施提高6月龄、18月龄牦牛增长速度，加大出栏力度，增加经济效益。通过项目示范带动，使示范户牦牛出栏率达40%。

3. 加强基础条件建设 为了更好地开展牦牛选育工作，跟踪测定甘南牦牛生产性能，对玛曲县阿孜畜牧科技示范园区基础设施条件进行改善，修补棚圈，并加固保定围栏。同时，示范推广燕麦与豌豆混播技术，为牦牛安全越冬及补饲提供饲草料。

三、大通牦牛四级繁育体系

大通牦牛属肉用型牦牛培育品种，是利用我国独有的本土动物遗传资源培育的第一个国家级牦牛品种，已被农业部确定为青藏高原牦牛产区的主导品种。为加快牦牛主导品种的推广利用工作，配套实施牦牛良种繁育及改良技术，建立了由牦牛种公牛站、育种核心群、繁育群（场）、推广扩大区四个部分组成的牦牛育种繁育体系，2016年大通牦牛育种核心群达54群，共计23 000头，年供种能力2 200头，年生产冷冻精液10万支。目前，以牦牛科研团队为技术依托、青海省大通种牛场为平台、牦牛产区基层畜牧技术推广部门为纽带，建立科研创新团队与基层农技推广体系对接机制，通过项目示范带动与技术示范推广，配套实施遗传改良、繁育及培育措施。良种牦牛改良使当地牦牛生产性能显著提高，受胎率达到70%，比同龄家牦牛提高20%，6月龄胴体重提高7.5kg，犊牛繁活率提高4%，越冬死亡率降低3%，对改良我国牦牛品质，提高牦牛生产性能，遏制牦牛退化起到积极促进作用。

（一）大通牦牛体型外貌特征

1. 外貌特征 大通牦牛被毛黑褐色，鬐甲后半部至背部具有明显的灰白色背线，嘴唇、眼睑为灰白色或乳白色。鬐甲高而颈峰隆起（公牦牛更甚），背腰部平直至十字部稍隆起。体格高大，体质结实，结构紧凑，发育良好，前胸开阔，四肢稍高但结实，呈现肉用体型。公牦牛有角，头粗重，颈短厚且深；母牦牛头长，眼大而圆，清秀，绝大部分有角，颈长而薄。体侧下部密生粗长毛，体躯夹生绒毛和两型毛，裙毛密长，尾毛长而蓬松。

2. 体重和体尺 大通牦牛成年公牦牛体重（381.7±29.6）kg，体高（121.3±6.7）cm，体斜长（142.5±9.8）cm，胸围（195.6±11.5）cm，管围（19.2±1.8）cm；成年母牦牛体重（220.3±27.2）kg，体高（106.8±

5.7）cm，体斜长（121.2±8.4）cm，胸围（153.5±8.4）cm，管围（15.4±1.6）cm。

3. 品种评价　大通牦牛具有稳定的遗传性、良好的产肉性能、优良的抗逆性和对高山高寒草场的适应能力，深受牦牛饲养地区的欢迎，对建立我国牦牛制种和供种体系，改良牦牛品质，提高牦牛生产性能及牦牛业整体效益具有重要的实用价值。青海省大通种牛场通过建立开放的牦牛繁育体系，向青藏高原牦牛产区提供种牛及冷冻精液。大通牦牛的育成及繁育体系和培育技术的创建，填补了世界上牦牛培育品种及相关技术体系的空白，创立了利用同种野生近祖培育新品种的方法，提升了牦牛产业的科技含量和科学养畜水平，促进牦牛产业向标准化方向发展。

（二）四级繁育体系建设

1. 种公牛站建设　首先，在1982—1983年对获得的1/2野血公牦牛进行驯化、人工调教、采精成功的基础上，对纯野血公牦牛采用相同的方法实现成功采精。其次，研制野牦牛冻精生产方法，筛选其冷冻精液的最佳配方。再次，结合人工授精效果与后裔测定，选择重点始祖野公牛。最后，在生产的F_1代公牦牛中，选择特级公牦牛补充到种公牛站。目前，野牦牛、大通牦牛的调教、采精及冷冻精液生产已处于世界领先地位。

2. 育种核心群建设　选择符合大通牦牛品种标准的牦牛组建育种核心群。体型外貌选择具有明显的野牦牛特征，嘴、鼻、眼睑为灰白色，并具有清晰可见的灰色背线；公牦牛有角，母牦牛多数有角；体型结构紧凑，偏肉用，体质结实，发育良好，体重、体尺符合育种指标；毛色全黑色或夹有棕色纤维，背腰平直，前胸开阔，肢高而结实。逐渐加强大通牦牛育种核心群建设，不断完善选育档案。

3. 繁育群建设　加强后备种公牦牛培育。实施4个阶段的选择。第一阶段，出生后“试选”。在出生后不久根据矫正后胎次、初生重、参考亲本的体型外貌和生产性能进行，留种率为90%。第二阶段，0.5岁牦牛“初选”。对试选的公牦牛犊，根据入冬前个体发育、体型外貌进行初选，留种率为50%～70%。第三阶段，18月龄“复选”，为选择的关键环节。此时经一个暖季的换毛后，体形特征已基本定型，漫长的冷季考验了个体的抗逆能力，而牧草营养相对较好的暖季则为个体表达其生长发育的差异提供了机会。此时选种，准确率较高，留种率为40%。第四阶段，2.5～3.5岁“终选”。有计划将所选留的公牦牛投入到基础繁殖母牦牛群中进行试配，根据其体格发育、外貌特征、性欲强度、后代表现（包括有无遗传缺陷）等作最后阶段的选留，留种率50%。通过以上4个阶段的选择，留种率为9%～12%。

同时，加强种子母牦牛的选择和培育。母牦牛的选择着重于繁殖力，初情期超过4～5岁而不受孕、连续3年空怀、母性弱不认犊的均应及时淘汰。

4. 推广示范区 大通牦牛由于其稳定的遗传性，较高的产肉性能，特别是突出的抗逆性和对高山高寒草场的利用能力，深受牦牛饲养地区的欢迎，对推动全国牦牛改良复壮有重要的意义。大通牦牛与家牦牛相比其优势体现在：①生长发育速度较快。初生、6月龄、18月龄体重比同龄家牦牛群体提高15%～27%。②具有较强的抗逆性和适应性。突出表现在越冬死亡率明显降低，觅食能力强，采食范围广。大通牦牛越冬死亡率连续5年的统计小于1%，比同龄家牦牛群体的5%越冬死亡率降低4个百分点。③繁殖率较高。初产年龄由原来的4.5岁提前到3.5岁，经产牛为三年产两胎，产犊率为75%。④产奶量和产绒量较高。大通牦牛的产奶量和产毛绒量同比家牦牛分别提高11%和19%。按每年剪毛一次计算，成年公牦牛年平均毛绒产量为1.99kg，成年母牦牛年平均毛绒产量1.02kg，幼年牦牛毛绒产量为1.07～1.19kg。目前，推广示范区覆盖率达我国牦牛产区的75%，涵盖青海、西藏、甘肃、四川、新疆等省区高寒牧区。大通牦牛的推广、利用，对充分利用我国现有草地资源，提高牦牛生产性能，改善当地牧民生活质量，增加民族团结，巩固国防有着重要意义。

第二节 牦牛带犊繁育技术

一、建立母牦牛带犊繁育体系

结合犊牛的生长发育特点及母牦牛的产后生殖生理特点，针对牦牛母牛带犊饲养体系的特殊性，将传统与现代的饲养技术综合配套，建立母牦牛带犊体系；解决母牦牛带犊体系中妊娠阶段补饲及产后母牦牛饲养管理等各方面易出现的问题；推行犊牛代乳粉使用及早期断奶补饲技术等，依据犊牛生产方向的不同确定不同的饲养方案。

（一）常乳期的哺喂和补饲

犊牛经过5～7d初乳期之后开始哺喂常乳，至完全断奶的这段时间称为常乳期。这一阶段是犊牛体尺、体重增长及胃肠道发育最快的时期，尤其以瘤胃、网胃的发育最为迅速，此阶段是由真胃消化向复胃消化转化，由饲喂奶品向饲喂固体料过渡的一个重要转折时期。

犊牛的哺乳期应根据犊牛的品种、发育情况、养殖场（合作社或牧户）的饲养水平等具体情况来确定。精料条件较差时，哺乳期可定为5～7个月；精料条件较好时，哺乳期可定为4～6个月；如果采用代乳粉和补饲犊牛料，哺乳期则为 3～5 个月。

（二）哺乳常乳的方法

牦牛哺乳常乳主要有随母哺乳法、保姆牛哺乳法和人工哺乳法。一般牦牛犊采用自然哺乳，如果母牦牛产后死亡、虚弱、缺乳或母性不佳，不能进行自然哺乳时，可采用代乳或人工哺乳。

1. 随母哺乳法 犊牛出生后，每天跟随母牦牛哺乳、采食和放牧，哺乳期为 6 个月左右，或 7～8 个月。这是目前最常用的方法，犊牛容易管理、节省劳动力。但不利于母牦牛的管理，增加了母牦牛的饲养管理成本。

2. 保姆牛哺乳法 因胎儿性难产或犊牛死亡造成分娩后的母牦牛无犊牛哺乳，可用来代乳作为保姆牛进行哺乳。此法的优点是充分利用了分娩母牦牛或无母犊牛的各自需求，发挥效益最大化。缺点是开始哺乳时，需人为引导，增加了劳动成本。

3. 人工哺乳法 人工哺乳时初乳、常乳变更应注意逐渐过渡（4～5d），以免造成消化不良。同时做好定质、定量、定温、定时饲喂。

人工哺乳的方式有桶喂和带奶嘴的奶壶喂两种方式。如用桶喂，奶桶要固定，开始几次要用手引导犊牛吸食，喂完后用干毛巾擦干犊牛嘴角周围。在用桶、盆等器具给犊牛喂乳时，由于缺乏对口腔感受器的吮吸刺激作用，食管沟闭合不完全，往往有一部分乳汁流入瘤胃和网胃，经微生物作用发酵、产酸，造成犊牛的消化不良。因此，用奶壶喂效果较好。

二、牦牛犊哺乳期的管理

牦牛犊出生后，经 5～10min 母牦牛舔干体表胎液后就能站立，吮食母乳并随母牦牛活动，说明牦牛犊生活力旺盛。牦牛犊在 2 周龄后即可采食牧草，3 月龄可大量采食牧草，随月龄增长和哺乳量减少，母乳越来越不能满足其需要时，促使犊牛加强采食牧草。同成年牦牛相比牦牛犊每日采食时间较短（占 20.9%），卧息时间长（占 53.1%），其余时间游走、站立。牦牛犊采食时间短及昼夜一半以上时间卧息的特点，在牦牛犊放牧中应给予重视，除分配好的牧场外，应保证所需的休息时间，应减少挤乳量，以满足牦牛犊迅速生长发育对营养物质的需要。

（一）哺乳

从出生到半岁，犊牛如果在全哺乳或母牦牛日挤乳一次并随母放牧的条件下日增重可达 450～500g，断奶时体重可达 90～130kg。这是牦牛一生中生长最快的阶段，利用幼龄牦牛进行放牧育肥十分经济，所以在牦牛哺乳期，为了缓解人与犊牛争乳矛盾，一般日挤乳 1 次为好，坚决杜绝日挤乳 2～3 次。尽量减少因挤乳母牦牛系留时间延长，采食时间缩短，母牦牛哺乳兼挤乳，得不到充足的营养补给，体况较差，其连产率和繁殖成活率都会受到较大的影响。

改进诱导泌乳、减少牛犊意外伤害。母牦牛一般均需诱导条件反射才能泌乳，诱导条件反射为犊牛吮食和犊牛在母牦牛身边两种，是原始牛种反射泌乳的规律。若强行拉走刺激母牦牛反射泌乳的犊牛，要避免乳汁呛入犊牛肺内引起咳嗽，甚至患异物性肺炎，轻者生长发育不良，重者导致死亡。正确的做法是一手牵拉脖绳，另一手托犊牛股部引导拉开。

（二）犊牛必须全部吮食初乳

初乳即母牦牛在产犊后最初几天所分泌的乳，营养成分比正常乳高 1 倍以上。犊牛吮食足量初乳，可将其胚胎期粪排尽，如吮食初乳不够，引起生后 10d 左右患肠道便秘、梗塞、发炎等肠胃病和生长发育不良。更重要的是初乳中含有大量免疫球蛋白、乳铁蛋白、微量元素和溶菌酶等物质，对防止一些犊牛传染病起很大作用。

（三）适时补饲

为了加快牦牛选育的进度，早日收到预期效果，当犊牛学会采食牧草以后（初生后 2 周左右），可补饲饲料粉、骨粉配制的简易混合料或采用简单的补喂食盐的方法，以增加食欲和对牧草转化率。如此补饲方法不可能每日实行，应采取每隔 3～5d 补喂一次。

（四）及时断奶

牦牛犊哺乳至 6 月龄（即进入冬季）后，一般应断奶并分群饲养。如果一直随母牦牛哺乳，牦牛犊恋乳，母牦牛带犊，均不能很好地采食。在这种情况下，母牦牛除冬季乏弱自然干乳外，妊娠母牦牛就无法获得干乳期的生理补偿，不仅影响到母、幼牦牛的安全越冬过春，而且使母牦牛、胎儿的生长发育受到影响，如此恶性循环，很难获得健壮的犊牛及提高牦牛的生产性能。为此对哺乳满 6 个月的牦牛犊分群断奶，对出生迟哺乳不足 6 月龄而母牦牛当年未孕者，可适当延长哺乳期后再断奶，但一定要争取对妊娠母牦牛在冬季进行补饲。

三、母牦牛的饲养管理

母牦牛的营养和管理会影响其繁殖能力，用传统方法饲养母牦牛，经常会因为管理不周或技术不到位等因素，使母牦牛流产、空怀，导致产犊率降低，进而降低繁殖生产力，影响经济效益。因此，必须采取科学的饲养管理方式，例如对繁殖母牦牛分群以简化牛群管理、节省劳动力等。根据母牦牛不同时期所需营养实施具体操作，这样才能提高母牦牛的繁殖能力，增加经济效益。

（一）妊娠期的饲养管理

牦牛在发情季进入发情状态，是保证其高效繁殖的必要条件。母牦牛产犊期多出现在3—5月，这是其在青藏高原牧草的季节性生产及气候变化条件下产生的适应机制。春季产犊后的母牦牛在牧草进入到生长季节后，可增加营养物质的摄入，有利于其发情周期的恢复。

妊娠母牦牛所需营养不但要维持本体需要，还需供给胎儿生长发育以及为产后泌乳储存营养。所以要饲养好妊娠母牦牛，保证胎儿在母体中的正常发育，这样可有效避免流产和死胎的现象，为后续犊牛的生长发育、母牛再次受孕及延长繁殖年限打下良好的基础。特别是冬季妊娠母牦牛的饲养管理，更应该科学严格地进行。

妊娠的前5个月胎儿组织器官正处于分化阶段，生长较缓慢，所需营养物质较少，可以按照空怀期母牦牛的标准，主要以粗饲料进行饲养；在妊娠5个月以后应加强营养，补饲精料。妊娠后期的3个月是胎儿快速增重阶段，一般增重达到犊牛初生时重量的70%～80%，需要吸收母体大量的营养物质，而且母牦牛在妊娠期也会增重45～70kg。为保证产犊后的正常泌乳和再生产，该时期应保证妊娠母牦牛的营养，如加喂胡萝卜与精饲料等，以保持中上等的膘情。除保证营养外，妊娠期母牦牛的牛舍也应保持清洁干燥和通风良好，冬季需要做好牛舍的保温、光照等工作；放牧时青草季节延长放牧时间，枯草季节补饲青绿草料；为增强母牦牛体质、促进胎儿发育及防止难产，做好保胎工作。

（二）泌乳期的饲养管理

母牦牛应在分娩前两周逐渐增加精料喂食。母牦牛分娩后，体内水分、糖分、盐分等物质损失巨大。哺乳期的母牦牛，尤其是刚分娩后的母牦牛，尚处于恢复阶段，身体虚弱，消化机能减弱，并且还要泌乳，因此对饲养管理的要求也要随之增高。哺乳期的饲喂管理对母牦牛的泌乳、产后发情、再次配种受胎都很重要，此时能量、蛋白质、钙、磷等化合物较其他生理阶段都有不同程度的增加。

泌乳期母牦牛乳汁营养缺乏会导致犊牛生长受阻，易患腹泻、肺炎、佝偻病等，还会导致母牦牛产后发情异常，降低受胎率。分娩后的1～2d需饲喂易消化的饲料，不要供给凉水。待两周以后母牦牛的恶露排净，乳房生理肿胀消失，消化与食欲恢复正常后，可按标准量饲喂哺乳期母牦牛，并逐渐加喂青贮、块茎饲料。泌乳盛期时，需要喂食高能量饲料，以品质好、适口性强的干物质和精料为主，但不宜过量。分娩3个月后，母牦牛产奶量逐渐下降，应逐渐减少母牦牛精饲料的喂食，并加强运动与饮水，避免产奶量的急剧下降和母牦牛过于肥胖，影响犊牛生长发育和母牦牛的发情及受胎。

第三节 牦牛早期断奶技术

一、牦牛早期断奶的目的意义

（一）早期断奶的概念

早期断奶是在犊牛出生后的适宜时期，将母牦牛与犊牛分开单独饲养，不再进行哺乳。牦牛犊早期断奶技术是一项节本增效的高效养殖技术，科学应用可以有效地降低饲养成本，提高生产效率，增强竞争力。通过早期断奶，训练牦牛犊尽早采食牧草，极大刺激瘤胃发育，有利于牦牛犊生长，增强其抗病能力，从而降低各种患病感染的致死率。另外，通过早期断奶技术，可以节约劳动力输出，提高劳动效率，降低最终的生产成本。

（二）早期断奶的目的意义

早期断奶的牦牛犊料肉比最高，消化道疾病的发病率也较一般断奶犊牛低。同时，牦牛犊的绝对饲养成本也大幅降低。

生产中实施牦牛犊早期断奶，通过饲喂代乳料，可刺激犊牛瘤胃的早期发育，锻炼和增强其消化机能和耐粗性，以提早建立健全瘤胃微生物系统，从而使牦牛犊提前从液体饲料阶段过渡到反刍阶段，有益于犊牛的生长发育。

科学早期断奶，可以有效缩短牦牛犊补饲时间，加速犊牛瘤胃发育，尽快适应对大量固体饲料的消化，使牦牛犊较早进入育肥。

牦牛犊早期断奶可减轻哺乳母牦牛的泌乳负担，有利于母牦牛体况的恢复，促进母牦牛及早发情，提前配种，从而缩短母牦牛的繁殖周期，使牦牛一年一产成为可能。同时，减少了母牦牛代谢性疾病的发生，延长了母牦牛的使用年限。

通过早期断奶技术可提早结束母牦牛的哺乳期，有利于产后母牦牛发情周期的提前，提高其发情率和妊娠率，是现代牛业高效生产中改善母牦牛繁殖性能常见的技术之一。同时在放牧条件环境比较艰难、牧草质量相对较低的情况下，对牦牛犊实施早期断奶是一种高效利用牧草资源的放牧管理模式。

二、早期断奶调控母牦牛发情

牦牛繁殖是牦牛生产中的关键环节，采取早期断奶措施可以提高牦牛的繁殖效率。赵寿保等（2018）通过对150头母牦牛实行断奶处理，结果发情母牦牛104头，发情率69.33%。对照组110头母牦牛未实行断奶措施，结果发情母牦牛2头，发情率1.80%。试验组母牦牛发情率显著高于对照组（$P<0.01$）。断奶后母牦牛从第5天开始发情，在第9～15天发情比较集中，而且

发情持续到断奶后的第 24 天。因此，犊牛早期断奶是提高母牦牛繁殖效率的一项有效措施。

（一）牦牛的选择与早期断奶

1. 牦牛的选择　从青海省大通种牛场育种一队选择健康无病、4～6 岁、4 月产犊的经产母牦牛 260 头为试验牛。随机从 5 个牦牛群中选择 150 头作为试验组，其余 4 个牦牛群的 110 头为对照组。

2. 早期断奶　试验组牦牛于产犊后集中断奶处理（犊牛日龄 90～120d，断奶时间 8 月 4 日），同时对母牦牛进行称重和测量体尺。然后，将母牦牛与犊牛分别组群于不同区域围栏内放牧饲养。对照组不实施断奶措施，母牦牛与犊牛在原有草场常规放牧饲养。试验组、对照组草场条件均能保障母牦牛及犊牛营养需要。

3. 发情鉴定　试验组母牦牛与对照组母牦牛均有专人负责管理。采用观察法每日白天跟群观察母牛发情情况，发现发情母牛采用人工授精方式配种，输精两次，间隔 12h。

4. 犊牛管理　断奶犊牛组群后由专人负责补饲＋放牧管理，未断奶犊牛随母牛放牧。

（二）早期断奶对母牦牛发情的影响

1. 母牦牛发情情况统计　试验组、对照组母牦牛发情结果见表 4－1。从表 4－1 中可以看出，试验组母牦牛断奶后，母牦牛从第 5 天开始发情，第 9～15 天发情比较集中。试验组母牦牛共发情 104 头，发情率为 69.33％。对照组母牦牛在试验期间共 2 头母牦牛发情，发情率为 1.80％。试验组母牦牛比对照组母牦牛发情率高 67.53％，差异极显著（$P<0.01$）。

表 4－1　母牦牛发情结果统计

组别	项目	断奶后天数																发情结果
		0	5	8	9	10	11	12	13	14	15	16	17	18	19	24	25	
试验组	发情头数（头）	0	2	3	10	8	13	12	11	12	10	3	3	8	6	3	0	104
	发情率（％）	0	1.33	2.00	6.67	5.33	8.67	8.00	7.33	8.00	6.67	2.00	2.00	5.33	4.00	2.00	0	69.33^{A}
对照组	发情头数（头）	0	0	0	0	2	0	0	0	0	0	0	0	0	0	0	0	2
	发情率（％）	0	0	0	0	1.80	0	0	0	0	0	0	0	0	0	0	0	1.80^{B}

注：同一列中，不同大写字母表示差异极显著（$P<0.01$）。

2. 不同组别母牦牛发情率 试验组各组别母牦牛发情统计结果见表4-2。5个试验组中发情头数最多的是26头，发情率为86.67%，发情头数最少的是17头，发情率为56.67%。各试验组平均发情率为69.33%。

表4-2 不同组别母牦牛发情情况

组别	试验头数（头）	发情头数（头）	发情率（%）
试验组1	30	23	76.67
试验组2	30	19	63.33
试验组3	30	17	56.67
试验组4	30	26	86.67
试验组5	30	19	63.33
合计	150	104	69.33

（三）早期断奶影响母牦牛发情的效果分析

1. 连产率 牦牛是青藏高原的特有畜种，全年放牧，不补饲或极少补饲。同时，牦牛还需越过一个漫长的枯草期，带犊母牦牛在发情季节不发情，致使牦牛的连产率低，所以在牦牛发情的高峰季节8月进行犊牛断奶，可以有效提高母牦牛的发情率。早期断奶的时间和饲草料的有效保障是实现牦牛当年产犊后及时发情的两个关键点。

传统牦牛养殖中，犊牛早期断奶是在8月底、9月初进行，在这个时候断奶因气候逐渐变冷，且牧草开始枯黄，牧草的营养水平随之下降，影响母牦牛的发情，而且由于来年产犊较迟，犊牛过小，不能在第二年进行断奶，势必会影响到母牦牛的连产率。

2. 发情率 据调查，牦牛在9月初进行断奶，在第7～11天发情比较集中，从12d开始发情就基本停止。赵寿保等（2018）在8月初对犊牦牛断奶，母牦牛从第5天开始发情，在第9～15天发情比较集中，而且发情持续到断奶后的第24天，发情率较高。补饲情况下，断奶和未断奶3月龄和4月龄犊牛生长发育情况无显著差异。因此，8月对犊牛进行断奶，可以有效提高母牦牛的发情率，而且来年产犊提前1个月，在来年也可以对犊牛进行早期断奶，这样就可以使牦牛繁殖模式从两年一胎转变到一年一胎。断奶后母牦牛只要营养水平在上升，母牦牛的发情率就高。反之，如果母牦牛的营养水平开始下降，母牦牛的发情率也就低，甚至会停止发情。

3. 环境条件 牦牛体重与发情没有直接的关系，只要母牦牛体重达到一定阈值（>180kg）或者体况适宜，营养有保障，就能取得良好的发情效果。试验组5的母牦牛平均体重最高，但发情率仅处于5个试验组的中等水平，推测由于试验组5的草场离试验点较远，所以在放牧的过程中发现该牛群与其他牛群不合群，经常向自己草场方向奔走，与其他牛群相比，采食少，情绪也不太稳定，这可能是突然在陌生的环境中放牧，母牦牛情绪不太稳定造成的。因为试验点在试验组1的草场，虽然试验组1的牛群平均体重最低，但发情率较高，这跟母牛能安静采食，没有情绪的影响有很大的关系。其他牧户的草场离试验点较近，所以环境对母牦牛的发情没有造成太大的影响。因此，保证母牦牛正常发情的另一重要措施是稳定而良好的放牧生态条件。

三、犊牛的饲养管理

在传统放牧管理模式下，犊牛的断奶方法为自然断奶，通过犊牛逐渐开始自主采食，母牦牛再哺育，犊牛和母牦牛逐渐分离。牦牛犊多在1.5～2岁进行自然断奶，而母牦牛对犊牛的长期哺乳，往往造成产后母牦牛乏情期延长，严重制约了其繁殖能力。牦牛犊跟随母牦牛放牧时，2周龄左右开始尝试采食牧草，3月龄左右已经可以大量采食牧草，故在牦牛犊3月龄时进行断奶，其成活率已经基本能得到保证，且该时期恰好处在母牦牛的发情季节。此外在8月对牦牛犊进行早期断奶时放牧草场上的牧草还处在生长季，且环境气温较温和，牦牛犊可以较好地适应其采食环境。

（一）开食料供应

犊牛出生饲喂初乳或牛奶后，应该逐渐开始开食料的饲喂，于10d内首先诱饲精饲料，饲喂量要逐渐增加，在此期间要保证犊牛有充足的新鲜饮水。10d后，可由犊牛自由采食草料。

（二）犊牛断奶过渡

犊牛在连续3d内每天采食0.75～1.00kg开食料后，便可开始断奶，并由犊牛自由采食开食料，断奶最难的时期是最初的2d，母牦牛和牦牛犊都会不习惯，可以采用母子隔离饲养。犊牛两个月后要逐渐增加饲喂生长料并减少开食料的饲喂。

（三）犊牛冬季保暖

为了确保犊牛能够顺利度过严寒天气，犊牛牛舍地面上可增加厚草垫，有条件的可在四周安装单层彩钢瓦，舍顶安装浴霸灯，以增加舍内温度。

四、母牦牛的饲养管理

母牦牛自身的营养摄入和对犊牛的哺乳是影响其发情的两大因素，提高牦牛发情率是改善牦牛一年一胎发生率的有效手段，其方式主要包括对母牦牛补饲和对犊牦牛断奶，在牦牛的放牧管理中，通过冷季（12月至次年4月）补饲燕麦干草（1.0～1.5kg/d）可使约70%的母牦牛在产犊后40d内进入发情期，而未补饲牦牛发情率仅为25%。此外，对处于围产期的牦牛进行冷季补饲浓缩精料补充料（250g/d），产犊后出现当年发情的牦牛补饲组可达41%，而未补饲组仅为13%。由此可见，通过冷季补饲对于改善母牦牛体况及缩短其产后乏情期具有明显的效果。

第四节　牦牛一年一产技术

一、技术形成经过

牦牛繁殖是牦牛生产中的基本环节，繁殖率是牦牛生产中重要的经济指标，也是增加牦牛数量、提高牦牛质量的必要前提。母牦牛妊娠期平均255d（250～260d），具备一年一产的基本条件。但由于牦牛以自然放牧为主，管理粗放，极大地限制了牦牛的生产效率。自然繁育牛群中，繁殖率一般为60%～75%，繁殖成活率为45%～75%。母牦牛初情期一般在1.5～2.5岁，初配年龄是2.5～3.5岁。牦牛繁殖力低，一般两年一产或三年两产，连产率低于55%。牦牛一年一产技术立足牦牛生殖生理特点，结合青藏高原牦牛放牧特性与高寒牧区季节性生产规律，充分挖掘牦牛的繁殖潜能，提供一种提高牦牛繁殖率的技术。实现牦牛一年一产，不仅有利于调整牦牛畜群结构，而且便于牦牛选育与生产中组织管理。

通过控制经产繁殖母牦牛3个时间点来实现母牦牛的一年一产，包括配种时间控制点、产犊时间控制点、断奶时间控制点；其中配种时间控制点是7—9月，产犊时间控制点是4—5月，断奶时间点是产犊当年7—8月（郭宪 等，2013）。同时，在配种、产犊和断奶时间控制点之间，实施配种公、母牦牛补饲，基础母牛营养调控和断奶犊牛培育等提高繁育效率配套措施。

配种公牦牛年龄4～9岁，体重不低于320kg；母牦牛为经产母牛、年龄4～10岁，体重不低于210kg。配种公、母牦牛数量比为1∶（15～20）。种公牛日补饲混合精料1.5～2.0kg，放牧时自由采食，归牧后补饲营养舔砖和优质青草或干草。基础母牦牛营养调控采取补饲措施，配种期日均补饲精料0.4～0.6kg，妊娠后期日均补饲精料0.8～1.2kg，哺乳期日均补饲精料1.0～1.5kg，同时补饲营养舔砖与青干草。公、母牦牛自由饮水。

母牦牛产犊实行自然分娩，产后加强饲养管理，注重产后体况恢复。初生犊牛应保证尽快吮食初乳提高其免疫力，并加强日常护理。

犊牛出生10d后训练吃草料，出生30d后每日补喂精料0.4～0.8kg。断奶时间为分娩后90～100d，提供充足精料与青草。断奶时间间隔5～10d，日补饲精料 0.7～1.0kg。

二、技术形成的关键措施

结合牦牛生产实际，通过综合配套实施营养调控、繁殖调控、适时断奶调控等技术，控制配种、产犊、适时断奶 3 个时间点，经产基础母牦牛可实现牦牛一年一产，有效提高牦牛的繁殖效率。

（一）牦牛营养调控

牦牛繁殖受天然草场饲草供给的影响，呈现明显的季节性，繁殖率的高低与牦牛体能的储备和牧草供给密切相关，母牦牛产后出现较长时间的乏情是造成牦牛繁殖率低下的主要原因。产后牦牛的乏情与牦牛妊娠后期及产后期体能的消耗直接相关，同时犊牛长期随母牦牛放牧吸吮母乳对卵巢周期恢复造成了抑制。妊娠期补饲能提高牦牛产后发情周期恢复，也证实了产后牦牛能量负平衡是造成牦牛产后乏情期较长的主要原因。因此，合理调节母牦牛日粮中能量、蛋白质、矿物质、维生素的含量和比例对母牦牛的生殖调节起到至关重要的作用。同时，加强公牦牛的营养调控，提高公牦牛精液品质并维持正常的交配能力。

（二）牦牛繁殖调控

选择繁殖力高的优良公、母牦牛进行繁殖，有利于提高牦牛的繁殖性能。同时，做好产科疾病（如胎衣不下、子宫内膜炎、卵巢囊肿等疾病）预防，以免影响繁殖配种。加强妊娠期母牦牛护理，规范助产程序，预防胎衣不下和产后感染是减少子宫内膜炎的主要措施。牦牛一年一产技术交配方式以自然配种为主、人工授精为辅。营养良好的母牦牛实施自然配种，也可在母牦牛产后 40～50d 进行人工诱导发情配种。实施人工授精技术时，必须做到准确的发情鉴定和适时输精。准确掌握母牦牛发情的客观规律，适时配种，是提高受胎率的关键。准确的发情鉴定是做到适时输精的重要保证。牦牛的发情鉴定主要采用试情法，根据爬跨程度、受配母牦牛外阴表征和放牧员观察三者相结合，及时准确地确定发情母牦牛。输精技术主要采取直肠把握子宫颈受精法。牦牛的人工授精技术要求严格、细致、准确，做到输精器慢插、适深、轻注、缓出。消毒工作要彻底，严格遵守技术操作规程。

（三）牦牛适时断奶调控

母牦牛进行隔离断奶后，开始 3d 母牦牛不能进食，四处游走、嚎叫、找寻犊牛，3d 以后放牧采食逐步转为正常。犊牛在 3d 内不能正常吃草，四处游走寻找母牦牛，3d 后逐步开始正常吃草。犊牛在断奶 10d 后，与母牦牛合群，犊牛仍然继续吸吮，母牦牛也接受哺乳。

犊牛适时断奶出栏技术是针对犊牛的不同培育目的而建立的一项实用技术，

并有利于提高母牦牛的繁殖性能。武甫德等（2005）报道，实施牦牛缺期断奶技术可明显提高牦牛的连产率，是保证牦牛一年一产的有效途径之一，且此方法简单、易行，便于推广。其要点是在实施缺期断奶时，以缺期10d以内为宜。如果时间过长，母牦牛就会停乳。采用犊牛断奶措施促进产后母牦牛卵巢周期恢复，母牦牛早期发情，及时配种，并有利于母牦牛次年产犊。犊牛出栏时间迟，母牦牛发情时间相应推迟，次年产犊时间就迟，从而影响犊牛的生长发育。徐尚荣等（2011）报道，通过对带犊的母牦牛实施隔离断奶，能够明显提高当年产犊母牦牛的发情率和妊娠率。对青藏高原高寒放牧牦牛在发情季节进行适时犊牛断奶，促进产后母牦牛发情周期的恢复，是牦牛饲养与管理中的技术创新。

三、牦牛一年一产技术模式

（一）牦牛一年一产繁殖模式

通过3个时间点，即发情配种时间控制点、分娩产犊时间控制点与犊牛断奶时间控制点构成牦牛一年一产技术繁殖模式。发情配种时间点是牦牛适时配种与妊娠的关键期；牦牛营养调控时间点是妊娠母牦牛营养供给与胎儿正常发育的关键期；牦牛补饲时间点是种公牛保持生产优良品质精液、基础母牛恢复体况并保持繁育生理正常的关键期；犊牛培育时间点是保证犊牛生长发育与犊牛选育的关键期。控制3个时间点，保证4个关键期，母牦牛进入下一生产周期，确保母牦牛连产，进而提高繁殖效率。

（二）牦牛一年一产技术效果分析

通过营养调控、繁殖调控、适时断奶等措施，母牦牛产犊率为88.3%，犊牛成活率为91.7%，繁殖母牦牛连产率为80.6%。其生产效率比两年一产或三年两产体系增加30%～40%，繁殖成活率提高10%～15%。牦牛一年一产技术繁育模式，能够充分挖掘繁殖母牦牛的繁殖潜力，提高牦牛的繁殖效率，有利于调整牦牛畜群结构，增加牦牛数量，提高牦牛生产性能，宜于在牦牛选育与生产中使用。

第五节　牦牛提前发情调控技术

一、牦牛初情期调控技术

（一）初情期调控的概念和意义

1. 概念　初情期调控是指利用激素处理，使未性成熟母牦牛的卵巢和卵泡充分发育并能达到性成熟甚至排卵。其目的是对母牦牛进行早龄配种，充分发挥优良母牦牛的繁殖潜力，达到饲养较少的良种母牦牛而获得最大经济效益的目的。

2. 意义

（1）缩短世代间隔　采用初情期调控技术，可对母牦牛进行早龄配种，缩短其非繁殖时间，实行一年一产繁殖方式，从而缩短牦牛育种的世代间隔，提高其繁殖力。

（2）发展犊牛生产　由于犊牛肉具有肉质鲜嫩的特点，加上犊牛饲料报酬高、生产成本低等优势，实现初情期调控，提前配种，缩短犊牛生产周期，有利于犊牛肉的生产，提高经济效益。

（3）提供理想的试验模型　初情期调控技术可用于研究未性成熟牦牛卵巢活动情况，卵泡发育潜能，初情期前卵巢对促性腺激素的反应，卵子发育和受精能力等，为牦牛繁殖调控技术提供理想的试验模型。

（二）初情期调控的原理

初情期的启动是由于母牦牛生长发育到一定阶段，其下丘脑对性腺类固醇激素的敏感性降低和对促性腺激素释放激素抑制因子的解除，GnRH 分泌增加，垂体对 GnRH 的敏感性及性腺对促性腺激素敏感性增加。初情期启动，表现为促黄体素、雌激素和孕酮水平的升高。母牦牛卵巢上卵泡的发育与退化，从出生至生殖能力丧失，从未停止。而初情期前卵泡不能发育至成熟，可能是因为下丘脑-垂体-性腺轴尚未发育成熟，但垂体已具备对 GnRH 反应的能力，性腺已能对一定量的促性腺激素甚至 GnRH 产生反应，促使卵泡发育至成熟阶段，只是此时母牦牛的垂体未能分泌足够的 FSH 和 LH。因此，在营养条件满足、饲草量有保障的前提下，给予一定量的外源 FSH 和 LH 及其类似物，可达到调控未性成熟牦牛初情期的目的。

（三）初情期调控的方法

FSH 处理法：可按递减法肌内注射处理，与诱导发情方法相似。

PMSG 处理法：PMSG 半衰期长，可一次性肌内注射。用药量可减少到成年牦牛的 50%～70%。牦牛初配年龄一般是 3.5 岁，通过激素加营养调控，可提前到 2.5 岁发情配种。

二、牦牛提前发情调控技术

适时补饲能有效调控母牦牛提前发情配种。赵寿保等（2018）报道，为了使牦牛能够提前发情，缩短牦牛的繁殖周期，减少冷季对母牦牛的影响，试验采用冷季补饲的方式，提高母牦牛营养促进早期发情。试验组母牦牛在 6 月下旬发情 16 头，发情率为 32.00%，到 7 月上旬共发情 37 头，总发情率达 74.00%。对照组母牛 6 月未发情，到 7 月上旬发情 67 头，发情率为 51.54%。2015 年、2016 年数据显示 6

月母牦牛未发情，到7月上旬各发情5头，发情率分别为2.63%和3.07%。

（一）牦牛的选择与补饲

1. 牦牛的选择 实验牦牛选自青海省大通种牛场繁育中心人工授精牦牛群。选择群体中最瘦弱的空怀母牦牛50头为试验组，群体中的其他空怀牛为对照组，牛只均健康无病。

2. 补饲方案 试验组从4月14日开始补饲，并每月进行称重和体尺测量1次，到6月20日结束。每头牛每天补饲精饲料1.5kg、青刈草2kg。对照组母牦牛从3月20日补饲，5月20日结束。每头每天补饲精饲料0.3kg、青刈草1kg。观测期间的发情牦牛实施人工授精配种，试验结束后两组的发情统计结果与2015年、2016年该群的发情情况分析比较。

（二）补饲对牦牛提前发情效果的影响

1. 试验组母牦牛体重变化情况 试验组母牦牛平均始重为188.85kg，期末平均体重为213.88kg。试验组母牦牛到期中增重1.82kg，增重率为0.96%，与初始重差异性不显著（$P>0.05$）。期末总增重25.03kg，增重率为13.25%，差异性极显著（$P<0.01$）。试验组母牦牛体重变化结果见表4-3。

表4-3 试验组母牦牛体重变化统计表

项目	样本数	初始重（kg）	期中重（kg）	期末重（kg）	总增重（kg）	总增重率（%）
初始	50	188.85±22.32	190.67±20.85	213.88±21.92	25.03	13.25

2. 试验组母牦牛体尺变化情况 各项体尺除了胸围在期末增长差异显著之外，其他的增长都没有达到显著水平（表4-4）。

表4-4 试验组母牦牛各项体尺变化统计表

组别	初始体尺（cm）	期中体尺（cm）	增长（cm）	增长率（%）	期末体尺（cm）	增长（cm）	增长率（%）
体高	105.94±3.14	107.06±4.62	1.12	1.06	108.61±4.25	2.67	2.52
体斜长	119.00±5.13	120.06±7.76	1.06	0.89	120.88±5.60	1.88	1.58
胸围	153.12±6.79	153.81±10.08	0.69	0.45	157.73±8.86	4.61	3.01

3. 同一时期牦牛发情情况 从表4-5中可以看出，试验组母牦牛在6月下旬发情16头，对照组、2016年、2015年母牛在6月发情为0。试验组总发情率显著高于其他3组总发情率（$P<0.05$），对照组总发情率也显著高于2015年、2016年同一时期总发情率。7月上旬试验组母牦牛发情21头，发情率为61.76%。对照组母牛发情67头，发情率为51.54%。试验组比对照组高10.22%，达到了提前发情配种的目的。

表 4-5　不同时期母牦牛发情情况

组别	样本数	6月下旬		7月上旬		7月中旬		7月下旬		总发情率（%）
		发情牛数（头）	发情率（%）	发情牛数（头）	发情率（%）	发情牛数（头）	发情率（%）	发情牛数（头）	发情率（%）	
试验组	50	16	32.00	21	61.76	4	8.00	0	0	82.00[a]
对照组	130	0	0	67	51.54	12	9.23	0	0	60.77[b]
2016年	190	0	0	5	2.63	25	13.16	22	11.58	27.37[c]
2015年	163	0	0	5	3.07	29	17.79	23	14.11	34.97[c]

（三）牦牛提前发情技术的影响因素分析

1. 补饲　从试验牦牛增重看，试验组母牦牛期中增重不明显，但在观察中发现，母牦牛的行动、被毛、精神状态有明显好转，与对照组相比较效果明显。到期末增重明显，这就说明瘦弱牦牛补饲初始阶段，只是一个补充体况的过程，增重效果不明显。另外，在冷季补饲对牦牛的体尺没有明显的影响，主要用于牦牛代偿性能量需要。

2. 发情率　试验组母牦牛从6月下旬开始发情，到7月上旬共发情37头，累计发情率达74.00%。对照组母牦牛从7月上旬开始发情，发情率是51.38%。2016年和2015年在没有补饲的情况下，虽然从7月上旬开始发情，但是发情率只有2.36%和3.07%。而且到7月中旬和下旬发情率也不高。7月发情率分别是27.37%和34.97%。这就延长了牦牛群体的发情和配种时间。对照组虽然发情率显著高于2016年和2015年，但补饲量还需进一步提高。研究结果表明，试验组母牦牛能提前和比较集中地发情，达到了牦牛繁殖调控的目的，缩短了母牦牛发情配种和繁殖的时间，给牦牛人工授精和产犊期间的管理减少了劳动力和成本，有效地提高了管理效率。

3. 影响提前发情的因素　影响牦牛发情的因素有品种、年龄、季节、生态因素等，但最主要的影响因素是营养。牦牛发情季节主要集中在气候温暖、牧草丰盛的暖季（7—10月）。牦牛发情季节的启动和停止的内分泌调节机制主要取决于情期体况和日粮营养水平的季节性差异。所以，提高母牦牛的营养，就能使之提前发情配种。

母牦牛提前发情配种，第二年产犊随之提前，当第一个冷季来临时，犊牛生长发育比较完全，对环境的抵抗力也就强。而出生迟的犊牛身体发育不全，环境对犊牛的影响过大，对后期的生长发育影响较大，对成年后的体格和体重也有很大的影响。从犊牛培育的角度考虑，让母牦牛提前发情配种和产犊具有非常重要的意义。

第五章 牦牛的妊娠诊断与分娩助产技术

第一节　妊娠母牦牛的生理变化

卵子受精后进入妊娠早期，此时的胚胎既可产生一系列因子作为妊娠信号传递给母体，母体随即做出相应的生理反应，以识别和确认胚胎的存在，为胚胎和母体之间生理和组织的联系做准备。

一、妊娠母牦牛全身变化

母牦牛妊娠以后，随着胎儿的不断生长和发育，母体新陈代谢加强，食欲增加，消化能力提高，营养状况改善，体重增加，被毛光润。到妊娠后期，胎儿迅速生长发育，母体常不能消化和吸收足够的营养物质来满足胎儿的需求，需消耗前期储存的营养物质供应胎儿。该时期为胎儿生长发育最快的阶段，也是钙、磷等矿物质需要量最多的阶段，会造成母牦牛体内钙、磷含量降低。若不能从饲料中得到补充，则易造成母牦牛脱钙，出现后肢跛行、牙齿磨损快、产后瘫痪等现象。

在胎儿不断发育的过程中，由于子宫体积的增大、内脏受子宫的挤压，引起循环、呼吸、消化、排泄等器官适应性的变化。肺主动脉和腹腔、盆腔中的静脉因受子宫压迫，血液循环不畅，使躯干后部和后肢出现瘀血，以及心脏负担过重引起的代偿性“左心室妊娠性肥大”等症状。呼吸运动浅而快，肺活量变小。消化及排泄器官因受压迫，时常出现排粪、排尿次数增加，但排泄量减少。

二、妊娠母牦牛生殖器官变化

1. 卵巢的变化　母牦牛整个妊娠期都有黄体存在，妊娠黄体同周期黄体没有显著区别。妊娠黄体的重量在个体之间差异很大，与妊娠的时间无关。妊娠对卵巢的位置，则随着妊娠的进展而变化，由于子宫重量增加，卵巢和子宫韧带肥大，卵巢则下沉到腹腔。妊娠100d的青年母牦牛，在骨盆前下方8～10cm处可摸到妊娠侧卵巢，未妊娠一侧的卵巢则比较靠近骨盆腔。

2. 子宫的变化　妊娠期间，随着胎儿的发育子宫容积增大。妊娠28d时，羊膜囊呈圆形，直径约为2cm，占据孕角游离部；尿膜囊约长18cm，其中尿水不多，因而尚未充分扩张，但已几乎占据整个孕角。妊娠35d，羊膜囊为圆形，直径3cm，占据孕角游离部分，孕角连接部和未孕角游离部没有明显变化。妊娠60d，羊膜囊呈椭圆形，变紧张，横径约7cm，连接埠比正常要小。妊娠90d，能够精确地测定出子宫扩张程度，子宫连接部紧张，孕角宽达9cm，未孕角宽约4.5cm，大多数牛生殖器官均在骨盆腔内，少数则位于腹腔。妊娠4个月以后，子宫下沉到腹腔，妊娠末期右侧腹壁较左侧腹壁突出。

3. 子宫动脉的变化　母牦牛妊娠以后，子宫血管变粗，分支增多，特别是子宫中的动脉、阴道动脉及子宫后动脉更为明显。随着脉管的变粗，动脉内膜的皱襞增加并变厚，而且和肌层的联系疏松，所以血液流动时就从原来清楚的搏动，变为间断而不明显的颤动，称为妊娠脉搏。

4. 宫颈的变化　子宫颈缩进，黏膜增厚，其上皮的单细胞腺在孕酮的影响下分泌黏稠的黏液，填充于子宫颈腔内，称为子宫栓。牛的子宫颈分泌物较多，妊娠期间有子宫栓更新现象。

5. 阴道和阴门　妊娠初期，阴门收缩紧闭，阴道干涩。妊娠后期，阴道黏膜苍白，阴唇紧缩。妊娠末期，阴唇、阴道水肿、柔软，有利于胎儿产出。

三、妊娠母牦牛内分泌变化

在整个妊娠过程中，激素起着十分重要的调节作用，正是由于各种激素的适时配合，共同作用并取得平衡，胚泡的附植和妊娠才能维持下去。黄体发育时，会产生浓度相当高的孕酮。妊娠最初的14d外周血孕酮含量与间情期相同，以后缓慢升高，并维持一定浓度。在妊娠250d后开始下降，分娩之前直线下降。整个妊娠期间有卵泡生长，为妊娠提供雌激素。妊娠早期和中期雌激素含量低，随着妊娠期趋向结束，尤其是妊娠250d以后，雌激素含量达到峰值，产前8h迅速下降，直到产后都为最低水平。妊娠期间FSH和LH含量低，没有明显的作用。整个妊娠期催乳素含量亦低，产前20h催乳素含量由每毫升50～60ng的基础水平升高到每毫升320ng峰值，产后30h又下降到基础水平。

第二节　牦牛的妊娠诊断技术

在牦牛繁殖工作中，妊娠诊断是借助妊娠后母牦牛所表现出的各种变化征状，判断是否妊娠以及妊娠的进展情况。在临床上进行早期妊娠诊断的意义重大，对于保胎、减少空怀及提高牦牛的繁殖率、有效实施牦牛生产的经营管理相当重要。通过妊娠检查，对确诊已妊娠的母牦牛，应加强饲养管理，合理饲喂，以保证胎儿发育，维持母体健康，避免流产，预测分娩日期和做好产犊准备；对确定未妊娠的母牦牛，应及时检查找出未孕原因，如配种时间和方法是否合适、精液品质是否合格、生殖系统是否患有疾病等，以便及时采取相应的治疗或管理措施，尽早恢复其繁殖能力。牦牛的妊娠期为250～260d，平均为255d。若牦牛怀杂种牛犊（犏牛犊），则妊娠期延长，一般为270～280d。确定牦牛妊娠后，根据配种时间和妊娠期即可推算母牦牛预产期。

一、妊娠识别的机理

牦牛妊娠的建立从受精卵开始，当受精卵从输卵管进入子宫后，已发育至囊胚阶段。在此期间，早期胚胎必须及时提供生物学信号给母体系统，以表明其在子宫中的出现，并通过阻止黄体溶解或提高黄体功能，维持母体血液中孕酮在较高水平，进而使妊娠得以维持，即母体对妊娠的识别。

二、早期妊娠诊断方法

理想的早期妊娠诊断技术应具备以下条件：一是能适用于早期妊娠诊断，在配种后一个发情周期内即可诊断是否妊娠；二是准确率高，对妊娠或未妊娠的诊断率应达85%以上；三是方法要简便快捷，易于掌握和判定；四是对母牛和胎儿均安全无害；最后是诊断方法要经济实用，便于推广。

1. 外部观察法 包括观察营养状况、胎动、腹部轮廓、乳房等外部表现和在腹壁外触诊胎儿、听取胎儿心音等方面的检查。

（1）视诊 母牦牛妊娠后，性情温驯、安静，行为谨慎；食欲增加，膘情好转，毛色润泽；腹围增大，腹部两侧大小不对称，孕侧下垂突出，肋腹部凹陷；乳房逐渐胀大；排粪、尿次数增加，但量不多；出现胎动，但无规律。从妊娠母牦牛（4～5个月后）后侧观察时，可发现右腹壁突出；青年母牦牛妊娠4个月后乳房发育增大，经产母牦牛在妊娠最后1个月发生乳房膨大和肿胀；妊娠6个月后在腹壁右侧最突出部分可观察到胎动，饮水后比较明显。这种方法的缺点是不能早期确诊母牦牛是否妊娠和妊娠的确切时间。

（2）触诊 指隔着母牦牛腹壁通过触摸的方法诊断胎儿及胎动的方法，凡触及胎儿者均可诊断为妊娠。这种方法只适于妊娠后期。早晨饲喂之前，用弯曲的手指节或拳在右膝腹壁的前方，肷部之下方，推动腹壁来感触胎儿的“浮动”。由于牛腹壁松弛较易看到胎动，通常是在背中线右下腹壁出现周期性、间歇性的膨出，在腹壁软组织上感触到一个大的、坚实的物体撞击腹壁。10%～50%母牦牛于妊娠 6 个月，70%～80%于妊娠 7 个月，90%以上于妊娠 8 个月可感触到或观察到胎动。

（3）听诊　指隔着母牦牛腹壁听取胎儿心音，妊娠 6 个月后，可在安静场所由右肷部下方膝壁内侧听取。胎儿心音数均比母牦牛多 2 倍以上。

2. 直肠检查法　就是隔着直肠壁触诊母牦牛生殖器官形态和位置变化而进行妊娠诊断的一种方法，也就是隔着直肠壁触诊子宫、卵巢及其黄体变化，以及有无胚泡（妊娠早期）或胎儿的存在等情况来判定是否妊娠。这是目前对牦牛妊娠诊断既经济又可靠的一种方法。

直肠检查的优点是，在整个妊娠期间均可应用，妊娠 20d 以后可触诊。40～60d 即可确诊；诊断时间准确，并能大致确定妊娠时间；可发现假妊娠、假发情、生殖器官疾病及胎儿存活等情况；所需设备简单，操作简便，容易掌握。

（1）直肠检查的方法　将被检母牦牛保定于保定栏内，尾巴拉向一侧，使肛门充分露出，并用温开水将肛门及其附近擦洗干净。检查人员事先将指甲剪短磨光，并戴上乳胶手套或塑料薄膜长筒手套，将手和臂部洗净并消毒，再涂上润滑剂。

检查人员站在被检母牦牛的后方，用涂有润滑剂的手抚摸肛门，然后手指并拢呈锥状，缓缓地以旋转动作插入肛门，再逐渐伸入直肠。如果直肠内有宿便，应少量分次掏完。在宿便较多时，可用手指扩张肛门，放入空气，并用手轻推粪便加以刺激，使粪便自行排出；或者将伸入直肠的臂部上抬，手心向下，用手轻轻向外扒粪便。排出宿便之后，手向直肠深部慢慢伸进，当手臂伸到一定深度时（达骨盆腔中部），就可感觉到活动空间增大，肠壁的松弛程度也比直肠后段大，这时可触摸直肠下壁，检查子宫变化。

检查时动作要轻、快、准确，检查顺序是先摸到子宫颈，然后沿着子宫颈触摸子宫角、卵巢，最后是子宫中动脉。

（2）牦牛妊娠期子宫和卵巢的形态变化

1）妊娠 30d　子宫颈紧缩，质地变硬；孕侧子宫角基部稍有增粗，质地变得松软，触摸时反应迟钝，不收缩或收缩微弱，稍有波动感；非孕侧子宫角则反应明显，触摸即收缩，有弹性，角间沟仍明显。排卵侧卵巢体积增大，黄体突出于卵巢表面，黄体也稍变硬。

2）妊娠 60d　孕侧子宫角比非孕侧角增粗 1～2 倍，波动明显，角间沟已不明显，但子宫角基部仍能分清两角界限。胎儿形成，长 6～7cm。

3）妊娠 90d　子宫颈向前移至耻骨前缘，子宫开始下垂到腹腔，孕角波动明显，有时还可摸到胎儿，在胎膜上可以摸到蚕豆大小的子叶。一般还可摸到子宫中动脉有特异搏动，这一特征是牦牛妊娠的重要依据。

4）妊娠 120d　子宫垂入腹腔，子宫颈越过耻骨前缘，触摸不清子宫的轮廓形状，只能摸到子宫内侧及该处明显突出的子叶。偶尔摸到胎儿，子宫动脉的妊娠脉搏明显可感。

5）妊娠 150d　全部子宫增大，沉入腹腔底部。由于胎儿迅速发育增大，能够清楚地触及胎儿。此时子宫动脉变粗，妊娠脉搏十分明显。空角侧子宫动脉尚无或稍有妊娠脉搏，摸不到卵巢。

6）妊娠 180d 至分娩前　胎儿增大，位置移至骨盆前，能触及胎儿的各部位和感受到胎动，两侧子宫动脉均有明显的妊娠脉搏。

3. 阴道检查法　母牦牛妊娠后期阴道发生相应变化，阴道检查法主要是通过观察阴道黏膜的色泽、黏膜状况、子宫颈的状况等，确定母牦牛是否妊娠。

妊娠时母牦牛阴道收缩紧张，阴道黏膜苍白、无光泽，黏液量少而黏稠，在 3～4 个月后黏液增多混浊，呈灰黄色或灰白色，而且多聚集在子宫颈口附近。子宫颈收缩紧闭呈苍白色，有黏稠的黏液塞封住子宫颈口，子宫颈口偏向一侧。

如果妊娠母牦牛阴道有病变，阴道不表现妊娠征兆。未妊娠母牦牛有持久黄体存在时，阴道可能出现类似妊娠变化，容易导致误诊。因而，阴道检查法只能作为妊娠诊断的辅助方法。操作时要进行严格消毒。

4. 卵巢检查　可与直肠检查相结合进行，手指顺子宫角尖端找到卵巢后，用中指和无名指先将游动的卵巢固定，然后用大拇指触摸卵巢的背侧面，用食指触摸卵巢的顶端感知黄体所处部位。母牦牛妊娠黄体的形状比较复杂和多样化，多为扁椭圆形、半球形突出卵巢表面，少数扁而小，轮廓不太明显。妊娠初期，黄体质地肥厚、柔软、表面光滑，呈生肉感，中、后期质地稍硬些，呈熟肉感。

5. 超声波诊断法　实时超声显像法（B 超）是把回声信号以光点明暗的形式显示出来，回声强，光点亮，回声弱，光点暗。光点构成图像的明暗规律，反映了子宫内胎儿组织各界面反射强弱及声能衰减规律。当超声仪发射的超声波在母体内传播并穿透子宫、胚泡/胚囊、胎儿时，仪器屏幕会显示各层次的切面图像，以此判断牦牛是否妊娠。

超声波检查法在兽医领域的应用始于 20 世纪 60 年代中期，最早应用的是 A 型（幅度调整型超声诊断法，A 超）和 D 型（超声多普勒检查法，D 超）

超声波。20世纪70年代中期逐渐采用B型超声波。D超妊娠检测准确率最高，但设备价格偏高，已被市场淘汰。A超仍未摆脱手入直肠的操作，且早期妊娠诊断准确率并不高，也已被市场淘汰。手持型B超使用方便，早期妊娠诊断准确率仅次于D超，设备价格相对便宜，是目前使用较为广泛的妊娠检测仪器。同时，B超还具有识别双胞胎并确定胎儿生存状况、胎龄和性别的功能。使用B超需要直肠检查法的操作基础，但配种后18～21d，胎儿发育还不足以使B超捕捉到可信度高的信号强度，所以还未见有早于30d的B超妊娠检查报道。

6. 激素对抗探试法　根据妊娠母牦牛对某些外源性生殖激素有无特定反应，即母牦牛体内孕激素与外源性生殖激素的对抗作用来判断是否妊娠。母牦牛在配种后2～3d，肌内注射雌激素，观察是否引起再次发情，如无发情现象，说明已妊娠。

三、附植

附植是牦牛胚胎与子宫内膜相互作用而附着于子宫的过程，是牦牛繁殖的关键环节。附植实现了胚胎和母体的接触和结合，保证了生殖的顺利进行，但胚胎与母体子宫内膜的接触将激活母体的免疫系统，造成对胚胎的免疫伤害。哺乳动物能够通过特定的免疫调节机制协调母体和胎儿之间的免疫反应关系，保护胚胎的附植。

1. 附植的一般过程　精卵结合后，经过一定时期的发育，胚胎由输卵管进入子宫内游离定位并完成附植。哺乳动物胚胎发育的早期阶段主要包括分裂胚、桑葚胚和囊胚的形成。尽管胚胎的大小及发育的动态在小鼠、家兔、牛及其他家畜不同，但此过程在所有哺乳动物中是基本一致的。植入是一个渐进性的局部组织重建过程，同时也是时空上同步协调的过程。一方面，胚泡为植入做好准备，而子宫内膜也通过一系列变化以达到接受状态；另一方面，两者的变化在时间上相一致，即所谓的胚泡与子宫内膜对话的“着床窗口期”的建立，从而黏附、侵入及胎盘的形成。在植入过程中，甾体激素起主导作用，而细胞因子、生长因子、黏附分子及酶也是不可缺少的。

牦牛及其他有蹄类家畜，胚泡在受精后的第5～6天逐渐增大，到妊娠第8天形成囊胚。第14天达5～6mm，然后迅速增长，到第18天，达到20～25cm，这一增长过程发生了明显的细胞和生理的重组过程。此后便是胚泡附植，子宫内膜与滋养层细胞间发生了复杂的信号相互作用，子宫内膜同时发生重组以适应胎盘的发育。牦牛的胚泡附植经历一个非侵入性的表面附植过程，并最终形成共上皮绒毛膜胎盘（Synepitheliochorial）。在妊娠的第19～20天，在胚盘处的胚胎滋养层开始附植，同时双核细胞亦开始迁移。这些细胞由滋养层产生，经微绒毛连接而迁移，并与子宫上皮融合形成了杂交上皮。既三核细胞或多核细胞，它是滋养层细胞最大程度侵入母体子宫内膜的标志。反刍动物的滋养层细胞对子宫内膜的入侵仅限于此程度。同时，除子宫阜处的早期胎盘发育和子宫血管分布的变化外，阜间区的子宫腺充分生长。在妊娠过程中，子宫内膜腺的增生发生在妊娠的第 15 天到第 50 天，接着是在第 60 天后的增生肥大以增加表面积来产生最大量的组织营养素。

2. 影响附植的因素

（1）母体的激素环境　已证明大量 LRH 具有包括着床在内的抗生育作用。促性腺激素可以协调卵巢激素的分泌，有利于着床。胚胎附植的激素控制主要还是孕激素，但不同的哺乳动物存在着明显的差异。雌激素还可以引起一些有利于附植的变化，如抑制腔上皮的胞吞作用，使子宫产生接受性，引起基质细胞分裂等。牦牛有关附植的母体激素的精确调控研究较少，但母牦牛分泌的孕酮和雌激素均为不可或缺。

（2）胚泡激素　胚泡可以合成某些激素，它们可能在附植过程起重要作用，首先是促进和维持黄体的功能。孕酮对于子宫有抗炎作用，抑制炎症反应。胚泡分泌的雌激素，可以颉颃孕酮的抗炎作用，使附植部毛细血管通透性升高，有利于胚泡和子宫环境相互作用而实现附植。可见胚泡激素是调节附植的关键作用因素。

（3）子宫的接受性　子宫并不是在任何情况下都接受胚泡附植的。它只是在一个极短的关键时期产生接受性，容许胚泡附植。在雌、孕激素调控下，子宫内膜产生这种接受性。除子宫对胚泡有接受性外，胚泡对子宫环境具有依赖性，子宫分泌液中的特殊蛋白质，对胚泡的附植起关键作用。若子宫环境被干扰破坏，使之与胚泡发育不同步，则不能着床或附植。

（4）其他因素　子宫分泌液中的特殊蛋白成分叫胚激肽，它具有刺激胚泡发育的作用，还能控制附植时子宫腔和滋养层细胞蛋白溶酶的分泌量。由牦牛子宫获得的 RNA 有引起胚泡着床的特性；cAMP、cGMP 也能替代雌激素引起胚胎着床。

另外有很多外界因素（如物理的、化学的、机械的）都可以造成着床延缓和不着床。在胚泡着床阶段使用药物或投放子宫异物（影响子宫肌肉的运行）能使着床失败。

四、早期妊娠诊断技术的展望

目前，虽已建立很多早期妊娠诊断方法，但效果均不能满足现代养殖要求。直肠检查法虽然应用最广泛，却不能在配种后18～21d内进行准确的早期妊娠诊断，且易造成胚胎损失；超声波检查能够有效降低直肠触诊不当带来的胚胎损失，但也需要熟练的操作技巧，并受到了昂贵的专用设备的限制；已有实验室方法虽然能达到准确、灵敏的早期妊娠检测要求，但都存在耗时长、不能现场检测等问题。因此，开发简便、快速的早孕诊断技术十分必要。近来，传感器、遥感技术等快速发展，并逐渐与生物技术结合，已开发出计步器等奶牛发情鉴定技术，通过检测发情周期中奶牛活动量的变化而进行发情鉴定。若深入开展牦牛受精后活动量、体温、体重等指标的变化规律研究，则可以通过计步器、温度传感器、体重检测器监测牦牛配种后这些指标的规律性变化，通过对活动量、体温、体重等生理指标变化的分析，就可在尽可能早的时间内（甚至是配后的第一个情期内）判断妊娠与否。不仅如此，机电一体化等技术在繁殖领域的引入，实现了生理指标的准确适时监测，使发情鉴定及早期妊娠诊断发生革命性变化。

第三节　牦牛的分娩助产技术

一、分娩过程

分娩是母牦牛借子宫和腹肌的收缩，把胎儿及其附属膜（胎衣）排出体外。分娩过程是指子宫开始出现阵缩到胎衣完全排出的整个过程。根据临床表现可将分娩过程分成3个连续时期，即子宫开口期、胎儿产出期和胎衣排出期。

1. 子宫开口期　是指从子宫阵缩开始，到子宫颈充分开大或充分开张与阴道之间的界限消失为止。阵缩即子宫间歇性的收缩。开始时收缩的频率低，间隔时间长，持续阵缩时频率加快；随着分娩进程的加剧，收缩频率加快，收缩的强度和持续的时间增加，以至每隔几分钟收缩一次。子宫开口期，母牦牛寻找不受干扰的地方等待分娩，轻微不安、时起时卧、食欲减退，时吃时停、转圈刨地、回头顾腹、尾根抬起，常有排尿姿势。放牧母牦牛有离群现象。

2. 胎儿产出期　是指从子宫颈充分开大，胎囊及胎儿的前置部分楔入阴道，或子宫颈亦能充分开张，母牦牛开始努责，到胎儿排出或完全排出为止。努责是指膈肌和腹肌的反射性和随意性收缩，一般在胎膜进入产道后出现。胎儿产出期，阵缩和努责共同发生作用，但努责是胎儿产出的主要动力。努责比阵缩出现得晚，停止的早。母牦牛表现极度不安，急剧起卧，前蹄刨地，有时后蹄踢腹，回顾腹部，嗳气，拱背努责。在最后卧下破水后，呈侧卧姿，四肢伸直，腹肌强烈收缩。当努责数次后，休息片刻，然后继续努责，脉搏、呼吸加快。

由于母牦牛强烈阵缩与努责，胎膜带着胎水被迫向完全开张的产道移动，最后胎膜破裂，排出胎水，胎儿随着母牦牛努责不断向产道内移动。在努责间歇时，胎儿又稍退回子宫，但在胎头楔入盆腔之后，则不再退回。产出期，胎儿最宽部分的排出时间最长，特别是头部。头部通过盆腔及其出口时，母牛努责最强烈，常哞叫。在头露出阴门以后，母牦牛往往稍微休息。胎儿如为正生，母牦牛随之继续努责，将其胸部排出，然后努责即骤然缓和，其余部分也能迅速排出，脐带亦被扯断，仅将胎衣留在子宫内。这时母牦牛不再努责，休息片刻后站起，以照顾新生牛犊。

3. 胎衣排出期 指从胎儿排出后算起，到胎衣完全排出为止。其特点是当胎儿排出后，母牦牛即安静下来，经过几分钟后，子宫主动收缩，有时还配合轻度努责而使胎衣排出。胎膜排出较慢，一般需要 10h 以上。

二、分娩的预兆

母牦牛分娩前，在生理、形态和行为上发生一系列变化，以适应排出胎儿及哺育牛犊的需要，通常把这些变化称为分娩预兆。从分娩预兆可以大致预测分娩时间。

1. 乳房变化 母牦牛妊娠进入中后期时，在卵巢和胎盘分泌的雌激素和孕激素的作用下，乳腺和乳房逐渐发育，乳房增大。分娩前，由于催乳素的作用，母牦牛乳房更加膨胀增大，有的并发水肿，并且可由乳头挤出少量清亮胶状液体或少量初乳；至产前 2d 内，不但乳房极度膨胀皮肤发红，而且乳头中充满白色初乳，乳头表面被覆一层蜡样物，由原来的扁状变为圆柱状。有的牛有漏乳现象，乳汁成滴、成股流出，漏乳开始后数小时至 1d 即分娩。

2. 软产道变化 子宫颈在分娩前 1～2d 开始胀大、松软；子宫颈管的黏液软化，流出阴道，有时吊在阴门之外，呈半透明索状；阴唇在分娩前 1 周开始逐渐柔软、肿胀、增大，一般可增大 2～3 倍，阴唇皮肤皱襞展平。左右摆尾时阴门易裂开，阴道黏膜潮红，卧下时更为明显。

3. 骨盆韧带变化 骨盆韧带在临近分娩时开始变得松软，一般从分娩前 1～2 周即开始软化。产前 12～36h，荐坐韧带后缘变得非常松软，外形消失，尾根两旁只能摸到一堆松软组织，且荐骨两旁组织明显塌陷。初产牛的变化不明显。

4. 体温变化 母牦牛妊娠 7 个月开始体温逐渐上升，可达 39℃。至产前 12h 左右，体温下降 0.4～0.8℃。

三、决定分娩的因素

分娩就是妊娠期满，母体将发育成熟的胎儿和胎盘从子宫中排出体外的生理过程。分娩是由内分泌、神经和机械等多种因素的协调、配合，母体和胎儿共同参与完成。

1. 中枢神经系统　神经系统对分娩过程具有调节作用。当子宫颈和阴道受到胎儿前置部分的压迫和刺激时，神经反射的信号经脊髓神经传入大脑再进入垂体后叶，引起催产素的释放，增强子宫收缩。

2. 胎儿内分泌　成熟胎儿的下丘脑-垂体-肾上腺系统对分娩发动起着至关重要的作用，妊娠期延长通常与胎儿大脑和肾上腺的发育不全（或异常）有关。分娩前胎儿血液中皮质醇的含量显著增加，促进子宫内膜合成前列腺素（$PGF_{2\alpha}$），溶解黄体并刺激子宫肌收缩。

3. 母体内分泌　母体的生殖激素变化与分娩发动有关。

（1）孕酮　母体血浆孕酮浓度明显降低是动物分娩时子宫颈开张和子宫肌收缩的先决条件。在妊娠期内孕酮一直处于一个高而稳定的水平，以维持子宫相对安静且稳定的状态。黄体依赖性的产前胎儿皮质醇的升高，除了促进雌激素的合成外，还能引起子宫肌前列腺素的分泌活动增强，从而导致黄体退化，在分娩前几天孕酮含量明显降低。

（2）雌激素　随着妊娠时间的增长，在胎儿皮质醇增加的影响下，胎盘产生的雌激素逐渐增加，在分娩前16～24h达到高峰。从而提高子宫肌的规律性收缩能力，而且能使子宫颈、阴道、外阴及骨盆韧带（包括坐骨韧带、荐髂韧带）变得松软。雌激素还可促进子宫肌前列腺素（$PGF_{2\alpha}$）的合成和分泌以及催产素受体的发育，从而导致黄体退化，提高子宫肌对催产素的敏感性。

（3）催产素　催产素在妊娠后期到分娩前一直维持在很低的水平，妊娠期间子宫的催产素受体数量很少，子宫对催产素的敏感性低。随着妊娠的进行，子宫催产素的受体浓度逐渐增强，子宫对催产素的敏感性也随之增强，妊娠末期敏感性可增大20倍。所以到了妊娠末期，少量催产素即可引起子宫强烈收缩。在分娩时，胎儿进入产道后催产素大量释放，并且是在胎儿头部通过产道时出现高峰，使子宫发生强烈收缩。因此，催产素对维持正常分娩具有重要作用，但可能不是启动分娩的主要激素。

（4）前列腺素（$PGF_{2\alpha}$）　对分娩发动起主要作用，表现为溶解妊娠黄体，解除孕酮的抑制作用；直接刺激进子宫肌收缩；刺激垂体后叶释放大量催产素。分娩前24h，母体胎盘分泌的前列腺素浓度剧增。

（5）松弛素　主要来自黄体和胎盘，它可使经雌激素致敏的骨盆韧带松弛，骨盆开张，子宫颈松软，产道松弛，弹性增加。

4. 物理与化学因素 胎膜的增长、胎儿的发育使子宫体积扩大，重量增加，特别是妊娠后期，胎儿的迅速发育、成熟，对子宫的压力超出其承受的能力就会引起子宫反射性的收缩，引起分娩。当胎儿进入子宫颈和阴道时，刺激子宫颈和阴道的神经感受器，反射性地引起母体垂体后叶释放催产素，从而促进子宫收缩并释放前列腺素。

5. 免疫学因素 胎儿带有父母双方的遗传物质，对母体免疫系统来说是异物，理应引起母体产生免疫排斥反应，但在妊娠期间由于胎盘屏障和高浓度的孕酮等多种因素的作用，使这种排斥反应受到抑制，妊娠得以维持。胎儿发育成熟时，会引起胎盘脂肪变性。临近分娩时，由于孕酮浓度的急剧下降和胎盘的变性分离，使孕体遭到免疫排斥而与子宫分离。

四、分娩助产技术

1. 正常分娩时的助产 母牦牛正常分娩时，一般不需要人为帮助，助产人员的主要任务是监视分娩情况和护理牛犊。因此，当母牦牛出现临产征兆时，助产人员必须做好临产处理准备，实施助产，保证牦牛犊顺利产出和母牦牛安全。

2. 助产前的准备

（1）产房 对产房的一般要求是宽敞、清洁、干燥、安静、无贼风、阳光充足、通风良好、配有照明设备。产房在使用前要进行清扫消毒，并铺上干燥、清洁、柔软的垫草。

（2）器械及用品 在产房内应事先准备好常用的接产药械及用具，并放在固定位置，以便随时取用。常用的药械包括70%酒精、5%碘酒、消毒溶液、催产药物等，注射器、针头、棉花、纱布、常用产科器械、体温计、听诊器、产科绳。常用的用品有细绳、毛巾、肥皂、脸盆、大块塑料布，助产前必须准备好热水。

（3）助产人员 助产人员应受过训练，熟悉母牦牛分娩规律，严格遵守助产操作规程及必要的值班制度。

3. 助产方法 当母牦牛表现不安等临产征兆时，应使产房内保持安静，确定专人注意观察。助产工作应在严格遵守消毒的原则下，按照如下步骤进行。

（1）消毒 将母牦牛外阴、肛门、尾根及后臀部用温水、肥皂洗净擦干，再用1%来苏儿溶液消毒母牦牛肛门、外阴部、尾根周围。助产人员手、臂同时进行消毒。

（2）检查胎儿与产道的关系 母牦牛最好是左侧着地卧下，以减少瘤胃对胎儿的压迫。当母牦牛开始努责时，如果胎膜已经露出而不能及时产出，应注意检查胎儿的方向、位置和姿势是否正常。只要胎儿胎位和姿势正常，可以让其自然分娩，如有反常应及时矫正。当胎儿蹄、嘴、头大部分已经漏出阴门仍未破水时，可用手指轻轻撕破羊膜绒毛膜或自行破水后，及时将牛犊鼻腔和口内的黏液擦去，以便其呼吸。

（3）注意保护会阴与阴唇　胎儿头部通过阴门时，要注意保护阴门和会阴部。尤其当阴门和会阴部过分紧张时，应有一人用两手搂住阴唇，以防止阴门上角或会阴撑破。

如果母牦牛努责无力，可用手或产科绳缚住胎儿的两前肢掌部，同时用手握住胎儿下颌，随着母牦牛努责，左右交替用力，顺着骨盆产道的方向慢慢拉出胎儿。倒生胎儿应在两后肢伸出后及时拉出，因当胎儿腹部进入骨盆腔时，脐带可能被压在骨盆底上，如果排出缓慢，胎儿容易窒息死亡。手打拉胎儿时，注意在胎儿的骨盆部通过阴门后，要放慢拉出速度，以免引起子宫脱出。胎儿产出后发生窒息现象时，应及时清除其鼻腔和口腔中的黏液，并立即进行人工呼吸。

（4）帮助断脐和哺乳　在胎儿全部产出后，首先用毛巾、软草把鼻腔内的黏液擦净，然后把犊牛身上的黏液擦干。多数犊牛生下来脐带可自然扯断。如果没有扯断，可在距胎儿腹部 10～12cm 处涂擦碘酊。然后用消毒的剪刀剪断，在断端再涂上碘酊。处理脐带后要称初生重、编号，填写犊牛出生卡片，放入犊牛保育栏内，准备喂初乳。

五、诱发分娩

1. 诱发分娩的概念与意义　诱发分娩又称诱导分娩或人工引产，是指在母牛妊娠末期的一定时间内，采用外源激素处理，控制母牛在人为确定的时间范围内分娩出正常犊牛。

（1）提前产犊　在各牦牛产区，大部分母牦牛集中在 4—6 月产犊，这一时期气候变暖，牧草逐渐返青，母牦牛及犊牛均能获取较好的营养供给。如在 6 月之后产犊，犊牛经过哺乳期后，气候寒冷饲草料匮乏，为母牦牛和犊牛越冬带来极大挑战。因此，采取必要措施诱发母牦牛提前分娩，对母牦牛体况恢复及犊牛尽早采食牧草都具有较大促进。

（2）确保母牛在预定的时间产犊　在预定的时间产犊，方便接产。在产犊时可以获得足够的关注和熟练有效的助产，降低犊牛的死亡率和减少对母牛的伤害。

（3）通过缩短妊娠期以降低犊牛的出生重　在妊娠的最后数周，胎儿的生长速度很快。如果母牦牛未成熟而骨盆较小，或某些外来品种妊娠期超过 280d，犊牛会因体格过大而无法通过产道。诱发分娩能减少由于胎儿与母体大小不适而导致难产的可能性。

（4）便于生产管理　母牦牛患病或受伤后，用诱发分娩来终止妊娠以缓解病情，促进母牦牛体况恢复。与同期发情、同期断奶等生产技术相结合，成批分娩，建立工厂化“全进全出”的生产模式。

2. 诱发分娩的方法及效果　牦牛诱发分娩的产犊时间通常控制在妊娠期的后 2 周之内。如果早于 2 周，此时胎儿未发育成熟，生活力下降，死亡率升高，母牦牛胎衣不下比例可能增加到 75%。牦牛在产前 2 周内进行诱发分娩，通常是利用糖皮质素（地塞米松等）或前列腺素，可在注射后 48～72h 内分娩，也可配合使用雌激素、催产素等。

（1）单独使用糖皮质激素　糖皮质激素可分为速效型和慢效型两种。速效型为糖皮质激素的酒精溶液或可溶性脂类溶液，在母牦牛妊娠后期，一次肌内注射地塞米松 20～30mg 或氟甲松 8～10mg，能诱发母牦牛在 2～4d 内产犊。慢效型是合成类固醇悬浮液或不溶性脂类，可在预计分娩前 1 个月左右注射，用药后 2～3 周激发分娩。该方法能促进未成熟胎衣与子宫内膜的分离，有利于母牦牛产后胎衣的排出和提高泌乳量，但新生犊牛死亡率较高。

（2）糖皮质激素与其他生殖激素配合使用　利用地塞米松磷酸钠 50～70mg 静脉注射，并配合肌内注射催产素 15～20mL，连续使用 1～2 次，对妊娠后期牦牛进行诱发分娩，用药后多在 24～48h 内排出胎儿。

（3）单独使用前列腺素　间隔 24h 连续两次注射 $PGF_{2\alpha}$，每次注射剂量为 10mg，第 2 次注射后可使妊娠后期母牛于数小时内分娩，但母牛多数会发生胎衣不下，在实际生产中不宜采用。但可利用该法形成胎衣不下母牛，用作病理研究模型。

可靠安全的诱发分娩（不影响胎儿或犊牛的存活）能够改变自然分娩的程度是有限的，其主要原因有以下两个方面：一是受家畜妊娠期的限制。可靠而安全的诱发分娩，其处理时间是在正常预产期结束之前数日，如牛约 2 周。超过这一时限，会造成产死胎、新生犊牛死亡、成活率降低、犊牛体重轻和母畜胎衣不下、泌乳能力下降、生殖机能恢复延迟等不良后果，时间提前越多，危害性越大。二是精确性差。诱发分娩一般发生在多数被处理母牛集中投药后的 20～50h 内，很难控制在更加严格的时间范围内，对诱发分娩母牛和犊牛的护理仍存在一定的难度。若实际生产中某一环节（如设备、人力、监护质量等）保障措施不到位，可能会得到相反的效果。由于集约化养殖逐渐成为畜牧业发展的必然趋势，诱发分娩作为实现畜群全进全出流水作业生产的一项关键技术，必将促进其研究的进一步深入和各畜种集约化生产水平的不断提高，使其得到更大范围的推广应用。

六、新生犊牛的护理

1. 保证牛犊呼吸畅通　胎儿产出后，立即擦净口腔和鼻孔的黏液，观察呼吸是否正常。若无呼吸，应立即用草秆刺激鼻黏膜，或用氨水棉球放在鼻孔上，诱发呼吸反射。也可将胶管插入鼻腔及气管内，吸出黏液及羊水，必要时可进行人工呼吸。

2. 脐带处理　母牦牛正常分娩时，脐带一般被扯断。应在脐带基部涂上碘酒，或以细线在距脐孔 3cm 处结扎，向下隔 3cm 再打一线结，在两结之间涂以碘酒后，用消毒剪剪断，也可采用烙铁切断脐带。

3. 擦干牛犊体表　对于出生后的牛犊，母牦牛一般情况下会舔干其体表，否则应人为擦干。

4. 尽早吮食初乳　母牦牛产后前几天分泌的乳汁为初乳，分娩后 4～7d 变为常乳。初乳营养丰富，并含有大量免疫抗体，对于犊牛提高抗病能力十分必要。因此，待体表被毛干燥后，牛犊即试图站立，此时即可吮乳。对于母性不强者，应辅助犊牛吮食初乳。

5. 检查胎衣　胎衣排出后，应检查是否完整，并及时移走处理，防止母牛吞食胎衣。

七、产后母牦牛的护理

分娩和分娩以后，由于胎儿的产出、产道的开张，以及产道和黏膜的损伤，母牦牛体力大量消耗，特别是子宫内恶露的存在，加之母牦牛在这段时间抵抗力降低，都为微生物入侵和感染创造了条件。为使产后母牦牛尽快恢复正常，应对其进行妥善的饲养管理。

对产后母牦牛的外阴和臀部要做认真的清洗和消毒，勤换洁净的垫草。供给质量好、营养丰富和容易消化的饲料，一般在 1～2 周内转为常规饲料，注意观察产后母牛的行为和状态，发现异常情况应立即采取措施。

1. 子宫恢复　分娩后，子宫黏膜表层发生变性、脱落，原属母体胎盘部分的子宫黏膜被再生的黏膜代替。子宫叶阜的高度降低、体积缩小，并逐渐恢复到妊娠前的大小。在黏膜再生的过程中，变性脱落的子宫黏膜、白细胞、部分血液、残留在子宫内的胎水，以及子宫腺分泌物等被排出，这种混合液体称为恶露。最初为红褐色，继而变为黄褐色，最后变为无色透明。牦牛恶露排尽的时间为 10～12d。恶露持续的时间过长或者颜色异常，有可能是子宫病理变化的反应。

随着子宫黏膜的恢复和更新，子宫肌纤维也发生相应的变化。开始阶段子宫壁变厚，体积缩小，随后子宫肌纤维变性，部分被吸收，使子宫壁变薄并逐渐恢复到接近原来的状态。牛子宫复原的时间为 9～12d。

2. 卵巢恢复 母牦牛卵巢上的黄体到分娩后才被吸收，产后第一次发情出现较晚，而且往往只排卵而无发情表现。产后给犊牛哺乳或增加挤奶次数，会使产后发情排卵的时间延长。

第六章
牦牛繁殖疾病防治技术

第一节　牦牛的繁殖障碍

一、公牦牛的繁殖障碍

（一）遗传因素

遗传因素可引起公牦牛生殖器官异常，如睾丸欠缺、睾丸发育不全、隐睾、副性腺发育不全、阴茎畸形及精子先天性异常等。

（二）年龄因素

公牦牛随年龄的增长，繁殖障碍的发病率有所增加，主要是出现睾丸变性，性欲减退。

（三）环境因素

季节因素是繁殖发生障碍的重要原因之一，季节变化的重要因素是光照和温度。公牦牛在高温环境中，由于受到热应激会引起繁殖障碍，如睾丸变性、性欲缺乏。

在自然情况下，体温升高1℃，阴囊皮温和睾丸温度上升3～4℃，体温和睾丸之间的温差通常在5℃左右。阴囊调节温度的机能较差，如若遇到持续高温会引起睾丸变性，精子的成熟和贮存受到影响。由于睾丸温度升高，局部的循环机能发生变化，以致引起供氧不足，导致正常精子减少，畸形精子增加，活力下降，严重时甚至没有精子。高温还会影响附睾。如果高温应激不太强，在气温下降后高温所引起的机能障碍也就自然慢慢消失，精液的性状逐渐恢复正常；如果高温影响强烈，将使曲精细管上皮失去再生能力，恢复就比较困难。另外，种公牛引种过程中，运输、气候环境的变化、营养和管理方式等变化及这些变化带来的应激都会造成繁殖障碍疾病。如运输、隔离检疫过程中，营养不均衡和管理不当会造成睾丸发育不良、睾丸炎、睾丸变性、精囊腺炎等。

（四）营养因素

营养水平过低会引起性成熟延迟和性欲减退。成年公牦牛长期饲养在低营养水平下，精液性状不良。如精囊腺分泌机能减弱，精液中果糖和柠檬酸量减少，造成精子活力差、耐冻性差；生精机能下降，精液密度降低。营养水平过高，特别是能量水平过高，会使成年公牦牛过于肥胖，也会使性欲减退。

公牦牛饲草料中钙、磷、铜、锌、镁、钴、硒、碘、维生素 A、维生素 C 和维生素 E 等营养成分缺乏和过多都会引起繁殖障碍疾病。如公牦牛缺锌表现为睾丸生长发育停止，生精上皮萎缩，垂体促性腺激素和性激素的释放减少，性欲降低，严重缺锌将导致精子生成完全停止。

硒是谷胱甘肽过氧化物酶的组分，在体内起抗氧化作用，硒对种公牦牛的繁殖有重要意义。精子尾部一些多肽和角质包囊蛋白质含硒，硒是生物体必需的微量元素，适量添加有机硒能提高种公牦牛精液质量。种公牦牛缺硒会导致睾丸、附睾重量均小于正常值，精子成熟度差。

某些营养成分过多引起繁殖障碍疾病主要是发生颉颃，如铁多妨碍铜和锌的吸收。

总之，营养水平不合适会影响公牦牛的性机能，如性欲缺乏，睾丸变性，附睾萎缩及睾丸、附睾发育不良等繁殖障碍。

（五）管理因素

不适合的采精器（采精器内胎粗糙、温度过高）、台畜、采精方法、采精场地、鞭打、威吓等引起的不良反应。过度的连续采精、强迫射精给予的过重负担会引起公牦牛性欲减退和精液性状不良，并缩短使用年限。此外，外伤、运动不足也会引起射精障碍，如采精或与母牦牛交配时受伤、生殖器急性炎症、蹄痛、腐蹄病、关节炎、痉挛性轻瘫等伤痛，会诱使产生抑制性欲的反射作用。

冲洗包皮器具粗糙或用力过大、过猛等原因造成的外伤，以及病毒感染是引发包皮发炎甚至溃疡的主要病因。勃起的阴茎冲击异物发生弯折，以及蹴踢、鞭打、啃咬、骑跨围栏等可能引起阴茎擦伤、挫伤、撕裂伤，甚至引起阴茎血肿。

（六）感染因素

生殖器官的细菌感染是引起繁殖障碍的重要原因之一。如细菌、病毒、衣原体、支原体等病原继发感染的睾丸炎、附睾炎、精囊腺炎、附睾萎缩、包皮和阴茎疾病等。

二、母牦牛的繁殖障碍

由于饲养管理不当、营养不平衡和助产不当等，均会引起母牦牛的繁殖疾病，这些疾病往往成为导致母牦牛产后繁殖障碍的主要因素。常见繁殖疾病有生殖道疾病、卵巢疾病和分娩造成的疾病。

（一）营养因素

全面合理的营养是牦牛高效繁殖的基础，各时期的营养对母牦牛产后的繁殖有着重要的作用，如若营养不平衡，会直接或间接的造成母牦牛产后的繁殖障碍。

1. 能量　牦牛在产前摄入能量过多，易造成肥胖综合征（采食量下降、脂肪肝），产后也易发生一系列代谢紊乱症（采食量下降和难产、胎衣不下、乳腺炎、子宫炎及酮病均会升高），进而影响繁殖，造成产后繁殖障碍。应在泌乳末期控制好膘情，减少精料的饲喂量，多饲喂青干草。如产前供给母牦牛的能量不足，则导致母牦牛膘情太差，易发生产后胎衣不下、恶露滞留（无力排出）和子宫炎，卵泡发育迟缓，降低受胎率。应适当增加精料的饲喂量，提高饲草料营养水平。

母牦牛产后能量不足（负平衡）也易造成发情延迟，卵泡发育迟缓，静止发情增多。因此，产后应提高饲草料营养水平，增喂一些高能量饲料，提高一次配种和总受胎率。

2. 蛋白质　产前蛋白质不足，可使卵泡发育迟缓，发情异常，从而影响繁殖。如蛋白质过剩，即产后饲喂蛋白质含量如果超过泌乳需要量，造成氮不平衡，也容易对繁殖性能造成不利影响，降低受胎率。

3. 钙、磷　钙、磷不足或不平衡容易引起母牦牛产褥热的发生，导致胎衣不下、恶露滞留和子宫炎发病的机会增加。因此，母牦牛在产前 15～20d，一是采用钙日粮，造成钙的负平衡；二是采用在日粮中添加阴离子盐，不喂缓冲剂，以酸化日粮，降低血液 pH，刺激甲状旁腺素在产前释放，提高钙、磷的吸收率。产后至泌乳高峰期应及时提高饲草料钙、磷水平，以满足牦牛泌乳、生长及繁殖的需要，钙应占饲草料干物质的 0.81%，磷为 0.5%～0.6%。若钙、磷不足，会出现异常发情，影响受胎率。

4. 维生素　是动物正常的生长发育（包括胎儿生长）、精子产生、卵泡发育以及上皮组织的生长都需要的，缺乏容易引起母牦牛的流产、胎衣不下、子宫炎及犊牛的发病。维生素 E 是一系列生育酚和生育三烯酚的脂溶性化合物的总称。若缺乏则易造成胎衣不下、子宫炎及卵泡发育受阻，受胎率下降。

5. 微量元素　铜缺乏易造成牛只发情期生理障碍，异常发情；锌缺乏会改变前列腺素的合成，从而影响黄体的功能；锰缺乏则能抑制繁殖能力、流产、新生犊牛畸形、发育迟缓及隐性发情升高，受胎率下降；碘缺乏易造成胎儿发育受阻及死亡，胎衣不下升高，繁殖力下降；硒缺乏则易造成胎衣不下、子宫炎及卵巢囊肿升高，繁殖力下降。因此，产后应对母牦牛给予微量元素补充。

（二）生殖道疾病

牦牛的生殖道疾病主要有子宫内膜炎和子宫颈炎，少数有输卵管炎。

子宫内膜炎主要是分娩时卫生条件差，临产母牦牛的外阴、尾根部污染粪便而未彻底洗净消毒，助产或剥离胎衣时，术者的手臂、器械消毒不彻底，胎衣不下，恶露停滞等引起产后子宫内膜的感染。因此，对棚圈要彻底打扫消毒，对于临产母牦牛的后躯要清洗消毒，助产或剥离胎衣时严格进行无菌操作。对于患牛主要是防止感染，促使子宫内炎性产物的排出，对有全身症状的进行对症治疗。

子宫颈炎主要是人工授精时，因操作不当或长时间多次操作后，造成子宫颈损伤、发炎，直至子宫颈增生。人工授精的一切用具必须洁净无菌，操作人员技术要熟练，要做到动作轻、速度快。对于患牛，要及时治愈后方可进行人工授精。

（三）卵巢疾病

卵巢疾病主要由于饲养管理不当，生殖道炎症、应激等，使生殖系统功能异常，体内激素分泌紊乱，出现卵巢囊肿、卵巢静止或持久黄体等。

应注意加强饲养管理，减少应激，严格按照操作规程进行人工授精。对于病牛，多采用激素治疗囊肿，效果良好。饲料单纯，维生素和无机盐缺乏、运动不足、子宫内膜炎、产后子宫复旧不全或子宫肌瘤等影响黄体的退缩和吸收，易引起持久性黄体。为了促进持久黄体退缩，可肌内注射前列腺素类激素，将黄体溶解后再进行人工授精。

饲养管理不当、子宫疾病等使卵巢机能受到扰乱后而处于静止状态，即为卵巢静止。应加强饲养管理，补充营养，如维生素、无机盐等，同时加强运动。

（四）分娩期疾病

主要指在妊娠期因饲养管理不当，在分娩过程中常出现的子宫脱出和胎衣不下。子宫脱出，主要原因是饲料单一，质量差，过度劳累等导致会阴部组织松弛、无法固定子宫。另外，助产不当、产道干燥而迅速拉出胎儿或在露出的胎衣断端系重物等均可引起子宫脱出。此外，瘤胃鼓气、瘤胃积食、便秘、腹泻等也能诱发该病。及时消除病因，治疗时要针对不同症状采取相应措施。子宫部分脱出时，只要加强护理，防止脱出部位受损，如将牛尾固定，以防摩擦脱出部位，减少感染机会，多放牧，舍饲时要给予易于消化的饲草料等。

胎衣不下，主要有两个原因，一是产后子宫收缩无力，因为妊娠期间饲草料单一，缺乏无机盐、微量元素和某些维生素，或者产双胞胎、胎儿过大、胎水过多，使子宫过度扩张。二是胎盘炎症，妊娠期间子宫受到感染，发生隐性子宫内膜炎及胎盘炎，母子胎盘粘连。此外，流产和早产等原因也能导致胎衣不下。胎衣不下的治疗方法主要有药物治疗和手术剥离。药物治疗是通过皮下或肌内注射垂体后叶素 50～100IU，最好在产后 8～12h 注射，若在分娩后超过 24～48h，处理效果不佳。也可注射催产素 10mL，麦角新碱 6～10mg，促进子宫收缩，加速胎衣排出。手术剥离法是用手伸入子宫，寻找子宫叶，找到子宫叶后先用拇指找出胎儿胎盘的边缘，然后将食指或拇指伸入胎儿胎盘和母体胎盘之间，把它们分开，至胎儿胎盘被分离，用拇指和中指握住胎衣，轻拉即可完整地剥离。

（五）技术性繁殖障碍

人工授精技术不熟练或操作不当，是造成技术性繁殖障碍的主要原因，易造成生殖道感染或损伤，导致繁殖障碍。操作人员应熟练掌握人工授精技术，严格进行无菌操作，严禁长时间多次操作。及时发现发情母牦牛，掌握好配种时间。对屡配不孕的母牦牛要及时更换公牛精液，防止免疫性不孕。

第二节　牦牛繁殖疾病及防治

一、卵巢机能不全

卵巢机能不全（Ovarian hypofunction）是指母牦牛卵巢机能受到抑制，机能减退，性欲缺乏，卵泡不能正常的生长、发育、成熟和排卵。卵巢机能不全可分为卵巢静止及卵巢萎缩、卵泡萎缩及交替发育、排卵延迟或不排卵。

（一）病因

卵巢机能不全是各种因素综合作用的结果。原因主要有三点，一是由于子宫疾病、全身性疾病及饲养管理不当，使牦牛机体乏弱而导致了该病理现象的发性。二是饲料中营养成分不足，尤其是缺少维生素 A，可能与该病的发生有关。三是气候因素及近亲繁殖也可导致该病的发生。

（二）症状和诊断

主要临床表现是发情周期延长，发情表现减弱或安静发情，有的牦牛出现性周期紊乱的现象（卵泡交替发育）。直肠检查时，一般摸不到卵泡和黄体。

如果发展成为卵巢萎缩，则长期不发育，卵巢小而硬，母牦牛的卵巢仅有豌豆大小。严重萎缩时，不但卵巢小质地硬，而且长期不发情，子宫也收缩变得又细又硬。

该病多发生于年龄较大、体质较弱的母牦牛。

该病一般通过临床症状观察和直肠检查卵巢可做出诊断。

（三）防治

对于年龄不大的患病牦牛，卵巢机能不全一般预后良好。如果母牦牛衰老或卵巢继发萎缩、硬化，则无治疗价值。

尽管诱导发情的方法和药物种类繁多，但尚无可适用于不同症状的一种十分理想的药物和方法，因为卵巢机能的正常活动是许多生理性及环境因素共同协调作用的结果。

改善牦牛的饲养管理，增加运动，合理日照，保证日粮中有丰富的矿物质、维生素、蛋白质是预防的重要措施。

对由生殖器官疾病引发的卵巢机能不全，要做好原发病的治疗。

（四）治疗

1. 激素治疗

（1）促卵泡素　肌内注射100～200IU，每日或隔日1次，共用2～3次，还可配合促黄体素进行治疗。

（2）绒毛膜促性腺激素　肌内注射2 000～3 000IU，必要时可间隔1～2d重复注射1次。

（3）孕马血清　肌内注射1 000～2 000IU，1～2次。

（4）雌激素　这类药物对中枢神经及生殖系统有直接兴奋作用，用药后可引起母牦牛表现明显的外部发情症状，但对卵巢无刺激作用，不引起卵泡发育和排卵。但用此类药物可以使动物生殖系统摆脱生物学上的相对静止状态，促进正常发情周期的恢复。因此，用此类药后的第一次发情不排卵（不必配种），而在以后的发情周期中可正常排卵。

常用的雌激素类药物及用量为：雌二醇，肌内注射4～10mg；己烯雌酚，肌内注射20～25mg。此类药物不宜大剂量连续用药，否则易引起卵泡囊肿。

2. 维生素A治疗　维生素A对于缺乏青绿饲料引起的卵巢机能减退有较好的疗效，一般每次肌内注射100万IU，每10d注射1次，注射3次后的10d内卵巢上会出现卵泡发育，且可成熟受胎，还可配合维生素E进行治疗。

二、卵巢囊肿

卵巢囊肿分为卵泡囊肿和黄体囊肿两种。卵泡囊肿是由于发育中的卵泡上皮变性，卵泡壁结缔组织增生变厚、卵泡细胞死亡、卵泡液未吸收或增加而形成。黄体囊肿是由于未排卵的卵泡壁上皮细胞黄体化，或是正常排卵后由于某些原因而黄体不足，在黄体内形成空腔，腔内聚积液体而形成。

卵泡囊肿和黄体囊肿可单个或多个发生于一侧或两侧卵巢上。二者多单独发生，有时两种囊肿病也同时发生（约占发病总数的1%）。单独发生时以卵泡囊肿居多，约占发病总数的70%。牦牛产后45d内及首次排卵前卵巢囊肿发病率高，约占发病总数的70%，由于在此阶段有一个自然重建卵巢周期的过程，常不易被发现。

（一）病因

1. 内分泌因素　内分泌失调是引发卵巢囊肿最主要的原因。另外，给予外源性孕激素、雌激素均可能引起卵巢囊肿。自然发生囊肿的原因有：①促卵泡素分泌过量，促进卵泡发育过度；②垂体分泌的促黄体素低于正常水平；③控制促黄体素释放的机能失调。非自然发生的囊肿是由多因素共同作用引起的，与下丘脑、垂体、卵巢和肾上腺等机能有关。肾上腺机能亢进，促使黄体功能减退，导致孕激素水平降低，肾上腺产生较多的雌二醇和雄激素，是影响卵巢周期的重要因素。

2. 疾病因素　卵巢囊肿的成因较为复杂。母牦牛性周期的不同阶段，卵巢和子宫的血流量呈规律性变化；休情期卵巢血流量增加，在发情期子宫血流量增加。若子宫有炎症和充血，影响卵巢周期的正常运行。子宫内膜炎、胎衣不下等可引起卵巢炎，导致发情周期紊乱，使排卵受到扰乱，引起卵巢囊肿。产后早期子宫正值复原之中，子宫内膜和卵巢上的激素靶细胞受体尚未恢复正常，而卵泡已经开始发育，且不断产生雌激素，因缺乏受体的接受和转移，使信息不能由子宫传递到下丘脑和垂体，故雌激素水平升高导致不排卵而引起卵巢囊肿。

3. 营养因素　饲料中缺乏维生素A或含有大量的雌激素（如过量饲喂大豆、白三叶草等含植物雌激素高的饲料）都可能引起囊肿。饲喂精料过多而又缺乏运动，导致母牛肥胖也会增加发病率。

4. 气候因素　在卵泡发育的过程中，气温骤变容易发生卵巢囊肿，尤其在冬季发生卵巢囊肿的病牛更多。

5. 人为因素　母牦牛多次发情而不予配种也可导致囊肿的发生。

（二）症状

患卵泡囊肿的母牦牛主要特征是发情周期不规律，频繁而持续发情，最显著的临床表现是出现慕雄狂。患病时间长的牦牛颈部肌肉逐渐增厚而类似公牦牛，荐坐韧带松弛，臀部肌肉塌陷，尾根高抬，尾根与坐骨结节之间出现一个深的凹陷。

直肠检查时发现，卵巢上有一个或数个壁紧而有波动的囊泡，黄体与囊肿卵泡大小相近，但壁较厚而软，其直径一般均超过2cm以上，大的囊泡有的达到5～7cm。长期的卵泡囊肿，也可以并发子宫内膜炎和子宫积水。黄体囊肿外表症状为不发情，黄体囊肿多为一个，大小与卵泡囊肿差不多，壁厚面软。

有时产后首次发情成熟的卵泡异常大，易被误认为是囊肿。陈旧的囊肿与成熟卵泡可并存于卵巢上，而前者已变性无分泌激素能力。其实这都属于正常发情，能排卵受精，应适时配种。

（三）治疗

1. 激素治疗

（1）人绒毛膜促性腺激素（hCG） hCG 为蛋白质激素，第一次肌内注射后产生抗体，再次注射时效果降低，一般不宜多次注射。而静脉注射几乎不产生抗体，国外现多用 1 500～5 000IU hCG 溶于 5%的葡萄糖溶液中静脉注射，治疗效果显著。

（2）促性腺素释放激素（GnRH） 肌内注射 GnRH 25～100μg 能诱发患囊肿母牦牛释放黄体素，囊肿大多黄体化；而大剂量使用 GnRH（0.5～1.5mg）则可促使排卵。

（3）皮质类固醇 肌内注射 10～40mg 氢化可的松或 10～20mg 地塞米松，对于使用促性腺激素无效的牛治疗效果较好。

（4）孕酮 一次注射孕酮 750～1 500mg，或 200～500mg/d，每日或隔日 1 次，连用 2～7 次。其效果略低于 GnRH 或 hCG，若静脉注射 hCG 300IU 后，再肌内注射孕酮 125mg，对囊肿的治愈率可达 60%～80%。

（5）前列腺激素 对于黄体囊肿，可采用肌内注射氯前列烯醇 0.4～0.8mg 进行治疗，2～3d 可消囊肿并出现发情。

2. 中药治疗 消囊散：炙乳香 40g，炙没药 40g，香附 80g，三棱 45g，黄柏 60g，知母 60g，当归 60g，川芎 30g，鸡血藤 45g，益母草 90g，研末冲服，每日 1 剂，连用 3～6 剂。

3. 人工摘除法 在没有其他治疗方法的情况下，可考虑采取人工摘除。此法治愈率低，易造成卵巢发炎和粘连，使受胎率降低，甚至引起不孕。产后早期使用此法效果较好。

（四）预防措施

1. 营养管理 母牦牛分娩后机体处于能量负平衡状态，会延长分娩至首次发情排卵的间隔时间及分娩后卵巢机能恢复的间隔时间。豆科牧草不宜一次性饲喂过量。维生素对本病的发生也有影响，合理的日粮配合非常重要。

2. 产后注射促性腺素释放激素（GnRH） 产后 2 周内肌内注射 GnRH 200μg，可降低卵巢机能异常的发生，进而提高受胎率，降低卵巢囊肿的发生率。

3. 控制子宫炎症 产后早期卵巢正常周期，降低因子宫炎症引起的囊肿，从而提高受胎率。

三、持久黄体

持久黄体（Persistent corpus luteum）是指妊娠黄体或周期黄体超过正常时间而不消失。其来源有两方面，一是发情周期黄体，在维持了一定时间后应该消失而未消失；二是妊娠黄体，在分娩后应该消失而不消失。由于持久黄体分泌孕酮，抑制卵泡成熟和发情，引起乏情而不育。母牦牛发生持久黄体时，黄体的一部分呈圆周状或蘑菇状凸起于卵巢表面，比卵巢实质稍硬。

（一）病因

1. 饲养管理不当　牦牛饲料中缺乏微矿物质、维生素A和维生素E，运动不足等，均可引起持久黄体发生。

2. 产乳量过高　产乳量高的母牦牛在冬季易发生持久黄体。由于消耗过大，以致卵巢营养不足，引起机能减退，使垂体细胞产生的催产素及前列腺素合成减少，同时由于血液中催乳素水平过高，而导致黄体滞留。

3. 子宫疾病　此病常和子宫炎症引起的前列腺素分泌减少等有关。子宫疾病可损害子宫黏膜，使前列腺素产生不足，而导致此病发生。子宫积水、积脓，子宫内有异物，干尸化等都会使黄体不消退而成为持久黄体。

（二）症状与诊断

该病的特征是长期不发情。经数次直肠检查，发现卵巢的同一部位有大量黄体存在，可以是一侧卵巢也可是两侧卵巢。子宫多松软下垂，收缩反应减弱。

（三）治疗

除消除病因、改善饲养管理外，可用如下方法进行治疗。

1. 激素治疗　前列腺素及其类似物是治疗持久黄体的特效药。肌内注射前列腺素0.5～1.0mg或肌内注射氯前列烯醇0.4mg。还可用促性腺激素，如孕马血清、绒毛膜促性腺激素、雌激素和催产素等。

2. 手术疗法　采用直检的方法，挤破卵巢上的黄体。

3. 电针治疗　电针治疗可迅速使孕酮水平下降到最低值，同时又能使雌二醇水平达到最高值，而引起发情。

四、排卵延迟及不排卵

排卵延迟是指与正常的排卵时间相比排卵向后推移。不排卵是指母牦牛发情时有发情的外部特征但不排卵。

（一）病因

（1）牦牛促黄体素分泌不足、激素作用不平衡，是造成牦牛排卵延迟及不排卵的主要原因。

（2）营养不良或不平衡，过度挤奶、气温变化频繁，也可造成排卵延迟及不排卵。

（二）症状和诊断

排卵延迟时，卵泡的发育和外表发情征状都和正常发情一样，但发情持续时间延长，牦牛一般延长3～5d。直肠检查时卵巢上有卵泡，最后有的可能排卵，有的则会发生卵泡闭锁。在诊断排卵延迟时要注意和卵泡囊肿相区别。

不排卵时，有发情的外表征状，发情过程及周期基本正常，直肠检查时卵巢上有卵泡，但不排卵，屡配不孕。

（三）治疗

对排卵延迟及不排卵的患病牦牛，除改善饲养管理条件外，可应用激素进行治疗。

当牛出现发情征状时，立即注射促黄体素200～300IU或黄体酮50～100mg，可起到促进排卵的作用。

对于确定由于排卵延迟或不排卵而屡配不孕的母牦牛，在发情早期，可注射雌激素（己烯雌酚20～25mg），晚期注射黄体酮，也可起到较好的治疗效果。

五、子宫内膜炎

子宫内膜炎是子宫黏膜发生炎症。不孕症是牛“四大疾病”之一，而子宫内膜炎是引起牦牛不孕的一个重要原因，也是牦牛的常发病和多发病。子宫是胚胎发育的场所，由于子宫炎症及炎症过程中的渗出物，会直接危害精子的生存，进而影响受精过程；也可影响胚胎在子宫的附植过程，从而导致不孕、流产，甚至胎儿死亡。

子宫内膜炎依据临床症状可分为急性子宫内膜炎和慢性子宫内膜炎两大类，其中慢性子宫内膜炎是牦牛最常见的。慢性子宫内膜炎又被分为慢性化脓性子宫内膜炎、慢性脓性黏液性子宫内膜炎、慢性黏液性子宫内膜炎和隐性子宫内膜炎。一般而言，急性化脓性子宫内膜炎预后不良；慢性化脓性子宫内膜炎和慢性脓性黏液性子宫内膜炎预后谨慎。这两种子宫内膜炎虽然治疗可消除临床症状，但有相当一部分不能怀孕，或常发生早期胚胎死亡或流产。

（一）病因

子宫内膜炎病因主要是人工授精、分娩、助产及产道检查过程中消毒不严格或操作不当，使子宫受到损伤或感染引起的。子宫颈炎、子宫弛缓、阴道炎、胎衣不下和布鲁氏菌病是继发该病的又一个主要原因。自然交配时，公牦牛生殖器官的炎症也可传染给母牦牛而发生该病。产房卫生及牛体产后后躯卫生差也是引发该病的一个原因。

（二）临床症状

从牦牛产道流出多量黏液性或脓性分泌物。发情周期正常或不正常，屡配不孕。急性化脓性子宫内膜炎有全身症状。

（三）预防措施

为减少子宫内膜炎的发生率，配种前 2h 宫内注射抗生素（主要针对隐性子宫内膜炎），加强输精过程的卫生消毒工作，降低人工授精过程中的人工感染。分娩过程是引起子宫感染的一个主要环节，助产过程中要严格消毒，助产过程中要小心谨慎，防止子宫及产道损伤。要保证外阴部产前、产中及产后的清洁卫生。出产房通过直肠检查的方法，对子宫状态检查一次，有必要的要进行清宫处理。产后喂服益母膏等能促进子宫机能恢复的中药，促进子宫机能恢复。对流产母牦牛要注意隔离，确定病因，防止流产过程中子宫排出物对产房及产间的污染，防止布鲁氏菌病、胎弧菌病等疾病的蔓延。

加强饲养管理和饲料配合，保证机体各器官机能健康，减少胎衣不下和产后疾病（酮病/产后瘫痪）的发生，促进子宫复旧过程。对胎衣不下的牛，要及时剥离胎衣或向子宫中灌注药物，以预防子宫内膜炎的发生。经营管理好的牛场，牦牛的平均空怀天数应在 105d 左右，一般水平的牦牛场平均空怀天数都在 120～140d。对空怀天数超过 140d 的母牦牛要进行会诊，找出空怀原因，对确实失去繁殖能力的母牦牛，要及时淘汰。

（四）治疗措施

首先给予牦牛全价饲料，特别是富含蛋白质和维生素的饲料，以增强机体的抵抗能力，促进子宫机能的恢复。治疗子宫内膜炎一般有局部疗法和子宫内直接用药两种方法。治疗牦牛子宫内膜炎应针对不同的类型选用不同的治疗方法。

1. 子宫冲洗　是一种传统、常用的治疗子宫内膜炎的方法。一般而言，对不同程度的化脓性子宫内膜炎多选用子宫冲洗术，所用的冲洗药物多为防腐消毒药，如 0.1％高锰酸钾、0.1％利凡诺、0.05％来苏儿、0.1％新洁尔灭、0.1％稀碘液等。对症状较轻的化脓性子宫内膜炎和非化脓性子宫内膜炎多选用 1％～10％盐水、1％小苏打、生理盐水及抗生素水溶液进行子宫冲洗。

一般一次冲洗量为 200mL 左右（一次注入量不宜过大），注入导出，反复冲洗，直到清洗清亮为止，可连续冲洗 2～3d，等子宫干净后向子宫内灌注抗生素类药物，等下次发情时观察发情状况。冲洗液的温度要保持在 38～42℃。

对于隐性子宫内膜炎，可在发情配种前 2h，用生理盐水 200～500mL 冲洗子宫，随后注入青霉素 80 万～100 万 IU、链霉素 100 万 U，然后配种，可提高受胎率。

2. 子宫灌注 是治疗牦牛子宫内膜炎的一种常用方法。子宫灌注时，药液也要加热到 40℃左右，目前常用于子宫灌注的药物有如下几大类。

（1）子宫灌注抗生素 常用的有青霉素 100 万 IU＋链霉素 100 万 U。土霉素 2g＋金霉素 2g，还可用环丙沙星、呋喃西林、呋喃唑酮、新霉素、先锋霉素、氯霉素、氨苄青霉素、磺胺类药物等。每日或隔日 1 次，直到子宫排出的分泌物清亮为止。对黏液性子宫内膜炎，在发情时可向子宫中灌注 1%氯化钠溶液 200～300mL，隔 4～6h 再输精配种。

（2）子宫灌注碘制剂 对各种类型的子宫内膜炎都有一定疗效，可用于细菌、病毒、滴虫等引起的子宫内膜炎。碘离子可刺激子宫黏膜，促进子宫内炎性分泌物排出。络合碘和无机碘都可用于子宫内膜炎的临床治疗，络合碘的刺激作用较小、作用时间较长、治疗作用优于稀碘液。稀碘液常用浓度为 0.1%，配制时还可向其中加入一定量的甘油，每次可灌注 20～50mL，隔日或每日 1 次，连续用 2～3 次。如果用络合碘可每隔 7～10d 灌注 1 次。

（3）子宫灌注鱼石脂 鱼石脂是从鱼骨化石中提取出来的有效成分，鱼石脂可温和地刺激子宫黏膜的神经末梢，改善血液循环，抑制细菌繁殖。向子宫中灌注 5%～10%的鱼石脂对化脓性及脓性黏液性子宫内膜炎有较好的治疗作用。每次灌注 100mL，每日或隔日 1 次，连用 1～3 次（要用纯鱼石脂，不要用加入凡士林的鱼石脂）。

（4）子宫灌注黄色素 对慢性脓性子宫内膜炎，可用 0.1%的黄色素溶液进行治疗，每次灌注 50～200mL，隔日或每日 1 次。

（5）子宫灌注醋酸洗必泰 洗必泰是一种防腐杀菌剂，对隐性和黏液性子宫内膜炎有较好的疗效。醋酸洗必泰有一定的刺激作用，用于牦牛子宫内膜炎治疗时要加缓和剂，以降低由刺激性所带来的不良反应。临床上可利用妇科用的醋酸洗必泰治疗牦牛子宫内膜炎，取醋酸洗必泰栓 2～3 枚，用 10～15mL 蒸馏水溶解，温热后注入子宫，隔日 1 次，连用 2～4 次。

（6）子宫灌注促上皮生长因子 在进行子宫灌注治疗时，向其中加入促上皮生长因子，可促子宫黏膜的再生修复，进一步提高子宫内膜炎的治疗效果。

3. 激素疗法 目前，用来治疗牛子宫内膜炎的激素主要有己烯雌酚、氯前列烯醇和催产素。这类药物能使子宫颈口开张，加强子宫收缩机能，促进子宫腺体分泌，促进子宫内液体排出。最新的试验表明，血液中激素含量高低和子宫的免疫能力有直接的关系。通过注射上述激素还可提高子宫的免疫能力。

（1）氯前列烯醇 可子宫灌注，也可肌内注射，子宫灌注一次 2～3mL，肌内注射 4～8mL，可连续注射 2～3 次，间隔 1～2d。同时还可配合肌内注射催产素 10mL。

（2）己烯雌酚　15～25mL，一次肌内注射，促进子宫腺体分泌，促进子宫内分泌物排出。也可子宫灌注，连续用 2～3 次，每次间隔 1～2d。

（3）催产素　在治疗子宫内膜炎时可连续用 3～4d。

4. 免疫治疗　能提高牦牛子宫内膜炎的免疫性药物主要有盐酸左旋咪唑、大肠杆菌多脂糖、高免血清、集落刺激因子等，但临床来源比较方便的是盐酸左旋咪唑。

5. 通过促进子宫机能恢复进行治疗　在子宫内膜炎中，包括一类子宫无器质性病变，而子宫功能异常所引起的难孕症。这类子宫内膜炎实际上是由于产后虚弱、子宫气滞血瘀、子宫机能低下引起的。中药在促进子宫机能恢复上，表现出了独特的优越性。黄芪、红花蟾酥、当归、蜂胶、益母草、蒲黄、桃仁、连翘等，在治疗子宫内膜炎上，具有很好的消滞、祛瘀、清热解毒、加速净化、促进子宫复旧作用。

六、流产

牦牛的流产是由于胎儿或母体的生理过程发生紊乱，或它们之间的正常关系遭到破坏，导致妊娠中断，胎儿被母体吸收或排出体外的一种病理现象。流产是哺乳动物妊娠期间的一种常见疾病，不仅会导致胎儿死亡或发育受到影响，而且还会影响到母体的生产性能和繁殖性能。

（一）病因

流产的原因十分复杂，可以是孕畜某些疾病的一个临床症状，也可以是饲养管理不当的一个结果，还可以是胎盘或胎儿受到损伤而导致的一种直接后果。概括起来流产的原因可分为传染性流产和非传染性流产。

1. 传染性流产　是由病原微生物侵入孕畜机体而引起的一种流产，可以是某些传染病发展过程中的一个普通症状，也可以是某些传染病的一个特征性症状。布鲁氏菌、衣原体、毛滴虫等病原，可在胎盘、子宫黏膜及产道中造成病理变化，所以流产就成了这些传染性疾病的一个特征性症状。李氏杆菌、沙门氏菌、焦虫、附红细胞体等病原感染孕畜时，流产则作为这些传染病发展过程中的一个非特异性临床症状而表现出来。从某种意义上来说，当某种传染病导致孕畜或胎儿的生理功能紊乱到一定程度时，都可以引起流产。

2. 非传染性流产

（1）胚胎发育停滞　配子衰老或有缺陷、染色体异常和近亲繁殖是导致胚胎发育停滞的主要原因，这些因素可降低受精卵的活力，使胚胎在发育途中死亡。胚胎发育停滞所引起的流产多发生于妊娠早期。

（2）胎膜异常　胎膜是维持胎儿正常发育的重要器官，如果胎膜异常，胎儿与母体间的联系及物质交换就会受到限制，胎儿就不能正常发育，从而引起流产。先天性因素可以导致胎膜异常，如子宫发育不全、胎膜绒毛发育不全，这些先天性因素所引起的病理变化，可导致胎盘结构异常或胎盘数量不足。后天性的子宫黏膜发炎变性，也可导致胎盘异常。

（3）饲养不当　饲料严重不足或矿物质、维生素缺乏可引起流产；饲料发霉、变质或饲料中含有有毒物质可引起流产；贪食过多或暴饮冷水也可引起流产。

（4）管理不当　牦牛妊娠后由于管理不当，可使子宫或胎儿受到直接或间接的物理因素影响，引起子宫反射性收缩而导致流产。地面光滑、急轰急赶、出入圈舍时过分拥挤等所引起的跌跤或冲撞，可使胎儿受到过度振动而发生流产。妊娠后期的牦牛应该及时合理分群，怀孕牦牛和未怀孕牦牛混群饲养会由于互相争斗而造成流产。妊娠牦牛在运输及上车或卸车过程中要更加小心，否则就会造成流产。另外，强烈应激、粗暴对待妊娠牦牛等不良管理措施也是造成牦牛流产的一个重要原因。

（5）医疗错误　粗鲁的直肠检查和不正确的产道检查可引起流产；误用促进子宫收缩药物可引起流产（如毛果芸香碱、氨甲酰胆碱、催产素、麦角制剂等）；误用催情或引产药可导致流产（如雌性激素、三合激素、前列腺素类药物、地塞米松等）；大剂量使用泻剂、利尿药、驱虫剂、错误地注射疫苗、不恰当地麻醉也可导致流产。

继发于某些内科、外科和产科疾病。一些普通疾病发展到一定程度时也可导致流产。例如，子宫内膜炎、宫颈炎、阴道炎、胃肠炎、肺炎、疝痛、代谢病等。

（二）临床症状

妊娠牦牛发生流产时会表现出不同程度的腹痛不安，弓腰、做排尿动作，从阴道中流出多量黏液或污秽不洁的分泌物或血液。另外，流产症状与流产发生的时期、原因及母体的耐受性有很大关系，流产的类型不同，其临床表现也有区别。

1. 隐性流产　胚胎在子宫内被吸收称为隐性流产。隐性流产发生于妊娠初期的胚胎发育阶段，胚胎死亡后，胚胎组织被子宫内的酶分解、液化而被母体吸收，或在下次发情时以黏液的形式被排出体外。隐性流产无明显的临床症状，其典型的表现就是配种后诊断为妊娠，但过一段时间后却再次发情，并从阴门中流出较多数量的分泌物。

2. 早产　母体具有和正常分娩类似的预兆和过程，排出不足月的活胎儿，称为早产。早产时的产前预兆不像正常分娩预兆那样明显，多在流产发生前的2～3d，出现乳房突然胀大，阴唇轻度肿胀，乳房内可挤出清亮液体等分娩预兆。早产胎儿若有吮吸反射时，进行人工哺养，可以养活。

3. 小产　提前产出死亡未变化的胎儿就是小产，这是最常见的一种流产类型。妊娠前半期的小产，流产前常无预兆或预兆轻微；妊娠后半期的小产，其流产预兆和早产相同。小产时如果胎儿排出顺利，预后良好，一般对母体繁殖性能影响不大。如果子宫颈口开张不好，胎儿不能顺利排出时，应该及时助产，否则可导致胎儿腐败，引起子宫内膜炎或继发败血症而表现全身症状。

4. 延期流产　也称死胎停滞，胎儿死亡后由于卵巢上的黄体功能仍然正常，子宫收缩轻微，子宫颈口不开张，胎儿死亡后长期停留于子宫中，这种流产称为延期流产。延期流产可表现为两种形式，一种是胎儿干尸化，另一种是胎儿浸溶。

胎儿死亡后，胎儿组织中的水分及胎水被母体吸收，胎儿体积变小，变为棕黑色样的干尸，这就是胎儿干尸化，干尸化胎儿可在子宫中停留相当长的时间。母牦牛一般是在妊娠期满后数周，黄体作用消失后，才将胎儿排出。排出的胎儿也可发生于妊娠期满以前，个别干尸化胎儿则长久停留于子宫内而不被排出。

胎儿死亡后胎儿的软组织被分解、液化，形成暗褐色黏稠的液体，骷髅漂浮于其中，这就是胎儿浸溶，胎儿浸溶现象比干尸化要少。

（三）诊断要点

牦牛的流产诊断主要依靠临床症状、直肠检查及产道检查来进行。不到预产日期，怀孕牦牛出现腹痛不安、弓腰、努责，从阴道中排出多量分泌物或血液或污秽恶臭的液体，这是一般性流产的主要临床诊断依据。配种后诊断为妊娠，但过一段时间后却再次发情，这是隐性流产的主要临床诊断依据。对延期流产可借助直肠检查或产道检查的方法进行确诊。

（四）治疗

当牦牛出现流产症状，经检查发现子宫颈口尚未开张，胎儿仍活着时，应该以安胎、保胎为原则进行治疗。肌内注射盐酸氯丙嗪，每千克1～2mg，或肌内注射1%硫酸阿托品1～3mL，或注射黄体酮50～100mg。

当牛只出现流产症状时，子宫颈口已开张，胎囊或胎儿已进入产道，流产已无法避免时，应该以尽快促进胎儿排出为治疗原则。及时进行助产，也可肌内注射催产素以促进胎儿排出，或肌内注射前列腺素类药物以促进子宫颈口进一步开张。

当发生延期流产时，如果仍然未启动分娩机制，则要进行人工引产，肌内注射氯前列烯醇 0.4～0.8mg，也可用地塞米松、三合激素等药物进行单独或配合引产。

（五）预防

科学的饲养管理是预防流产的基本措施，对于群发性流产要及时进行实验室确诊，预防传染性流产是畜牧生产中的一个重要工作。

七、阴道脱

阴道脱是指由于阴道组织松弛，阴道部分或全部突出于阴门外。在奶牛上比较常见，牦牛上比较少。主要发生于妊娠后期，病程较长，一般不会危及生命安全。

（一）病因

阴道壁组织松弛是导致发病的一个重要原因。腹压过大，如胎水过多、怀双胎等也可引起阴道脱。牦牛胎龄过大或机体瘦弱时多发生本病。长期缺乏运动，饲料中矿物质及维生素缺乏的个体易发生本病。上次助产时损伤了产道或由阴道炎症继发。

（二）症状和诊断

阴道脱多发生于妊娠后期，患病牛的阴门外脱出一粉红色球状物，脱出时间较长时脱出物色泽变暗。大小从拳头大到排球大，较轻时多在卧下时脱出，站立时缩回，严重的则站立时也不能缩回。如脱出部分呈现半圆形则为单侧阴道壁脱出，如脱出物为两个半圆形则为双侧阴道壁脱出，如阴道全部脱出时，可看见宫颈外口。脱出时间长时，脱出物表面会粘上污物，继发溃疡及坏死。有些牛会发展成为习惯性阴道脱，每次到妊娠后期时都发生阴道脱出。

（三）治疗

较轻的阴道脱病例要每天注意后躯卫生，用消毒液或温水清洗阴门部或脱出的阴道，或在脱出的阴道上涂抹油剂抗生素，等分娩后即可缩回。严重的病例要进行整复固定治疗。充分保定好患病牛，认真用好消毒液清洗阴门部及脱出物，用 2%～5%的盐酸普鲁卡因 10～20mL 进行后海穴麻醉，将脱出物轻轻送回，对阴门做垂直纽扣缝合，但不要影响患牛排尿。

（四）预防

预防牦牛阴道脱的主要措施有改善饲养管理，注意微量元素和维生素的补给，保持环境卫生、牛体卫生，对阴道炎症及时治疗，助产时不要损伤阴道，腹压过大时让牛多站少卧。

八、子宫复旧不全

子宫复旧不全，也称子宫弛缓，指母体分娩后因子宫弛缓，子宫不能在正常时间内恢复到未孕时的状态。子宫正常恢复时间一般为40d。本病多发生于体弱、老龄、胎儿过大、难产、胎衣不下及子宫有炎症的牛。

（一）病因

1. 子宫收缩无力　牦牛如果产后奶量过高、肥胖、助产不当、胎衣不下、子宫脱及机体患有其他代谢病时，均可引起子宫收缩无力。

2. 卵巢功能异常　卵巢功能和子宫功能有密切的关系，卵巢功能异常会影响子宫的复旧。

（二）症状

子宫复旧不全的牛常全身无异常表现。产道检查时会发现子宫颈口闭锁不全、松弛，有暗褐色恶露潴留。直肠检查时，子宫肥大，无收缩力，子宫内有液体。本病可继发子宫内膜炎。

（三）治疗

治疗子宫复旧不全的指导原则是，加强子宫收缩，促进恶露排出。对于牦牛的治疗，可以肌内注射催产素100IU，每日两次；或用5%的生理盐水或2%碳酸氢钠温热后冲洗子宫，冲洗完后向子宫灌注一定量的抗生素（金霉素4g)；还可喂益母草膏、当归浸膏，股骨注射维生素A、维生素D。另外，还要注意原发病的治疗，防止酮病、产后瘫痪及胎衣不下等产后疾病发生。

九、子宫脱

母牦牛分娩后3～4h内，子宫角可翻入子宫腔内，这时如果牛强力努责、腹压过高，部分子宫或者全部子宫可翻出于阴门外。脱出的子宫黏膜外现，大量母体胎盘上吻合着胎儿胎盘及胎膜，开始呈粉红色，时间稍长则变为暗紫色，胎盘常因挤压和摩擦而出血。

（一）病因

造成子宫脱的原因主要有四种。一是分娩时间过久，胎儿体型过大，或双胎及畸形胎儿，使子宫过度扩张，导致子宫收缩迟缓，在母牛排出胎衣时将子宫一起排出。二是子宫角部分胎盘由于发炎而与胎衣粘连，不易脱落，脱出的大部分胎衣垂于阴门外牵拉子宫角而导致子宫脱出。三是老龄、高产、体质不良，缺乏运动，缺钙或者钙磷比例不当者也易导致本病发生。四是子宫、宫颈或阴道在分娩或助产时出现损伤或胎水排尽，子宫颈紧紧裹在胎儿身上，此时助产者强力牵引胎儿也可造成子宫脱。

（二）症状

牦牛子宫部分脱出，为子宫角翻至子宫颈或阴道内而发生套叠，仅有不安、努责和类似疝痛症状，通过阴道检查才可发现。子宫全部脱出时，子宫角、子宫体及子宫颈部外翻于阴门外，且可下垂到跗关节。脱出的子宫黏膜上往往附有部分胎衣和子叶。子宫黏膜初为红色，以后变有紫红色，子宫水肿增厚，呈肉冻状，表面发裂，流出渗出液。

（三）预防

在分娩后至胎衣排出这一段时间内要有专人看护，胎衣排出后仍然努责强烈要及时检查处理。子宫脱要加强护理，防止脱出部位继续扩大及受损，如将其尾固定，以防摩擦脱出部位，减少感染机会；多放牧，舍饲时要给予易消化饲料等。

（四）治疗

保持患病母牦牛安静，防止脱出的子宫损伤，在子宫脱的治疗护理上有着重要意义。治疗子宫脱的方法如下：首先，将母牦牛后躯、尾根、阴门、肛门部及脱出的子宫用消毒液认真清洗、消毒、处理。其次，将脱出部分用消毒纱布（或塑料布）一边一人兜起，母牦牛取前低后高站势，若卧地可以将后躯垫高或抬起。为了抑制强烈努责，便于整复操作，须在荐尾间隙做硬膜外腔麻醉（一般注射2%普鲁卡因10～20mL）或肌内注射静松灵4～5mL。第三，先从靠近阴门处开始向阴道内推送子宫，当送入一半以后，术者将手伸入子宫角用力向前下方压送，直至全部送入，送入后术者伸入全臂将宫角全部推展回原位。压送时为防止损伤子宫，手要取斗握拳式，用力要适度，禁止在忙乱中损伤子宫。第四，向子宫中送入抗生素，还可注射缩宫素（50～100IU）。第五，为防止子宫再脱出，可在阴门外做纽扣缝合固定。

十、胎衣不下

胎衣不下是指牦牛分娩后经12h胎衣尚未排出。胎衣不下可分为部分不下和全部不下。

（一）病因

1. 胎盘分离障碍

（1）胎盘未成熟　是发生流产的母牛胎衣不下的重要原因，胎盘平均在妊娠期满前2～5d成熟。成熟后胎盘的结缔组织胶原化，变湿润，易受分娩时的激素影响，母体胎盘和子体胎盘容易分离，未成熟的胎盘则缺乏上述变化。牦牛平均妊娠期长短决定于品种，也受特殊公牛的影响。胎衣不下的发生率取决于排出胎儿时妊娠时间长短。流产或早产时，内分泌激素对分娩的控制失调，影响了胎盘成熟及产后子宫的正常收缩活动，致使胎衣不下，这就是为什么早产牛胎衣不下发病率高的原因。

（2）绒毛水肿　胎儿胎盘经常出现严重的非感染性水肿，这常见于刚产后不久的胎盘上，特别是剖腹产的牦牛或长时间子宫捻转的牦牛更为多见。有时胎衣不下牦牛表现出强烈的子宫收缩，特别是强直性收缩，可使子宫阜在较长时间内处于严重充血状态，这一方面使腺窝绒毛发生水肿，另一方面也不利于排出绒毛中的血液。水肿可延伸到绒毛末端，结果腺窝内压力不能下降，母体胎盘和胎儿胎盘之间连接紧密，不易分离。

（3）胎盘组织坏死　有时胎衣不下的牦牛绒毛和腺窝壁之间有小面积的坏死，坏死可发生于产前。这些坏死也会导致胎盘分离障碍。

（4）胎盘老化　过期妊娠常伴有胎盘老化及功能不全，胎盘老化这是导致胎衣不下的又一个原因。有人对胎盘老化做了进一步研究，发现胎盘老化的胎盘，其母体胎盘发生了结缔组织增生，胎盘重量增加，增生的结果是母体胎盘钳在胎儿胎盘中不易脱出。另外，胎盘老化还会使内分泌功能减弱，雌三醇和催产素水平下降。因此，使胎盘分离变得困难。

（5）胎盘炎　胎盘受到来自机体局部病灶的细菌（如布鲁氏菌）和来自乳腺炎、蹄叶炎、腹膜炎、胃肠道炎等微生物的感染，可引发胎盘炎。患胎盘炎症时，由于结缔组织增生，使胎儿胎盘和母体胎盘发生粘连，导致胎衣不下。

2. 子宫收缩无力　子宫的阵缩是引起母体胎盘和胎儿胎盘分离的一个重要因素，如果子宫收缩无力，将影响母体和子体胎盘的相互分离，而引起胎衣不下。另外，还有一种情况是母体胎盘和胎儿胎盘已经分离，因子宫收缩无力，不能将胎衣排出。这种情况引起的胎衣不下只占总发病率的1%～2%，或更少。对此情况，用手轻拉脱出的胎膜可使胎儿胎盘和母体完全分开，使胎衣排出，也不会引起母体损伤。

3. 胎衣排出障碍　胎衣排出障碍引起的胎衣不下很少发生，只占总发病率的0.5%。全部或部分脱落的胎衣受到部分闭合的子宫角或套叠的子宫角钳闭而不能排出，特别是较大的胎儿子叶易受到钳闭或阻拦。偶尔也发生胎膜某部分裹住某个母体子叶，或由于剖腹产时误将胎膜缝在子宫壁上所引起的胎衣不下。

牛胎衣不下的原因十分复杂，上述病因形成还和许多致病因素密切相关。一种致病因素的或几种致病因素的联合作用均能导致胎盘不分离或子宫弛缓，最终引起胎衣不下。这不仅说明胎衣不下病因的多样性，还说明了防治本病的复杂性。

（二）症状

牦牛产后未在规定的时间内排出整个胎衣，恶露排出时间延长，内含腐败的胎衣碎片，弓背，频频努责。腐败产物被吸收后可出现全身中毒现象，体温升高，食欲不振，胃肠机能减退，反刍减少。还能继发子宫内膜炎。

（三）预防措施

一是加强饲养管理，供给优质全价日粮，尤其要注意产前矿物质及维生素的补充。二是加强对传染病的防疫和检疫工作。一些传染性疾病引起的牛胎衣不下，往往会造成更加严重的后果和不良的影响。因此，养牛场应高度重视对布病、化脓杆菌性乳腺炎等疾病的防制工作，减少因疾病而造成的经济损失。三是舍饲牦牛要适当增加运动。尽量为舍饲牛提供舒适的环境，减少不必要的应激，保证充足的运动。分娩后立即注射葡萄糖酸钙溶液或喂益母草膏及当归煎剂（或水浸液）有防止胎衣不下的效果。分娩注射 50IU 的催产素可降低牦牛胎衣不下的发病率。

（四）治疗

1. 药物治疗

（1）促进子宫收缩　肌内或皮下注射催产素 50～100IU，2h 后重复注射 1 次。也可注射麦角素 1～2mg，还可灌服羊水。

（2）促进母体胎盘和胎儿胎盘分离　向子宫内注入 5%～10%的生理盐水 2～3L，可促进母体胎盘和胎儿胎盘的分离，高渗盐水还有促进子宫收缩的作用。取碘 5g、碘化钾 10g，用 1 000mL 蒸馏水混合溶解后，灌入子宫中也可起到相同的作用，一般用药后 25h 排出胎衣。

（3）预防胎衣腐败及子宫感染　可内投土霉素、四环素、氯霉素、痢特灵等抗生素粉剂 1～4g，也可用生理盐水 500mL 稀释成混悬液灌注，隔日 1 次。还可宫内灌注“宫康Ⅱ号”。

（4）中药治疗　治疗胎衣不下还可用补气温中、活血祛瘀的方剂进行治疗。如催衣散、龟参汤等。

2. 手术剥离　对容易剥离的胎衣坚持剥离，不易剥离的不可强行剥离，以免损伤子宫、引起感染。剥离胎衣应该尽量剥离干净。体温升高时说明子宫已有炎症，不可进行剥离，以防炎症扩散，而加重子宫感染。

首先，术前将牛尾系到颈部，清洗后躯、外阴部及外露的胎膜，术者的手臂也要清洗消毒，然后向子宫内灌入 1 000～1 500mL 的 5%～10%生理盐水，以便剥离及防止感染。然后，一手牵拉胎衣，一手进行剥离，由近及远螺旋式剥离，剥离完后要检查剥出的胎衣是否完全。最后注入金霉素粉 1～2g、土霉素粉 2～3g 和水 500mL 的混悬液，以后隔 1～2d 送药 1 次，直到流出的液体基本清亮为止。

手术剥离后的数天内，要注意观察牦牛有无子宫炎及全身情况。一旦发现变化，要及时全身应用抗生素进行治疗。

十一、乳房浮肿

乳房浮肿，也称乳房水肿，属于乳房的一种浆液性水肿，其特征是乳腺间质中出现过量的液体蓄积。本病多发生于奶牛，牦牛较少，可影响产奶量，重者将永久性损伤乳房悬韧带，导致乳房下垂。本病的临床特征是乳房肿大、无痛、无热，按压有凹陷。

（一）病因

目前，乳房浮肿的确切原因尚不十分清楚。乳静脉血压显著升高是引起乳房浮肿的一个病理原因。遗传学研究表明，本病与产奶量呈显著正相关；另外，血浆中雌激素及孕酮水平与本病的发生也有关系。干奶期饲养不当是导致本病的一个主要临床原因，如精料饲喂过多、优质干草不足，日粮中食盐用量过大等。产前母牦牛运动不足，运动场狭小等也是引发本病的一个原因。

（二）症状

乳房浮肿一般表现为整个乳房肿胀，严重者可波及胸下、腹下、会阴等部位。乳房肿大，皮肤发红而光亮、无热、无痛、指压留痕。乳量减少，乳汁无肉眼可见变化。精神、食欲正常，全身反应极轻。

（三）防治

大部分乳房浮肿病例产后可逐渐消肿。每天坚持按摩乳房 3 次，减少精料，适量限制饮水，加强运动，可促进乳房消肿。使用药物可治疗乳房浮肿，每日肌内注射速尿（呋喃苯胺酸）500mg 或静脉注射 250mg，连续 3d。口服氢氯噻嗪，每日 2 次，每次 2.5g，1～2d。每日口服氯地孕酮 1g 或肌内注射 40～300mg，连续用 3d。

十二、妊娠浮肿

妊娠浮肿是妊娠末期孕畜腹下及后肢等处发生的非炎性水肿。轻度的妊娠浮肿属于一种正常生理现象，浮肿面积大，症状严重时才属于病理变化。本病一般开始于分娩前 1 个月左右，产前 10d 最为明显，分娩后 2 周左右自行消退。

（一）病因

妊娠末期牦牛腹内压增高，乳房肿大，运动量减少，从而导致腹下、乳房及后肢静脉回流缓慢，静脉压增高，静脉管壁通透性增大，使血液中的水分渗入组织间隙而引起浮肿。妊娠牦牛新陈代谢旺盛、蛋白质需求增加，妊娠阶段如果饲料中蛋白质不足，可导致牦牛血浆蛋白下降，血浆胶体渗透压降低，这样就阻止了组织中水分进入血液，而引起组织间隙水分滞留。妊娠期牦牛内分泌功能发生变化，抗利尿素、雌激素、醛固酮等分泌增加，影响了肾小管对水钠的调节作用，也是引起妊娠浮肿的一个重要原因。

（二）症状与诊断

浮肿一般从腹下及乳房开始，严重者可向前后延伸至前胸、后肢（甚至到跗关节或球节）及阴门。浮肿一般呈扁平状，左右对称。指压留痕，触压无痛，皮温稍低，皮肤紧张而光亮。通常全身症状不明显，但泌乳性能会明显下降。

（三）治疗

治疗妊娠浮肿的基本原则是加强血液循环，提高血浆胶体渗透压，促进组织水分排出。药物治疗的方法如下，10%葡萄糖酸钙 300mL、25%葡萄糖 1 500mL、10%安钠咖注射液 10mL，一次静脉注射。每日 1 次，连续 3～5d；也可配合肌内注射速尿（每千克体重 0.5mg）进行治疗，每日 1 次，连用 2～4d，治疗时可增加运动，适当限制饮水。

（四）预防

保证妊娠牦牛有足够的活动空间，增加运动，坚持刷拭。饲喂体积小，蛋白质、矿物质丰富的饲料，限喂多汁饲料，适度限制饮水。

十三、胎水过多

胎水过多，也称胎盘水肿、胎膜囊积水、胎儿积水，是指妊娠牦牛的胎水远远超过了正常的生理范围。胎水过多主要由尿水过多引起，也可以是羊水或羊水和尿水同时积聚过多。胎水过多常发生于妊娠 5 个月以后的牦牛。牦牛的胎水多少因个体不同而有所差异。一般情况下，羊水为 1.1～5.0L，尿水平均为 9.5L。发生胎水过多时，胎水总量会远远超过这一数值，达到 100～200L。

（一）病因

牦牛发生胎水过多的原因至今还不清楚，但临床观察发现胎水过多常发生于如下几种情况，一是怀双胎的牦牛多发本病；二是患有子宫疾病的牦牛多发此病；三是妊娠牛患有心、肾疾病及贫血时多发此病。

（二）症状和诊断

其症状随病理过程的不同而有所差异。患病牦牛腹部异常增大，而且变化迅速，腹壁紧张，背凹陷。推动腹壁可清楚地感觉到腹内有大量的液体。病牛运动困难，站立时四肢外展，因卧下时呼吸困难，所以不愿卧下。病情进一步恶化，胎水进一步增多，则起卧困难，发生瘫痪。有时可引起腹肌破裂。牦牛体温一般正常、呼吸浅快、心跳增速、瘤胃蠕动减弱。进一步恶化则可见患病牛精神沉郁，食欲废绝，显著消瘦。直肠检查时腹压升高，子宫内有大量液体，不易摸到子宫和胎儿。

（三）预后

病情较轻又距预产期较近时，妊娠可继续下去，但胎儿发育不良，甚至胎儿体重达不到正常的一半，多在分娩过程中或分娩后不久死亡。病情较重又距预产期较远时，或病牛体弱，这样的病牛多预后不良。因胎水过多而发生流产时，如子宫弛缓、子宫颈开张不全，常常会发生难产，胎儿排出后常发生胎衣不下。个别病例会引起子宫破裂或腹肌破裂。

（四）治疗

对于病情较轻，距预产期近者，喂给营养丰富、体积小、易消化的饲料；限制饮水，增加运动，还可注射安钠咖或利尿药或服用人工盐等缓泻药，如能维持到分娩即可康复。对于严重病例（距预产期较远、患病牛已卧地不起、子宫颈口又不开张），可进行人工引产，肌内注射氯前列烯醇 4～8mL 进行引产。

十四、异性孪生母犊不育症

异性孪生母犊不育症是指母牦牛在异性同胎妊娠的情况下，母犊缺乏繁殖能力的现象。它是一种明显的两性畸形，这种不孕症在家畜中以牛表现最为严重，占到孪生母犊的 91%～94%。其母犊生殖器官发育异常，具有雌、雄两性的内生殖器官；母犊具有不同程度向雄性转化的卵巢；外生殖器官表现为雌性。

（一）原因

目前对此病发病机理的解释主要有两种说法。

1. 激素作用机理　绝大多数怀双胎或三胎的牛，其胚胎发育时，临近绒毛囊发生了整合，尿膜腔在大多数情况下合二为一，从而使个体的尿膜血管支发生了吻合，这就使异性胎犊的血液循环成为一体。公犊体内的雄激素作用于母犊体内，影响了母犊生殖器官的正常发育。从而导致孪生母犊不育。牛双胎时，90%到 95%的胎儿发生了血管吻合。另外，牛胎膜的融合发生时间较早，在妊娠期的第 18～20 天，而性别分化开始于 30～40d，这时胎儿的生殖器官还没形成，这是牛异性孪生母犊不育极高的一个重要原因。

2. 细胞学说　异性孪生胎儿在胚胎发育期，生殖细胞和成血细胞相互发生了信息交换，从而使雌性胎儿的性染色体变成了（XX/XY）雌雄嵌合体而引起不育，影响了雌性胎儿雌性生殖器官的正常发育。卵巢兼有类似于睾丸的结构和功能。另外，造血细胞中也发现有 XX/XY 血细胞嵌合体。

(二) 诊断要点

牦牛常表现为阴门狭小，位置较低，阴蒂增大，阴门下方有一簇突出的长毛；乳头发育极差；阴道短小，小至手指无法插入；青年牛或成年牛阴道检查时开膣器不易插入，只能用羊的开膣器，看不见子宫颈部；直肠检查时，摸不到子宫颈，子宫角细小，卵巢小如西瓜籽；不发情，不能生育。公犊早期死亡的单产母犊也可能是不育的。异性孪生公犊的生育力一般不受影响，但精液品质不及正常公牦牛。

十五、布鲁氏菌病

布鲁氏菌病（简称布病）是由布鲁氏菌引起的人畜共患病。

(一) 病原

布鲁氏菌病属人畜共患病，在家畜中以牛、羊、猪最为常发，而且能传染给人。布鲁氏菌分牛型、羊型和猪型，各种布鲁氏菌对家畜及人都有致病性，其中以羊型布鲁氏菌对人的致病性最强，危害性最大。布鲁氏菌是一组小的、不运动、不形成芽孢的革兰氏阴性、球形、球杆形或短杆状的细菌。布鲁氏菌对热、各种常用消毒剂、紫外线和各种射线都很敏感，对各种抗生素和化学药物有不同程度的敏感性，但对低温和干燥有很强的抵抗力。阳光直射数分钟，最长 4h 即可杀死该菌；对热非常敏感，温热 60℃，15～30min 即可杀死该菌；在 0.1%新洁尔灭、2%来苏儿中可存活时间为 30s 和 1～3min。布鲁氏菌对四环素最敏感，其次是链霉素和土霉素。消化道是布病感染最常见的途径，也可通过生殖道、呼吸道、皮肤和眼结膜感染，公畜还可通过精液感染其他家畜。

(二) 症状

牦牛患布病的潜伏期长短不一，从接触病原菌到发生流产一般 1.5～8.0 个月不等。牦牛感染布病的临床表现不很明显，缺乏全身特异症状，通常呈阴性经过。怀孕牦牛感染本病的明显症状是流产，流产前阴道黏膜潮红，并有粟粒状红色结节，从阴道中流出灰白色、淡褐色、黄红色或黏液脓性分泌物。随后出现分娩预兆，不久即发生流产。流产胎儿多为死胎，有时也产下弱犊，但往往存活不久。胎衣可以正常排出，但大多数胎衣滞留。如胎衣未及时排出，则可能发生慢性子宫内膜炎，流出恶露，有些病例分泌物外流 1～2 周后消失，有的病例因子宫积脓长期不愈而导致不孕。有时有轻微的乳腺炎发生。个别病例会出现关节炎、滑液囊炎。

非孕母牦牛的子宫在剖检上很少见到明显变化。而妊娠母牦牛的子宫和胎膜具有病理变化。在子宫绒毛膜的间隙中，有污灰色或黄色异味的胶状浸出物。绒毛可见化脓性、坏死性炎，因肿胀充血而呈污红色或紫红色。胎膜增厚，有胶样浸润，胎儿胎盘和母体胎盘粘连。因感染而死亡的胎儿呈败血性变化，浆膜有出血斑，皮下发生浆液性炎症，脾脏和淋巴结肿大，肝脏有坏死灶，脐带可见炎性水肿。

（三）诊断及治疗

牦牛布病的诊断方法主要有临床诊断、细菌学诊断、血清学诊断及综合诊断法。目前最常用的诊断方法为牛布病血清学诊断法。试管凝集试验的具体规定标准如下：牛血清1∶100稀释度（含1 000IU/mL）出现50%（++）凝集现象时，判定为阳性反应；1∶50稀释度（含50IU/mL）出现50%（++）凝集时，判定为可疑反应。可疑反应的牦牛，经3～4周后重新采血检验，如仍为可疑反应，则判定为阳性。牦牛布病目前还没有十分有效的药物，药物治疗仅能改变症状，或仅对一部分病例有效。

（四）预防措施

牦牛布病预防净化工作的重要意义已远远超过了治疗，在布病地区可进行预防注射。猪二号菌苗可预防山羊、绵羊、猪和牛的布鲁氏菌，用法为饮服、喂服和注射，对牛的免疫期为1年。羊型五号病菌苗也可预防牛布病，用法为注射和气雾，免疫期也为1年。牛场每年应检疫2次，一般在春秋进行。对检出的阳性牛应迅速隔离淘汰，应以净化消灭为目标。还应做好一般的卫生保健工作。为防止牛布病传染给人，必须做好工作人员的自我防护，手有外伤时不能进行助产及进行有关治疗工作。

十六、屡配不孕

屡配不孕是指母牦牛发情周期及发情表现正常，临床检查生殖道无明显可见异常，但输精3次以上不能受孕的繁殖适龄母牦牛。屡配不孕并不是一种独立的疾病，而是许多不同原因引起繁殖机能障碍的一种结果。屡配不孕长期以来一直是阻碍牦牛业高效发展的重大问题之一，其发生率高达10%～25%。引起屡配不孕的原因多而复杂，归纳起来可概括为两大类，即受精失败和早期胚胎死亡。

（一）受精失败

受精是母牦牛受孕的一个重要环节，受精成功与否受许多因素的制约，其中任何一个因素失调都能导致受精失败。

1. 卵子发育不全　卵子发育有缺陷是引起受精失败的一个较直观原因，但这种疾患目前在兽医临床上既无法诊断，也无治疗方法。

2. 卵子退化　排卵延迟或推迟配种可使卵子发生老化。卵子老化不严重时，虽仍可受精，但受精卵难以存活。

3. 排卵障碍 包括卵泡成熟后不排卵和排卵延迟，二者均能引起受精失败。排卵障碍可能与品种有关，也可能还与环境因素有关，排卵延迟一般认为与促黄体素的分泌不足有关。诊断排卵障碍可以在发情旺盛时及其后的24～36h连续进行两次直肠检查，如果两次检查在同一卵巢上查出相同的卵泡即可做出诊断（如果已排卵，则卵巢上卵泡消失或出现一火山口样的凹陷）。对排卵障碍，可用促黄体素进行治疗（也可用绒毛膜促性腺激素1 000～2 500IU进行治疗），但是等到确诊以后开始治疗，卵子即使不死亡也会老化，因此必须在下次发情开始时进行预防性治疗。

4. 卵巢炎症 卵巢炎症可导致卵子的生成和排卵障碍，还可引起卵巢粘连，而导致屡配不孕，卵巢炎症通常在临床上难以查出，对卵巢炎症目前也缺乏有效的治疗方法。

5. 输卵管疾病 输卵管是卵子受精和运输的场所，还对精子获能有密切的关系，输卵管发生炎症、输卵管积液等也是导致不能受精的一个重要原因。输卵管疾病目前在诊断和治疗上也无良方特法。

6. 子宫疾病 子宫内膜炎是最常见的子宫疾病。

7. 环境因素 圈舍环境、季节等对屡配不孕的发生也有一定作用。

8. 技术和管理水平 技术和管理水平低下的牛场屡配不孕，发病率高。

9. 公牦牛精液 公牦牛精液品质不良，精子活力不强，或精子数量过少，均可引起牦牛屡配不孕。

（二）早期胚胎死亡

早期胚胎死亡主要是指胚胎在附植前后发生的灭亡，是屡配不孕的主要原因之一。牛早期胚胎死亡的发病率高达38%，占繁殖失败的5%～10%，大多数是在配种后8～19d死亡。母牦牛在妊娠识别时间之前发生的胚胎死亡，大多数会在配种后8～28d返情。

十七、不孕症

牦牛达到配种年龄后或产后6个月不能配种受胎均属于不孕症。不孕症是多种因素作用于机体而引起的一种综合表现，所涉及的致病因素比较复杂，目前还没有特异的治疗方法和特效药。对于该病不仅要做好针对性的治疗，更要进行综合防制。

（一）防制措施

1. 准确的发情鉴定 准确掌握发情关，正确判定母牦牛发情，不漏掉发情牛，不错过发情期，是防止牦牛不孕症的先决条件。母牦牛正常发情征状主要表现为母牦牛兴奋不安，食欲减少，哞叫，运动性加强，追爬其他母牛或接受其他牛的爬跨，两后肢撑开，弓腰，尿频量少，尾根抬起或摇晃，外阴部松弛、肿胀、黏膜充血潮红，子宫颈口开张，常从阴门中流出透明线状黏液。

对牦牛应在每日的早、晚做好仔细的发情观察，对不发情或隐性发情的牛，应采取如下检查。一是进行阴道检查，观察阴道黏膜、黏液状态及子宫颈口张开的情况；二是直肠检查，触摸子宫、卵巢及卵泡的状况；三是可用适量的催情药进行催情，如肌内注射氯前列烯醇注射液 4mL 或肌内注射孕马血清进行催情促排。

2. 适时配种　在正确发情鉴定的前提下，掌握正确的配种时间是提高牦牛受胎率的关键一环。掌握母牦牛的发情配种情况，要建立详细的配种记录。严格遵守人工授精的操作规则，严格进行精液品质的检查，做好冻精解冻，正确掌握授精时间，消毒要严格，输精部位要准确。对配种 2～3 次尚未受孕的母牦牛，可采取在临输精前向子宫中送入青霉素 40 万～60 万 IU。

3. 做好助产护理工作　临产母牦牛应该尽量做到自然分娩，避免过早地人工助产。必须助产时，要让兽医进行助产。助产要做好卫生消毒工作，防止产道损伤，减少产道感染。分娩时搞好产房的护理是确保下胎母牛发情配种的重要措施。因为母牦牛在产房期间的护理会直接影响到泌乳、子宫恢复和下一次配种。对胎衣不下的牦牛应及时进行治疗。凡胎衣不下的牦牛可剥离后用抗生素进行子宫灌注。如胎衣粘连过紧，不易剥离者，向其子宫中及时灌注抗生素或子宫净化专用药（金霉素 2g、土霉素 4g 或宫康注射液）隔日或每日一次，直到阴道流出的分泌物清亮为止。要做好母牦牛出产房的健康检查。产后第 7 天、第 15 天各进行产道检查一次，正常者可出产房；凡子宫内膜炎或胎衣不下者，一律在产房内治愈后才能出产房。出产房的母牦牛必须坚持 3 个标准：食欲、泌乳正常，全身健康无病；子宫恢复正常；阴道分泌物清亮或呈淡红色，无臭味。

4. 加强饲养管理　搞好饲养管理是增强牦牛健康，减少营养性不孕症的基本方法。母牦牛若精料饲喂过多，易引起代谢性疾病，而造成不孕。若精料过多又运动不足，容易导致过肥，造成发情异常，妨碍受孕。犊牛生长期营养不良，发育受阻，会影响生殖器官的发育，易造成初情期推迟，初产时出现难产或死胎，既影响繁殖性能，也影响生产性能。运动与阳光浴对防止牦牛不孕也有重要作用，牛舍通风换气不好，空气污浊，过度潮湿，夏季闷热等恶劣环境，不仅危害牦牛的健康，还会造成母牦牛发情停止。因此，在饲养管理上要保证优质全价，保证充足的维生素、矿物质，饲料要多样化。

（二）牦牛产后的繁殖健康检查

对产后牦牛的繁殖性能进行检查，是防治牦牛不孕的一个重要措施。有条件者应该对牦牛定期进行繁殖性能检查。

1. 产后7～14d 经产母牦牛的全部生殖器官，可能仍在腹腔内妊娠时原有的位置。产后14d，大多数经产牦牛的两个子宫角已明显缩小，初产牦牛的子宫角已退回骨盆腔内，复旧正常的子宫质地较硬，可以摸到角间沟。触诊子宫可引起收缩反应，从子宫中排出的液体颜色及数量已接近正常。如果子宫壁厚，子宫腔内积有大量的液体或排出的恶露颜色及性状异常，特别是带有臭味者，则是子宫感染的表现，要及时进行治疗。对发生过难产、胎衣不下及患过产后疾病的牦牛更要详细检查。

产后14d以前检查时，往往可以发现退化的妊娠黄体，这种黄体小而坚实，且略突出于卵巢表面。在正常分娩的牛卵巢上常可发现有1～3个直径为1.0～2.5cm的卵泡，因为正常母牦牛到产后15d时虽然大多数不表现发情症状，但已发生产后第一次排卵。如果这时发现卵巢体积较小，卵巢上无卵泡生长，则表明卵巢静止，这种现象不是由疾病引起的就是由营养不良引起的。

2. 产后20～40d 在此期间应进行配种前的检查，确定生殖器官有无感染及卵巢、黄体的发育情况。产后30d，大多数经产母牦牛的生殖器官已全部回到骨盆腔内。在正常情况下，子宫颈已变坚实，粗细均匀，直径3.5～4.0cm。如子宫颈外口开张，从中排出异常分泌物则为炎症的表现，要进行进一步确诊治疗。

产后30d，母牦牛子宫角的直径在各个体间均有很大的差别，但各种年龄、个体的母牦牛在直检时，在正常情况下都感觉不出子宫角腔体，如摸到子宫角腔体是子宫复旧不全的表现，还可能存在有子宫内膜炎，触诊按摩子宫后还可做阴道检查。

产后40d，许多母牦牛的卵巢上都有数目不等正在发育的卵泡和退化黄体，这些黄体是产后发情排卵形成的，在产后的早期，母牦牛安静发情是极为常见的。因此，在产后这一时间内未见到发情，只要卵巢上有卵泡和黄体，就证明卵巢的机能活动正常。

3. 产后45～60d 对产后未见到发情或发情周期不规律者，应当再次进行检查。牦牛卵巢体积缩小，其上无卵泡也无黄体，这种情况多由全身虚弱、营养不良、产奶过多所致。这样的母牦牛消除病因，调养几周后可出现发情，不需要特殊治疗。卵巢质地、大小正常、其上存在有功能性黄体，而且子宫无任何异常，表明卵巢活动机能正常，很可能为安静发情或发情正常而被遗漏。对这种母牦牛要根据卵巢上黄体的发育程度估计当时所处的发情周期，预计下次发情可能出现的时间，并做好下一情期的观察。还可在发情周期的6～16d时，注射氯前烯醇，并在随后发情时进行配种。对产后60d以后出现的卵巢囊肿要进行及时治疗。对子宫积脓引起的黄体滞留，可用先注射氯前列烯醇，等发情及排出积液后再用抗生素进行治疗。

4. 分娩60d以后　对配种3次以上仍不受孕、发情周期和生殖器官又无异常的母牦牛，要在输精或发情的第2天进行认真细致的检查。注意区别是不能受精，还是受精后发生了早期胚胎死亡，力求能够针对不同情况进行相应处理。对大批的屡配不孕，不可忽视精液的质量检查及对配种技术的检查。

5. 输精后30～45d　在这一阶段，要做例行的妊娠检查，以便查出未孕母牦牛，减少空怀损失。对有流产史的母牦牛应多检查几次。在妊娠的中、后期也要注意观察或检查。

第七章
牦牛繁殖管理技术

第一节　牦牛的繁殖力

一、繁殖力及其影响因素

（一）繁殖力

繁殖力（Fertility）是指牦牛在正常生殖机能条件下，生育繁衍后代的能力。对种牛来说，繁殖力就是生产力，它直接影响着生产水平的高低和发展。种用公牦牛的繁殖力主要表现在精液的数量、质量、性欲，与母牦牛的交配能力及受胎能力。母牦牛的繁殖力主要是指性成熟的迟早、发情周期正常与否、发情表现、排卵多少、卵子的受精能力、妊娠能力及哺育牦牛犊的能力等。因而繁殖力对母牦牛而言，集中表现在一生、一年或一个繁殖季节中繁殖后代数量多少的能力。

（二）影响繁殖力的因素

1. 遗传因素　遗传因素对繁殖力的影响，因不同品种及个体之间的差异十分明显。母牦牛排卵数的多少，首先决定于其遗传因素。公牦牛精液的质量和受精能力与其遗传因素也有着密切关系，而精液的品质和受精能力是影响受精卵数目的决定因素。因此，必须重视种用公母牦牛的数量、质量和繁殖能力，否则也会使牦牛的繁殖受到影响。在正常繁殖周期中，母牦牛一个发情周期中一般只有一个优势卵泡发育并排出一个卵子。

2. 环境因素　环境条件可以改变牦牛的繁殖过程，影响其繁殖力。牦牛是青藏高原及毗邻地区特有的遗传资源，其生活地区具有海拔高、气温低、昼夜温差大、牧草生长期较短、氧分压低等特点，草场以高山及亚高山草场为主体。在严酷生态环境条件下生存的牦牛，具有极强的生活能力，耐粗饲耐严寒，经过长期的强烈的自然选择和轻度的人工选育形成有别于其他牛种的体型结构、外形特征、生理机能和生产性能，可在极其粗放的饲养条件下生存并繁衍后代。

3. 营养因素 营养条件是牦牛繁殖力的物质基础，是影响牦牛繁殖力的主要因素。营养不足会延迟青年母牦牛初情期的到来，对于成年母牦牛会造成发情抑制、发情不规律、排卵率降低、乳腺发育迟缓，甚至会增加早期胚胎死亡、死胎和初生牛犊的死亡等。营养过剩时，则有碍于母牦牛排卵和受精及公牛的性欲和交配能力。

4. 泌乳影响 牦牛奶是牧民重要的生活资料，为满足对牛奶的需求，过度挤奶也是影响牦牛繁殖的重要原因。母牦牛产后发情的出现与否和出现的早晚与泌乳期间的卵巢机能、新生牦牛犊的哺乳、挤奶次数及产乳量有直接关系。另外，犊牛的断奶时间和断奶方式、牛群的健康状况对繁殖都有一定的影响。

5. 年龄影响 一般自初配适龄起，随分娩次数或年龄的增加而繁殖力不断提高，以健壮期最高，随后逐渐下降。

6. 配种时间 在牦牛的发情期内，都有一个配种效果最佳阶段，适宜的配种时间对卵子的正常受精极为重要。

7. 饲养管理 牦牛繁殖力受人为因素影响很大。合理的放牧与饲养管理、卫生设施、配种制度、牛群基础设施建设等，均能对牦牛繁殖力产生直接影响。

二、牦牛繁殖力的评定指标

牦牛正常繁殖力主要反映在受配率、受胎率、繁殖成活率三个方面，亦反映在产犊数及繁殖年限上。公牦牛的主要任务是在合理的饲养管理条件下，能充分供给有受精能力的精子，同时要保证旺盛的性机能和较高的交配能力。具有较高繁殖力公牦牛的主要特征为膘情适中、四肢健壮、性欲旺盛、睾丸大、精液量大、精子成活率高、畸形精子的比例低等。母牦牛的繁殖力以繁殖率表示。母牦牛达到适配年龄一直到丧失繁殖力为适繁母牛或能繁母牛。在一定的时间范围内，如繁殖季节或自然年度内，母牦牛发情、配种、妊娠、分娩，最后经哺育的牛犊断奶至具有独立生活的能力，即完成了母牦牛繁殖的全过程。

（一）评定发情与配种质量的指标

1. 发情率（Estrus rate） 指一定时期发情母牦牛数占可繁母牦牛数的百分比。主要用于评定某种繁殖技术或管理措施对诱导发情的效果以及牛群自然发情的机能。如果牛群乏情率（不发情母牦牛数占可繁母牦牛数之百分比）高，则发情率低。

$$发情率（\%）=\frac{发情母牦牛数（头）}{可繁母牦牛数（头）}\times 100$$

2. 受配率（Mating rate） 指一定时期参与配种的母牦牛数与可繁母牦牛数之百分比，可反映牛群生殖能力和管理水平。如果牛群不孕症（乏情率）患病率高（即发情率低），或发情后未及时配种，则受配率低。

$$受配率（\%）=\frac{参与配种的母牦牛数（头）}{可繁母牦牛数（头）}\times 100$$

3. 受胎率（Conception rate，CR） 即总受胎率，指配种后受胎的母牦牛数与参与配种的母牦牛数之百分比，主要反映配种质量和母牦牛的繁殖机能。

$$受胎率（\%）=\frac{妊娠母牦牛数（头）}{配种母牦牛数（头）}\times 100$$

由于每次配种时总有一些母牦牛不受胎，需要经过2个以上发情周期（即情期）的配种才能受胎，所以受胎率可分为第一情期受胎率、第二情期受胎率、第三情期受胎率和总受胎率。

$$第一情期受胎率（\%）=\frac{第一情期妊娠母牦牛数（头）}{第一情期配种母牦牛数（头）}\times 100$$

$$第二情期受胎率（\%）=\frac{第二情期妊娠母牦牛数（头）}{第二情期配种母牦牛数（头）}\times 100$$

$$第三情期受胎率（\%）=\frac{第三情期妊娠母牦牛数（头）}{第三情期配种母牦牛数（头）}\times 100$$

4. 不返情率（Non - return rate） 即配种后一定时期不再发情的母牦牛数占配种母牦牛数的百分比，该指标反映牛群的受胎情况，与牛群生殖机能和配种水平有关。与受胎率相比，不返情率一般以观察配种母牦牛在配种后一定时期的发情表现作为判断受胎的依据，而受胎率则以直肠检查或分娩和流产作为判断妊娠的依据。

$$不返情率（\%）=\frac{不再发情的母牦牛数（头）}{配种母牦牛数（头）}\times 100$$

5. 配种指数（Conception index） 指母牦牛每次受胎平均所需的配种情期数，或参加配种母牦牛每次妊娠平均天数。可根据受胎率进行换算。若配种次数超过2次，说明配种工作有问题。

$$配种指数=\frac{配种情期数}{妊娠母牦牛头数}$$

（二）评定牛群增殖情况的指标

1. 繁殖率（Reproductive rate） 指一定时期内出生犊牛数占能繁母牦牛数的百分比，主要反映牛群繁殖效率，与发情、配种、受胎、妊娠、分娩等生殖活动的机能以及管理水平有关。

$$繁殖率（\%）=\frac{出生犊牛数（头）}{能繁母牦牛数（头）}\times 100$$

2. 繁殖成活率（Reproductive survival rate）　指一定时期内成活犊牛数占能繁母牦牛数的百分比，是繁殖率与犊牛成活率的积。

$$繁殖成活率（\%）=\frac{成活犊牛数（头）}{能繁母牦牛数（头）}\times 100$$

3. 成活率（Survival rate）　一般指哺乳期的成活率，即断奶时成活犊牛数占出生时活犊牛总数的百分比，主要反映母牦牛的泌乳力和护犊性及饲养管理成绩，也可指一定时期的成活率，如年成活率为当年年末存活犊牛数占该年度内出生犊牛数之百分比。

$$成活率（\%）=\frac{成活犊牛数（头）}{出生犊牛数（头）}\times 100$$

（三）评定牦牛繁殖力的指标

1. 产犊间隔（Calving interval）　又称产犊指数（Calving index），指牛群两次产犊间隔的平均天数。由于妊娠是一定的，因此提高母牦牛产后发情率和配种受胎率，是缩短产犊间隔、提高牛群繁殖力的重要措施。

2. 产犊率（Calving rate）　指所产犊牛数占配种母牦牛数的百分比。与受胎率的主要区别，主要表现在产犊率以出生的犊牛数为计算依据，而受胎率以配种后受胎的母牦牛数为计算依据。如果妊娠期胚胎死亡率为0，则产犊率与受胎率相同。

三、提高牦牛繁殖力的措施

（一）选育中重视牦牛繁殖性能

选种就是选择基因型优秀的个体进行繁殖，以增加后代群体中高产基因的纯合频率。牦牛群体遗传潜力的高低，取决于高产基因型在群体中的比例。繁殖力应作为育种指标。从生物学特性和经济效益考虑，对本品种选育核心群或人工授精用的公牦牛，要严格要求，进行后裔测定或观察其后代表现。对选育核心群的母牦牛，要拟定选育指标，突出重要性状，不断留优去劣，及时淘汰有遗传缺陷的种牛从而使牦牛群体在外貌、生产性能上具有较好的一致性。有计划、有目的、有措施地选择繁殖力高的优良公、母牦牛进行繁殖，既可提高牦牛的繁殖性能，又可通过不断选种累积有利的经济性状和高产基因，不断提高群体生产性能和繁殖性能。

（二）加强牦牛饲养管理

饲养管理水平直接影响牦牛的繁殖效率。在牦牛放牧与日常管理中，确保营养全面，保证牦牛维持生长和繁殖的营养供给。防止饲草料中含有毒有害物质引起中毒，严格避免使用有毒有害饲草料。例如，棉籽饼中含有棉酚和菜籽饼中含有硫代葡萄糖苷毒素，不仅影响公牦牛精液品质，还可影响母牦牛受胎、胚胎发育和胎儿的成活等。豆科牧草和葛科牧草中存在的雌激素，既可影响公牦牛的性欲和精液品质，又可干扰母牦牛的发情周期，甚至引起流产等。同时，加强牦牛饲养环境控制。除棚圈选址和牛舍建筑应充分考虑环境因素外，在冬季更要注意防寒保暖。

（三）提高种用牦牛的配种机能

将公牦牛和母牦牛分群饲养，采用正确的调教方法和手段，增强种公牛的性欲，提高种公牛的交配能力。在生产中对种公牛的选择和饲养，都要制订严格的管理制度，提高精液品质。种用公牦牛的优良精液是保证受精和早期胚胎发育的重要条件，对于精液品质进行检查时，不仅要注意精子的活率、密度，还要做精子形态方面的分析。这种分析既可以发现某些只通过一般的活力检查所不能发现的精子形态缺陷，也可借助精液中精子形态的分析，了解和诊断公牦牛生殖机能方面的障碍。在输精前，都要对精液品质做检查，以保证精液的质量。同时，注重提高母牦牛的受配率。一方面维持母牦牛正常的初情期，另一方面缩短母牦牛产后第一次发情间隔。准确掌握母牦牛发情的客观规律，适时配种，提高情期受胎率，同时降低胚胎死亡率。

（四）控制牦牛繁殖疾病

1. 控制公牦牛繁殖疾病　控制公牦牛繁殖疾病的主要目的，是通过预防和治疗公牦牛繁殖障碍，提高种公牛的交配能力和精液品质，最终提高母牦牛的配种受胎率和繁殖率。

2. 控制母牦牛繁殖疾病　母牦牛繁殖疾病主要有卵巢疾病、生殖道疾病和产科疾病三大类。卵巢疾病主要通过影响发情排卵而影响受配率和配种受胎率，某些疾病也可以引起胚胎死亡或并发产科疾病。生殖道疾病主要影响胚胎的发育与成活，其中一些还可引起卵巢疾病。产科疾病轻则诱发生殖道疾病和卵巢疾病，重则引起母牦牛和犊牛死亡。

（五）繁殖新技术推广应用

随着牦牛产业的不断发展，一直沿用传统的繁殖方法将不能适应时代的要求，因而，必须对家畜的繁殖理论和科学的繁殖方法不断地进行深入探讨与创新，用人工的方法改变或调整其自然方式，达到对整个繁殖过程进行全面有效控制的目的。目前，国内外从母牛的性成熟、发情、配种、妊娠、分娩，直到幼畜的断奶和培育等各个繁殖环节陆续出现了系列的控制技术。如人工授精-配种控制、同期发情-发情控制、胚胎移植-妊娠控制、诱发分娩-分娩控制、精子分离-性别控制，以及精液冷冻-冻精控制，这些技术进一步的研究和应用将大大提高牦牛的繁殖效率。

第二节　牦牛的繁殖管理

一、牦牛的生产水平

牦牛可生产肉、乳、毛、绒、皮，可提供役力和燃料。成年牦牛体重220～350kg，屠宰率48%～50%，在放牧状态下泌乳期150d，总泌乳量平均487kg，平均日泌乳量3.1kg。牦牛生产具有较强的季节性，一般3—6月分娩产犊，7—9月发情配种，10—12月出栏屠宰。牦牛肉、乳、毛绒及其制品极具青藏高原特色，为绿色无公害产品。

（一）牦牛的初配年龄及利用年限

牦牛属于晚熟品种，公牦牛1岁有性反射，平均配种年龄为30～38月龄，利用年限4～5年；母牦牛一般36月龄初配，4～8岁繁殖力强，利用年限4～8年。初产牦牛3岁以上开始产犊，一般在4、5、6岁初产牦牛较多，5岁母牦牛初产率最高，为50.67%，其次是6岁和4岁，分别占初产母牦牛的24%和14.67%。也有少部分在3岁、7岁、8岁初产。4～6岁初产牦牛基本占到初产牦牛的85%以上。四川九龙牦牛2岁配种、3岁产犊者占32.49%，3岁配种、4岁产犊者占59.9%。青海高原型母牦牛初产年龄在3岁以上，4～5岁初产占45.5%，5～6岁初产占25.15%，3～4岁初产占22.75%。环湖牦牛母牛一生最多可产9胎，繁殖性能最稳定的年龄段在5～14岁，年均产犊0.5胎，高于高原型母牦牛（年均0.45胎）。

（二）牦牛的繁殖类型及繁殖率

牦牛的繁殖类型按产犊间隔可分为三类：一年一胎、两年一胎和三年一胎。产犊间隔各地的资料有较大差别，麦洼牦牛一年一胎者占28.84%，两年一胎者占51.34%，三年一胎者占19.82%。甘南牦牛大部分为两年一胎，一年一胎者为17.97%。天峻县牦牛一年一胎者占15.18%，两年一胎者占66.66%，三年一胎者占18.14%。青海高原牦牛一年一胎者占1.65%，两年一胎者占88.84%，三年一胎者占9.51%。青海环湖母牦牛一年一胎者占9.89%，两年一胎者占82.34%，三年一胎者占7.77%。

牦牛为单胎动物，一般情况每胎只生一犊，仅有个别母牛一胎生两犊，双犊率仅为1%左右，两犊以上者极少出现。牦牛的繁殖率受自然条件和饲养管理水平等的影响较大，各地的报道差异也较大。青海环湖牦牛繁殖率在34.28%～67.61%，平均54.30%，繁活率在31.45%～61.95%，平均为43.40%。高原牦牛繁殖率为48.61%（47.19%～51.84%），繁活率平均为32.07%（27.76%～37.87%）。甘南牦牛犊牛成活率平均为91.74%，繁殖成活率为48.59%。金川牦牛繁殖率、犊牛成活率、繁殖成活率分别为81.77%、59.77%、48.39%。

二、牦牛的繁殖管理

提高繁殖率是饲养的关键，牦牛群因延迟配种或不孕时间延迟，既影响畜群的增值与改良，又会造成经济损失。预防和治疗各种原因造成的繁殖障碍，保持母牛群正常繁殖，具有重要意义。繁殖管理通常包括繁殖计划的制订和繁殖记录的管理两个方面。

（一）繁殖计划的制订

1. 制订繁殖计划需要考虑的问题 繁殖计划的制订是一项缜密的工作，在进行繁殖前，需要考虑繁育场的任务、畜舍、相关设备、劳力、气候条件等，依据妊娠期及断奶日龄等因素，确定全场一年或一个生产周期内的配种-妊娠-分娩-哺乳等时间安排、批次数和头数等，根据选种选配计划的要求，逐步落实繁殖母牦牛的配种计划等一系列的问题。

（1）繁殖母牦牛在母牛群中的适宜比例 母牦牛群中配种和产犊母牛头数必须相对稳定。如果当年产犊多而次年产犊量低，则造成各年间生产的不均衡。所以一个繁殖正常的牦牛群，繁殖母牛在群中所占的比例不宜低于85%。

（2）初配及初产年龄 母牦牛群的改良与提高与其选择强度有密切关系。一个高产牦牛群每年更新率应为20%～25%。为此，母牦牛群每年必须有相应数量的初孕母牛转入基础群，投入生产。确定适宜的初配及初产年龄是提高其繁殖率的重要环节，也是保证牛群更新的先决条件。

（3）产后发情及配种时间 由于牦牛繁殖类型的特殊性，要逐渐增加繁殖牛群中一年一胎的繁殖母牛数，减少两年一胎母牛数，淘汰三年一胎母牛。产后配种时间根据母牦牛和犊牛的体况，可适当提前或延迟，但不应过早或过迟，对长期不发情的母牦牛或发情不正常者，应及时检查，并应从营养和管理方面寻找原因，改善饲养管理。

（4）配种次数 配种技术水平主要表现在以下几个方面，即第一次配种即可受孕的母牦牛应占母牛群的62%或以上；受胎配种次数（配次）应在1.65次以下；配种三次或三次以下即怀孕的母牦牛应占牛群总头数的94%。若第一次配种即怀孕的母牛头数下降为50%或更低，受胎配种次数上升到2.0次或以上，配种三次即孕的母牦牛下降到85%或以下，则应分析查找原因，采取综合管理技术措施，加以改进。

（5）产犊间隔 连续两次产犊之间相隔的时间，称为产犊间隔。产犊间隔是衡量母牦牛群繁殖水平的最重要的指标。缩短产犊间隔可加快牛群周转，提高经济效益。

2. 牦牛繁殖计划的内容 包括牦牛交配与分娩计划、畜群周转计划、畜产品生产计划和饲料计划等。

(1) 交配与分娩计划 牦牛群交配与分娩计划是实现畜群再生产的重要措施，又是制订畜群周转计划的重要依据。编制交配计划要根据牦牛的自然再生产规律，并从生产需要出发，考虑分娩时间和各方面条件来确定交配时间和交配头数，为完成生产计划提供保证。

牦牛交配分娩有两种类型，即陆续式的自然交配和季节式的交配。陆续式交配分娩时间较均匀地分布在牦牛繁殖季节的各个时期，所以，它可以充分利用牛舍、设备、劳动力和种公牦牛，均衡地取得畜产品。

季节性交配分娩要求集中，在整个牦牛繁殖季节进行，充分利用天然草场和青饲料，对幼年牦牛发育成长有利，也便于饲养管理。组织交配分娩采用哪种类型为宜，应根据畜牧业的经营方针和生产任务，牦牛的饲养方式（舍饲或放牧)、气候条件、牛舍设备、劳动力情况、种公牦牛数量、主要饲料来源等具体条件来决定。

编制交配计划，主要是确定以下指标：各时期分娩牦牛的头数；各时期交配的牦牛头数；各时期生产的牦牛犊头数。制订计划的方法是：根据牦牛自然再生产周期和生产需要，具体安排和推算每头牦牛的分娩日期和交配日期，将每头牦牛的分娩日期和交配日期汇总，即得出各时期的分娩、交配数和产犊牛头数。缺少历年统计资料时，可以采用简单计算方法，公式如下：

年产犊牛数＝可繁殖母牦牛数×分娩次数×每胎平均产犊数×每胎成活率

编制牦牛交配分娩计划必须掌握下列材料：计划年初的畜群结构；交配分娩的类型和时间；上年已交配母牦牛的头数和交配时间；母牦牛年分娩次数、每胎产犊数和牦牛犊的成活率；计划年内预计淘汰母牦牛的头数和淘汰时间；青年母牦牛的成熟期和适宜开始繁殖的年龄，母牦牛产犊后适宜再交配的时间，空怀母牦牛头数和不孕原因等。

(2) 畜群周转计划 计划期内由于牦牛的出生、成长、出售、购入、淘汰、屠宰等原因，会使牦牛群的结构经常发生变化。根据牦牛群体结构的现状、养殖场的自然经济条件和计划任务，来确定计划期内牦牛群各组牦牛的增减数量以及计划期末的牦牛群结构，就需要制订畜群周转计划。通过畜群周转计划的编制和执行，可以掌握计划期内畜群的变化情况，从而研究制订有效措施，完成生产任务。还可以核算饲料、草料及其他生产资料和劳动力的需要量，也可以研究合理利用牧场内部自然经济条件，进一步扩大牦牛群的再生产，并可以计算出商品畜及畜产品的收入。

畜群周转计划可以按年、按季或按月编制，牦牛繁殖成熟慢，可以按年编制周转计划；编制的周转计划，必须反映牦牛群中各组在计划期的增减时间和头数，计划期初、期末的畜群结构等主要指标，并使各组牦牛计划初期头数加上计划内增加头数，减去减少的头数后，与计划期末头数相一致，以保证畜群周转计划的平衡。

编制畜群周转计划，应有以下材料：开始畜群结构状况；交配分娩计划；淘汰牦牛的种类、头数和时间；计划期的生产任务及计划期内购入牦牛的种类、头数和时间。

根据这些材料编制畜群周转计划，要求既能保证生产任务的完成，又能保证基本群的不断扩大，并使计划期末的畜群结构有利于今后的发展。

（3）畜产品计划　畜产品是指畜牧业生产所提供的肉、奶、蛋、毛、油、皮、骨、角蹄、内脏等产品。牦牛畜产品数量的多少取决于牦牛的头数和每头牦牛的产量。因此编制牦牛产品计划，应根据牦牛的数量、产品率及平均活重来编制。为了增加牦牛的产品产量，必须采取各种有效措施，增加牦牛头数并提高产品率。加强饲养管理，注意预防疫病，及时淘汰繁殖能力低的母牦牛，提高犊牛的成活率等。

（4）饲草料计划　为了有计划地组织饲草料的生产和供应，必须编制饲草料计划。饲草料计划按两个时期编制，从年初至收获期为第一期，从本年收获期至下年收获期为第二期。第一期牦牛消耗饲草料是上年生产的，第二期消耗的饲草料是计划当年生产的。分两期计划需要和供应，是为了保证饲草料的生产量和采购量符合牦牛生产的需要，饲草料计划是按牦牛的平均头数和每天牦牛饲草料消耗定额来编制的，由于全年各个时期牦牛头数经常变动，因此，不能仅以年初或年数为依据计算饲草料的需要量，而应以计划内的平均头数为依据。在计算全年饲草料总需要量时，还应按实际需要量增加一定的百分比（如10%～15%）作为储备，以备意外需要。

（二）繁殖记录管理

完善并准确的记录，对核算牦牛养殖场的盈亏有着直接的影响。没有准确的配种和预产期记录，就不能采取有效的繁殖措施。同样，没有每头母牦牛生产性能记录，就无法进行淘汰处理，遗传选择更无法考虑。记录是决定工作日程以及制订长远计划的依据，也是对管理工作的估价。记录必须及时、准确和完善。要合理地组织记录工作，以便大部分常规工作都能按预定计划进行。

1. 出生记录　牦牛犊一出生就开始记录，终生保存。内容包括编号、性别、出生重、出生日期、父本号、母本号等。在系谱卡上还有明晰的毛色标记图和简单的体尺，如体高、体长、胸围、管围、各月龄体重以及父本的综合评定等级和母本的胎次等信息，在卡片的背后记录产犊和产奶的总结性信息。

2. 生产记录　生产记录要根据不同的生产目的，采用不同的记录。牦牛侧重其胴体重和产肉率。每头牦牛须逐月记录其体重和体尺变化。通过生产记录综合分析，可以计算出每月、每年的总产量、饲料报酬、总盈利等，还可以依此编排出牦牛群体生产水平的分等排列，供选择优秀个体、淘汰劣质个体时参考。

各式生产记录表应根据本场的生产需要，拟定记录项目，编制适用表格。

3. 繁殖记录　记录追踪母牦牛繁殖周期及变化情况，首先应做好母牦牛的编号和登记造册，在此基础上做好配种繁殖的原始记录，定期进行统计整理。

对母牦牛的记录内容包括：产犊日期、预计发情日期、计划配种日期、配种 30d 以上准备检查妊娠的日期、妊娠检查结果等。为了提高繁殖率，记录要逐日进行，保持经常性记录。

繁殖记录的填写要规范、准确，要认真，要坚持。下面以母牦牛为例说明繁殖记录表格的制作和填写母牦牛配种记录，主要涉及母牦牛发情时间、配种时间，与配公牛号以及孕检等情况。其格式可参考表 7-1 和表 7-2。

表 7-1　母牦牛发情状况登记表

序号	母牛耳号	发情日期	发情情况	重复发情日期	间隔时间	重复发情情况
1						
2						
3						
…						

表 7-2　母牦牛配种记录登记表

序号	母牛编号	发情时间	母牛健康状况	配种情况			与配公牛编号	公牛健康状况	孕检情况		配种员签字
				时间（日期）	精子活力	输精量（mL）			时间	结果	
1											
2											
3											
…											

说明：健康状况应注明正常或有某种疾病，孕检时间与结果，“＋”表示怀孕，“－”表示未孕，孕检时间应注明年月日。

第三节 繁殖牦牛的饲养管理

一、繁殖母牦牛的饲养管理

为提高繁殖母牦牛的生产效率，必须实施分段饲养、重点培育的措施，确保母牦牛繁殖性能的发挥。

（一）青年牦牛的饲养管理

青年牛是繁殖牦牛群的基础。一是要做好发情鉴定，牦牛的发情持续时间期1～2d，25%的母牦牛发情征候不超过8h，一般从下午到次日清晨前发情频率高，放牧人员每天至少要在早、中、晚进行3次观察。发情母牦牛神经兴奋，经常哞叫；生殖道黏膜充血潮红，有黏液分泌物排出；愿意接受公牦牛爬跨；卵巢上卵泡发育膨大，表面光滑。二是要做好适时配种，母牦牛发情后要适时配种，一般在发情开始后9～24h配种，过早或过晚都会影响受胎率。在生产中，要准确预测发情开始或发情停止较为困难。但发情高潮比较容易观察到，在发情高潮出现后的6～8h内输精，能获得较高的情期受胎率。上午发情，下午输精一次，第二天上午再输一次；下午发情第二天早晨输精，下午再输一次。输精采用直肠把握子宫颈法，人工授精技术人员要熟练输精操作流程，注意卫生防疫，防止错配、漏配，以及感染生殖道疾病等现象的发生。对发情持续期过长或过短的牦牛，要根据具体情况特殊对待。

（二）妊娠牦牛的饲养管理

1. 妊娠期的管理 妊娠期母牦牛的营养与胎儿生长直接相关。妊娠前6个月胚胎发育缓慢，此时，日粮以粗饲料或放牧为主，适当搭配少量精料，使母牦牛保持中上等膘情即可。妊娠期最后3个月是胎儿增重的主要阶段，此阶段增重占初生重的70%～80%，母牦牛的营养除维持自身需要外还要满足胎儿生长发育的需求。该阶段应以青绿饲料为主，适当搭配精料，重点满足蛋白质、矿物质和维生素的营养需要，确保母体及胎儿的各种营养需要。

2. 围产期的饲养管理 分娩前的饲养管理，母牦牛临产前15d要准备好产房，牛舍要干燥清洁、温暖敞亮、安静，并且要彻底消毒，增铺垫草。饲喂以优质青绿饲料或青干草，补饲少许精料。母牦牛分娩时，要准备好接产器械及消毒用品，一般让母牦牛自然分娩，发生难产时，要及时处理，做好接产和助产工作。

分娩后的饲养管理，牦牛犊产出后，分娩母牦牛体内水分、盐分、糖分大量消耗，要立即饲喂温热的麦麸钙盐益母汤（麸皮1 000g、红糖500g、食盐50g、益母草粉300g），以利于母牦牛恢复体力和胎衣排出。胎衣不下的母牦牛需要经常隔离观察，一般产后2～8h可脱落，最多12h，超过12h，需要进行人工剥离。胎衣掉落后先检查是否完整，如完整则立即清除，防止母牦牛自食引起胃肠疾病和形成恶癖，如不完整再进行剥离或药物治疗。产后7～10d，母牦牛尚处于身体恢复阶段，身体虚弱，自身消化机能差。在此期间，应让其采食优质的青绿饲料或青干草，限制精饲料喂量，以免引起母牛食欲下降，产后瘫痪，加重乳腺炎和产乳热等疾病的发生。10d以后检查乳房正常并无其他产科疾病后，即可出产房转入原牛群进行饲养。

3. 产犊间隔期的管理　理想的产犊间隔控制在365d以内，这一阶段是母牦牛产后自身体况及生殖器官恢复的一个过程，一要做好产后监护工作，防止母牦牛生殖、泌乳系统发生感染；二要做好发情鉴定和妊娠检查，及时发现空怀母牦牛；三要合理搭配饲草料营养水平，哺乳期要提高营养水平，适当补饲精料，提高饲草料中蛋白能量饲料的含量，同时注意矿物质和维生素的补给，并给予充足饮水。干奶期饲草料供给以粗饲料为主，适当搭配精料，干奶后期，注意维生素E和微量元素硒的补充。

二、种公牦牛的饲养管理

种公牦牛饲养管理的好坏，不仅直接影响当年配种和来年任务，也影响后代的质量，种用公牦牛的选择对整个牦牛群的改良利用方面有着重要作用。种公牦牛优异性状的遗传和有效利用，只有其营养需要得到满足后才能充分显现出来。

1. 配种季节的放牧管理　牦牛配种季节一般在7—9月，在配种季节，自然放牧牛群中的公牦牛容易乱跑，整日寻找和跟随发情母牦牛，体力消耗较大，采食时间减少，因而无法获取足够的营养物质来补充消耗的能量。因此，在配种季节应执行一日一次或几日一次补饲精饲料，豆科饲草料加曲拉（干酪）、食盐、骨粉、尿素、脱脂乳等蛋白质丰富的混合饲料。总之，应尽量采取补饲和放牧措施，减少种公牦牛在配种季节的体重下降量及下降速度，使其保持较好的繁殖力和精液品质。在自然交配情况下，公、母牦牛比例为1∶（15～25），最佳比例为1∶（15～20）。

2. 非配种季节的放牧管理　为了使种用公牦牛具有良好的繁殖力，在非配种季节使其和母牦牛分群放牧，与育肥牛群、阉牦牛组群，在远离母牦牛群的牧场进行放牧，有条件的牧场仍应进行少量补饲，使其在配种季节到来时达到种用体况。

参　考　文　献

阿秀兰，张新慧，达瓦洛桑，等，2010. 采用CUE-MATE和羊乐+D-PG法诱导当雄牦牛同期发情的效果观察［J］. 黑龙江动物繁殖，18（3）：11，15.

蔡立，1980. 用“促排卵素2号”（LRH-A）提早牦牛产后发情受胎的效果［J］. 中国畜牧杂志（6）：18-20.

曹成章，赵炳尧，1993. 牦牛同期发情初步试验结果［J］. 中国牦牛（1）：41-42，44.

陈静波，郭志勤，梁洪云，等，1995. 普通牛胚胎移植牦牛受体的初步试验［J］. 草食家畜（1）：22.

陈文元，王喜忠，王子淑，等，1990. 牦牛、黑白花牛及其杂交后代的染色体研究［J］. 中国牦牛（1）：23-29.

陈幼春，2012. 现代肉牛生产［M］. 2版. 北京：中国农业出版社.

德科加，2004. 营养舔砖对冷季放牧牦牛、藏羊的补饲效果［J］. 青海畜牧兽医杂志，34（1）：9-10.

冯宇哲，刘书杰，王万邦，等，2008. 高寒地区放牧牦牛补饲尿素糖蜜营养舔块效果研究［J］. 中国草食动物，28（3）：40-42.

郭爱朴，1983. 牦牛、黄牛及其杂交后代犏牛的染色体比较研究［J］. 遗传学报，10（2）：137-143.

郭爱朴，郭丹玲，张守仁，等，1983. 黑白花奶牛白血病病例的染色体观察［J］. 畜牧兽医学报，14（3）：201-207.

郭宪，陈学进，2004. 牛胚胎体外生产质量控制［J］. 畜牧与兽医，36（7）：27-28.

郭宪，胡俊杰，阎萍，2018. 牦牛科学养殖与疾病防治［M］. 北京：中国农业出版社.

郭宪，裴杰，包鹏甲，等，2012. 母牦牛的繁殖特性与人工授精［J］. 中国牛业科学，38（3）：91-93.

郭宪，阎萍，保善科，等. 一种提高牦牛繁殖率的方法［P］. ZL 201310400985.2.

郭宪，阎萍，杨勤，等，2014. 甘南牦牛繁育技术体系的建立与优化［J］. 黑龙江畜牧兽医（7）：176-178.

郭宪，阎萍，曾玉峰，2007. 提高牦牛繁殖率的技术措施［J］. 中国牛业科学，33（4）：66-67.

郭宪，杨博辉，李勇生，等，2006. 牦牛的生态生理特性［J］. 中国畜牧杂志，42（1）：56-57.

国家畜禽遗传资源委员会，2011. 中国畜禽遗传资源志：牛志［M］. 北京：中国农业出版社.

韩芬霞，陈春刚，2016. 家畜繁殖员［M］. 北京：化学工业出版社.

韩凤奎，2017. 畜禽繁殖生产流程［M］. 北京：中国农业大学出版社.

何俊峰，崔燕，2005. 受精液和受精时间对牦牛卵泡卵母细胞体外受精的影响［J］. 中国兽医科技，35（11）：900－903.
侯放亮，2005. 牛繁殖与改良新技术［M］. 北京：中国农业出版社.
姬秋梅，达娃央拉，马晓宁，等，2007. 西藏当雄牦牛超数排卵及胚胎移植试验［J］. 中国畜牧兽医，34（9）：133－135.
金鹰，廖和模，谭丽玲，1999. 牦牛、黄牛体外受精比较和分割胚的移植［J］. 华南师范大学学报（自然科学版）（1）：92－96.
李全，刘书杰，柴沙驼，等，2008. 青藏高原牦牛超数排卵试验［J］. 黑龙江畜牧兽医（1）：11－13.
梁育林，张海明，2009. 天祝白牦牛保种选育技术［M］. 兰州：甘肃科学技术出版社.
刘志尧，帅蔚文，赵光前，等，1985. 应用三合激素诱导牦牛同期发情试验初报［J］. 中国牦牛（2）：24－27，43.
马天福，1983. 母牦牛药物催情试验初报［J］. 中国牦牛（2）：16－18.
莫放，2003. 养牛生产学［M］. 北京：中国农业大学出版社.
内蒙古农牧学院，1989. 家畜育种学［M］. 2版. 北京：中国农业出版社.
农业部农民科技教育培训中心，中央农业广播电视学校，2007. 奶牛繁殖技术［M］. 北京：中国农业大学出版社.
祁红霞，2006. 尿素糖浆营养舔砖对放牧牦牛和藏羊的补饲效果［J］. 当代畜牧（12）：27－28.
秦鹏春，2001. 哺乳动物胚胎学［M］. 北京：科学出版社.
权凯，张兆旺，2004. 氯前列烯醇诱导牦牛同期发情效果的研究［J］. 黄牛杂志，30（2）：7－9.
权凯，张兆旺，2007. 半血野牦牛超数排卵研究［J］. 经济动物学报，11（1）：42－45.
桑润滋，2013. 动物繁殖生物技术［M］. 2版. 北京：中国农业出版社.
王根林，2006. 养牛学［M］. 2版. 北京：中国农业出版社.
王万邦，刘书杰，薛白，等，1997. 舔食复合尿素砖对冬春期放牧牦牛、藏羊的饲喂试验［J］. 饲料工业，18（2）：30－31.
王应安，张寿，尚海忠，等，2003. 诱导牦牛同期发情试验［J］. 青海大学学报（自然科学版），21（4）：1－4.
王子淑，王喜忠，陈文元，1988. 藏猪显带染色体的研究［J］. 畜牧兽医学报，19（3）：165－170.
魏成斌，徐照学，2015. 肉牛标准化繁殖技术［M］. 北京：中国农业科学技术出版社.
魏建英，方占山，2005. 肉牛高效饲养管理技术［M］. 北京：中国农业出版社.
温集成，温鸿仲，2015. 奶牛繁殖疾病及现代繁殖技术［M］. 呼和浩特：内蒙古出版集团内蒙古人民出版社.
武甫德，冯廷花，2005. 牦犊牛适时断奶、出栏，提高牦牛生产力［J］. 黑龙江畜牧兽医（4）：25－26.
徐尚荣，彭巍，林永明，等，2011. 补饲与犊牛断奶对产后母牦牛发情周期恢复的影响研

究 [J]. 青海畜牧兽医杂志，41 (2)：8-9.
徐相亭，秦豪荣，张长兴，2011. 动物繁殖技术 [M]. 2版. 北京：中国农业大学出版社.
许美解，李刚，2009. 动物繁殖技术 [M]. 北京：化学工业出版社.
阎萍，郭宪，2013. 牦牛实用生产技术百问百答 [M]. 北京：中国农业出版社.
阎萍，郭宪，许保增，等，2006. 白牦牛卵母细胞体外成熟的研究 [J]. 中国草食动物，26 (4)：7-9.
阎萍，梁春年，姚军，等，2003. 高放牧条件下牦牛超排试验 [J]. 中国草食动物，23 (3)：9-10.
阎萍，陆仲璘，何晓林，2006. “大通牦牛”新品种简介 [J]. 中国畜禽种业，2 (5)：49-51.
余四九，巨向红，王立斌，等，2007. 天祝白牦牛胚胎移植实验研究 [J]. 中国科学 (C辑)：生命科学，37 (2)：185-189.
张容昶，1989. 中国的牦牛 [M]. 兰州. 甘肃科学技术出版社.
张容昶，胡江，2002. 牦牛生产技术 [M]. 北京：金盾出版社.
赵寿保，骆正杰，武甫德，等，2018. 早期断奶调控母牦牛发情试验 [J]. 中国畜禽种业，14 (8)：70-72.
赵寿保，武甫德，裴杰，等，2018. 牦牛提前发情调控技术的研究 [J]. 中国牛业科学，44 (3)：34-36.
郑丕留，梁克用，董伟，等，1980. 中国家畜繁殖及人工授精的进展概述 [J]. 中国农业科学 (2)：90-96.
《中国牦牛学》编写委员会，1989. 中国牦牛学 [M]. 成都：四川科学技术出版社.
中国农业大学，2003. 家畜繁殖学 [M]. 3版. 北京：中国农业出版社.
钟金城，1996. 牦牛遗传与资源 [M]. 成都：四川科学技术出版社.
钟金城，张成忠，蔡立，1992. 牦牛 (*Bos Grunniens*) 染色体高分辨G带带型的研究 [J]. 西南民族学院学报 (自然科学版)，18 (1)：20-28.
钟金城，钟光辉，字向东. 等，1994. 九龙牦牛高分辨G带带型的研究 [J]. 青海畜牧兽医杂志，24 (1)：12-13，11.
周虚，2015. 动物繁殖学 [M]. 北京：科学出版社.
字向东，陆勇，马力，等，2002. LRH-A3对全奶母牦牛的诱导发情效果和作用机理初探 [J]. 中国畜牧杂志，38 (1)：14-15.
Guo Xian，Ding Xuezhi，Pei Jie，et al，2012. Efficiency of in vitro embryo production of yak (*Bos grunniens*) cultured in different maturation and culture conditions [J]. Journal of applied animal research，40 (4)：323-329.
Luo Xiaolin，1994. Research on in vitro maturation and development of oocyte in slaughtered yak [C]. Proceeding of the First International Congress on Yak：311-312.
Yun Z，2000. Experiment on estrus synchronization for artificial insemination with frozen semen in yak. Proceedings of the third international congress on yak [C]. Addis Ababa，Ethiopia：International Livestock Research Institute：349-352.

野牦牛

采精野牦牛

大通牦牛种公牛

青海高原牦牛种公牛（玉树）

甘南牦牛种公牛

青海高原牦牛种公牛（祁连）

阿什旦牦牛种公牛

天祝白牦牛公牛

中甸牦牛

公牦牛与母牦牛（曲麻莱）

青海高原牦牛母牛

天祝白牦牛母牛

阿什旦牦牛母牛

大通牦牛 2 岁种公牛群

大通牦牛后备公牛群

大通牦牛扩繁群

能繁基础母牦牛群

带犊繁育基础母牦牛群

天祝白牦牛群体

阿什旦牦牛群体

牦牛围栏放牧

牦牛的分群

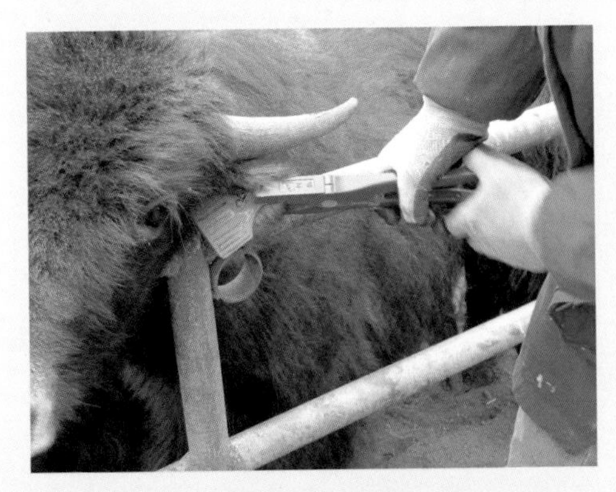
给牦牛打耳号

种用公牦牛群

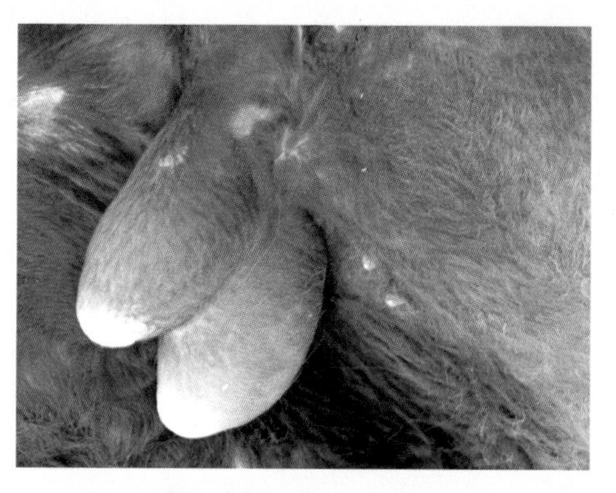

成年牦牛种公牛睾丸

调教中的采精种公牦牛（观摩）

牦牛种公牛采精调教

种公牛性准备与精液收集

野牦牛公牛采精

牦牛细管冻精

自然交配中的天祝白牦牛

天祝白牦牛发情爬跨

牦牛发情表现（爬跨）

牦牛自然交配

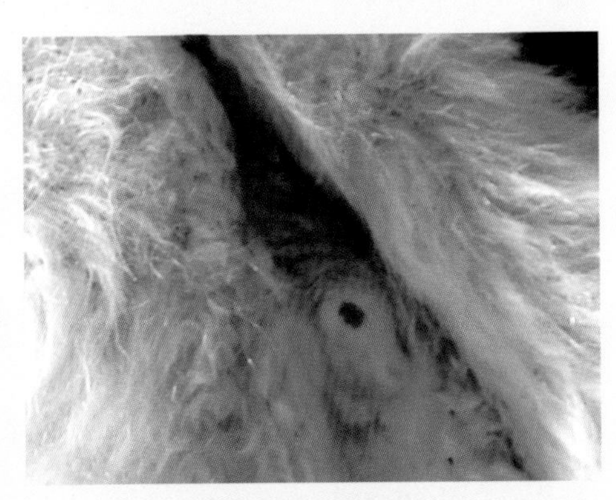

母牦牛休情期阴门

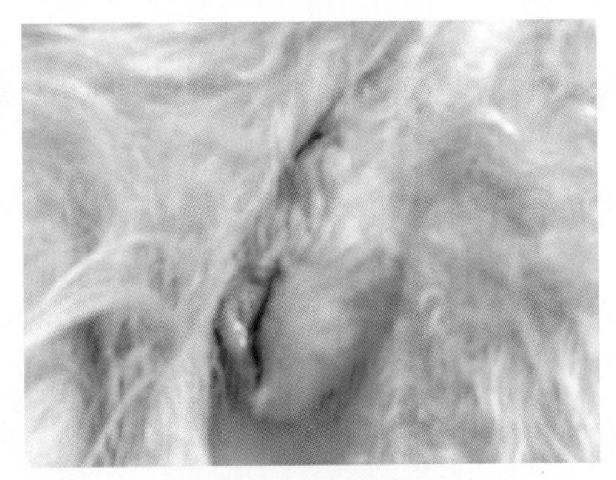

母牦牛发情期阴门

牦牛发情鉴定（试情法）

夏季牧场牦牛人工授精

牦牛人工授精——准备插入输精枪

牦牛人工授精——输精

单边保定架牦牛人工授精

刚出生的犊牛

分娩后犊牛吸吮初乳

犊牛哺乳

母牦牛产双犊

母牦牛与双胎犊牛

母牦牛带犊繁育（双胎）

母牦牛与犊牛

母牦牛带犊繁育（哺乳）

母牦牛护犊

夏季牧场哺乳中的母牦牛

母牦牛带犊繁育群

犏牛生产

犊牛补饲＋放牧

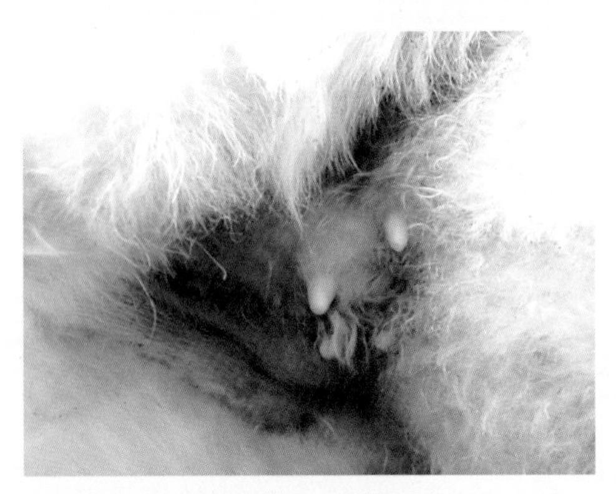

母牦牛干乳期乳房

母牦牛哺乳期乳房

牦牛挤乳

娟犏牛（娟姗牛冷冻精液 X 母牦牛杂交后代）

犏牛群

卧息中的牦牛

妊娠母牦牛补饲

冬季补饲中的牦牛

补料中的牦牛

犊牛补饲

牦牛补饲舔砖

雪后补饲中的牦牛

雪中牦牛放牧 + 补饲

冬季犊牛补饲

牦牛杂交生产群

夏季牧场放牧中的牦牛

青刈草打捆

裹包青贮饲料

燕麦草

机械化裹包青贮

牧草青贮

裹包青贮饲料贮存

圈养牦牛补饲舔砖

牦牛圈舍

过河中的牦牛

奔跑中的牦牛

骑乘牦牛

夏季牧场搬迁牦牛驮运

牦牛粪堆

牦牛毛帐篷